全国高等院校医学实验教学改革教材

供临床、预防、基础、口腔、药学、检验、麻醉、影像、护理等专业使用

生物化学与分子生物实验学

主　编　宋海星

副主编　（按拼音顺序排列）

何　浪　王　丹

编　委　（按拼音顺序排列）

邓　缅	何　浪	刘　桦
蒲玲玲	宋海星	王　丹
王元元	曾莉萍	张　涛

科学出版社

北　京

内 容 简 介

本书共三篇十二章,内容涵盖生物化学有关糖类、脂类、酶、氨基酸以及分子生物学有关蛋白质与核酸的理化理论与实验内容,针对大学本科相关实验涉及常用仪器及实验技术方法进行详细讲解和阐述。为提高学生创新能力和综合实验技能,本书安排了综合性、探索性实验部分并对设计原则与方法进行介绍。同时结合当今生物化学与分子生物学实验技术前沿,对应用较多较广的生物芯片实验技术和蛋白质组学实验技术进行补充和讲解;结合生物信息学应用,本书增加数据库的使用。本书具有完整系统的知识体系,实验理论详尽充分,可以应用为独立设置实验课程的实验教材。

本书适合作为本科生或硕士研究生实验技术课的教材使用,也可供有关科技人员参考。

图书在版编目 CIP 数据

生物化学与分子生物实验学 / 宋海星主编 . —北京:科学出版社,2012.9
全国高等院校医学实验教学改革教材
ISBN 978-7-03-035480-8

Ⅰ. 生… Ⅱ. 宋… Ⅲ.①生物化学-实验-高等学校-教材 ②分子生物学-实验-高等学校-教材 Ⅳ.①Q5-33 ②Q7-33

中国版本图书馆 CIP 数据核字(2012)第 206944 号

责任编辑:王 颖 李国红 / 责任校对:刘小梅
责任印制:徐晓晨 / 封面设计:范璧合

科学出版社出版
北京东黄城根北街 16 号
邮政编码:100717
http://www.sciencep.com

北京建宏印刷有限公司 印刷
科学出版社发行 各地新华书店经销
*
2012 年 9 月第 一 版 开本:787×1092 1/16
2020 年 7 月第六次印刷 印张:13
字数:303 000
定价:46.00元
(如有印装质量问题,我社负责调换)

前　　言

　　生物化学与分子生物学课程经过国内各医药院校多年的改革和完善,充分体现出实验技术在该课程中的重要地位和作用。以往实验项目常附在理论课程之后作为知识补充和实践学习,在教学过程中经常遇到实验相关知识在理论课程教学中相对独立,涉及很少,而实验教学安排往往没有足够时间讲授相关理论内容等问题。生物化学与分子生物实验学具有完整而系统的知识体系,实验理论详尽充分,可以构成独立设置的课程,便于学生进行实验技术的系统培训。本书按实验不同层面类别分列于三篇中,从基本实验操作到综合设计性实验延伸,可供不同条件的学校选做。特别是一些实验设备和经费有限的院校,可以让学生做一些基本实验。同时,我们添加了生物化学与分子生物学常用软件和网站的介绍,可以通过教师的讲授和演示,适当配合音像和网络等手段,来提高实验技术的教学层次。书中一些难度较大的实验,可供条件较好的院校选做。希望本书的出版,能够促进生物化学与分子生物实验学独立设课,并有利于提高学生的技术水平和创新能力,也希望本书的出版能通过讲做结合的教学模式,大范围提高生物化学与分子生物实验学教学水平。

　　本书将生物化学与分子生物学实验的理论与技术融为一体,是由于相关理论知识涉及有机化学、物理化学、生物化学以及分子生物学等学科,单从生物化学与分子生物学方面的理论难以支撑。特别是实验中各实验试剂的作用及功能、质与量对实验的影响等方面,在以往教学中有所偏缺,因此本书对实验原理及实验相关理论进行了补充和完善,有利于提高教学效率。另外,由于不少院校的相关课程学时较少,附属实验项目和实践更为简略,故本书作为独立系统的一门课程引导教材,对于单独开设实验学课程具有一定的支撑意义。我们认为将生物化学与分子生物实验学作为一门课来开设,对于培养学生动手能力、加深理论知识掌握,显然是有利的。

　　本书力求全面系统、深入浅出、注重实用,技术原理的叙述避免与理论课的重复。书中对于每一种生物大分子都从定量到定性进行实验讲解和操作,并在综合篇中进行综合性、探索性实验思维的培养和实验操作,提高学生对理论和实验的掌握能力。同时补充了部分最新实验技术,如生物芯片和蛋白质组学涉及的相关实验,以增加学生对前沿知识领域的了解和掌握。

　　本书适合作为本科生或硕士研究生实验技术课的教材使用,也可供有关科技人员参考。

　　由于作者水平有限,本书难免会有差错和不足之处,敬请有关专家和广大读者批评指正。

宋海星

2012 年 6 月 6 日

目　　录

第二篇　综合性、探索性实验

第三篇　实验数据库的使用及实验室管理

第一篇　基本原理与实验

第一章　常用基本仪器的使用

第一节　分光光度计的使用

一、分光光度计基本结构简介

能从含有各种波长的混合光中将每一单色光分离出来并测量其强度的仪器称为分光光度计。分光光度计因使用的波长范围不同而分为紫外光区、可见光区、红外光区以及万用(全波段)分光光度计等。无论哪一类分光光度计都由下列五部分组成,即光源、单色器、狭缝、样品池、检测器系统(图1-1)。

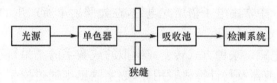

图 1-1　分光光度计的组成部分

1. 光源　要求能提供所需波长范围的连续光谱,稳定而有足够的强度。常用的有白炽灯(钨灯、卤钨灯等),气体放电灯(氢灯、氙灯及氚灯等),金属弧灯(各种汞灯)等多种。

钨灯和卤钨灯发射 $320\sim2000nm$ 连续光谱,最适宜工作范围为 $360\sim1000nm$,稳定性好,用作可见光分光光度计的光源。氢灯和氚灯能发射 $150\sim400nm$ 的紫外光,可用作紫外光区分光光度计的光源。红外线光源则由纳恩斯特(Nernst)棒产生,此棒由 ZrO_3:Y_2O_3 $=17:3$(Zr 为锆,Y 为钇)或 Y_2O_3,GeO_2(Ge 为锗)及 ThO_2(Th 为钍)的混合物制成。汞灯发射的不是连续光谱,能量绝大部分集中在 $253.6nm$ 波长外,一般作波长校正用。钨灯在出现灯管发黑时应及更换,如换用的灯型号不同,还需要调节灯座的位置的焦距。氢灯及氚灯的灯管或窗口是石英的,且有固定的发射方向,安装时必须仔细校正接触灯管时应戴手套以防留下污迹。

2. 分光系统(单色器)　单色器是指能从混合光波中分解出来所需单一波长光的装置,由棱镜或光栅构成。用玻璃制成的棱镜色散力强,但只能在可见光区工作,石棱镜工作波长范围为 $185\sim4000nm$,在紫外光区有较好的分辨力而且也适用于可见光区和近红外区。棱镜的特点是波长越短,色散程度越好,越向长波一侧越差。所以用棱镜的分光光度计,其波长刻度在紫外光区可达到 $0.2nm$,而在长波段只能达到 $5nm$。有的分光光系统是衍射光栅,即在石英或玻璃的表面上刻画许多平行线,刻线处不透光,于是通过光的干涉和衍射现象,较长的光波偏折的角度大,较短的光波偏折的角度小,因而形成光谱。

3. 狭缝　狭缝是指由一对隔板在光通路上形成的缝隙,用来调节入射单色光的纯度和强度,也直接影响分辨力。狭缝可在 0～2mm 宽度内调节,由于棱镜色散力随波长不同而变化,较先进的分光光度计的狭缝宽度可随波长一起调节。

4. 样品池　样品池也叫比色杯,吸收器或比色皿,用来盛溶液,各个杯子壁厚度等规格应尽可能完全相等,否则将产生测定误差。玻璃比色杯只适用于可见光区,在紫外光区测定时要用石英比色杯。不能用手指拿比色杯的光学面,用后要及时洗涤,可用温水或稀盐酸、乙醇以至铬酸洗液(浓酸中浸泡不要超过 15min),表面只能用柔软的绒布或拭镜头纸擦净。

5. 检测器系统　有许多金属能在光的照射下产生电流,光愈强电流愈大,此即光电效应。因光照射而产生的电流叫做光电流。受光器有两种,一是光电池,二是光电管。光电池的组成种类繁多,最常见的是硒光电池。光电池受光照射产生的电流颇大,可直接用微电流计量出。但是,当连续照射一段时间会产生疲劳现象而使光电流下降,要在暗中放置一些时候才能恢复。因此使用时不宜长期照射,随用随关,以防止光电池因疲劳而产生误差。

光电管装有一个阴极和一个阳极,阴极是用对光敏感的金属(多为碱土金属的氧化物)做成,当光射到阴极且达到一定能量时,金属原子中电子发射出来。光愈强,光波的振幅越大,电子放出越多。电子是带负电的,被吸引到阳极上而产生电流。光电管产生电流很小,需要放大。分光光度计中常用电子倍增光电管,在光照射下所产生的电流比其他光电管要大得多,这就提高了测定的灵敏度。

检测器产生的光电流以某种方式转变成模拟的或数字的结果,模拟输出装置包括电流表、电压表、记录器、示波器及与计算机联用等,数字输出则通过模拟/数字转换装置如数字式电压表等。

二、分光光度计的使用

1. 721 型分光光度计　波长范围 360～1800nm,在 410～700nm 灵敏度较好。该仪器用棱镜分光,光电管作检测器,光电流放大后,用一高阻毫伏计直接指示读数。如图 1-2 所示。

图 1-2　721 型分光光度计

721 型分光光度计的操作方法如下:

(1)仪器未接电源时电表指针必须位于刻度"0"上,否则可用电表上的校正螺丝进行调节。

(2)接通电源(220V),打开样品室的盖板,使电表指针指示"0"位,预热 20min,转动波长选择钮,选择所需波长,用灵敏度选择钮选用相应的放大灵敏度档(其灵敏度范围是:第一档 1 倍;第二档 2 倍;第三档 20 倍),调整"0"电位器校正"0"位。

(3)将比色杯分别盛空白液、标准液和待测液,放入暗箱中的比色杯架,先置空白液于光路上,打开光门,旋转"100"电钮位,使电表指针准确指向 T 100%。反复几次调整"0"及 100%透光度。

（4）将比色杯架依次拉出，使标准液和待测液分别进入光路，读取吸光度值。每次测定完毕或换盛比色液时，必须打开样品室的盖板，以免光电管持续曝光。

2. 722 型分光光度计 近年我国在 721 型基础上新生产的 722 型分光光度计，其特点是用液晶板直接显示透光度和吸光度，用光栅作单色器，使用方便，稳定性提高。如图 1-3 所示。

722 型分光光度操作方法如下：

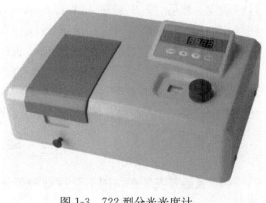

图 1-3 722 型分光光度计

（1）检查 722 型分光光度计的旋钮，使选择钮指向透光度"T"，灵敏度钮至 1 档（此时放大倍率最小）。

（2）接通电源，打开检测室盖（此时光门自动关闭），打开电源开关，指示灯亮，预热 20min。

（3）调节波长旋钮至所需波长。

（4）比色杯分别盛装空白液、标准液和待测液，依次放入检测室比色杯架内，使空白管对准光路。

（5）打开检测室盖，调节"0"旋钮，使数字显示为"0.00"，盖上检测室盖（光门打开），调节透过率"100"旋钮，使数字显示为"100.0"，重复数次，直至达到稳定。

（6）吸光度 A 的测量：选择钮拨向"A"，显示为".000"。如果不是此值，可调节消光零钮，使其达到要求。在移动拉杆，使标准液和待测液分别置于光路，读取"A"值，然后再使空白液对准光路，如 A 值仍为".000"，则以上标准液与待测液读数有效。

（7）打开检测室盖，取出比色皿，倾去比色液，用水冲洗干净，倒置于铺有滤纸的平皿中。

（8）浓度 C 的测定：选择开关由"A"旋至"C"，将已标定浓度的标准液放入光路，调节浓度旋钮，使数字显示为标定值，再将待测液放入光路，即可读出待测液的浓度值。

（9）关上电源开关，拔出电源插头，取出比色皿架，检查检测室内是否有液体溅出并擦净。检测室内放入硅胶袋，盖上盖后套上仪器布罩。

图 1-4 UV 1102 紫外分光光度计

3. UV 1102 紫外分光光度计 如图 1-4 所示。常用氢灯作为光源，其发射波长的范围为 150～400nm，简易操作如下：

（1）启动电源开关后，仪器会自动进行质检测试，待每项指标测试完后（大约需要 1min）。

（2）质检完后，仪器会制动进入％T/ABS 画面，此画面有 4 个选项，即 NUM WL、WL Setting、Date Mode、End Setting。

（3）首先，用 NUM WL 来测试波长的数目，按［1］键进入 NUM WL 子菜单，用于设定测试波长的数目。设置完后按［Enter］键进行确定。然后，按[2]键进入 WL Setting，用于显示 NUM WL 设定的波长数，设置完后按[Enter]键进行确定。按[3]键进入 Date Mode，选择要使用的数据模式％T/ABS。各种条件设定完成后，最后按[0]键选择 End Setting。按[0]键后，仪器进入％T/ABS Autozero画面，此时将装有空白样品的比色皿放入样品室中，再按[START/STOP]键，可进行零点的自动调整。自动调整后，将装有空白样品的比色皿取出，换成装有被测样品的比色皿，再按[START/STOP]键进行测量。完毕后，若要进行其他测量。

三、注 意 事 项

（1）仪器需安装在稳固不受震动的工作台上，不能随意搬动。严防震动、潮湿和强光直射。

（2）比色皿先用蒸馏水洗后，再用比色液润洗才能装比色液。盛装比色液时，约达比色皿 2/3 体积，不宜过多或过少。若不慎使溶液流至比色皿外面，须用棉花或拭镜纸擦干，才能放入比色架。拉比色杆时要轻，以防溶液溅出，腐蚀机件。

（3）千万不可用手或滤纸等摩擦比色皿的透光面。

（4）比色皿用后应立即用自来水冲洗干净，若不能洗净，用 5％中性皂溶液或洗衣粉稀溶液浸泡，也可用新鲜配制的重铬酸钾洗液短时间浸泡，然后用水冲洗干净，倒置晾干。

（5）每套分光光度计上的比色皿和比色皿架不得随意更换。

（6）试管架或试剂不得放置于仪器上，以防试剂溅出腐蚀机壳。

（7）如果试剂溅在仪器上，应立即用棉花或纱布擦干。

（8）测定溶液浓度的光密度值在 0.1～0.7 之间最符合吸收定律，线性好，读数误差较小。如光密度超过 0.1～1.0 范围，可调节比色液浓度，适当稀释或加浓，再进行比色。

（9）合上检测室连续工作时间不宜过长，以防光电管疲乏。每次读完比色架内的一组读数后，立即打开检测室盖。

（10）仪器连续使用不应超过 2 h，必要时间歇 0.5 h 再用。

（11）测定未知待测液时，先作该溶液的吸收光谱曲线，再选择最大吸收峰的波长作为测定波长。

（12）722 型分光光度计的左侧下角有一个干燥剂筒，检测室内放硅胶袋，应经常检查，发现硅胶变色，应更换新硅胶或烘干再用。

（13）仪器较长时间不使用，应定期通电，使用前预热。

第二节　离心机的使用

当物体围绕一个中心轴做圆周运动时，运动物体就会受到离心力的作用，旋转速度越快，运动物体所受到的离心力越大。将装有悬浮液或高分子溶液的容器放在离心机内，使之绕离心机中心轴高速旋转，就会产生离心力场，强大的离心力作用于溶剂中的悬浮颗粒或高分子，会使其沿着离心力的方向运动而逐渐背离中心轴。在相同转速条件下，容器中不同大小的悬浮颗粒或高分子溶质会以不同的速率沉降。经过一定时间的离心，就能实现不同悬浮颗粒或高分子溶质的有效分离。

离心机的主要用途是分离溶液中的物质，如分离蛋白质、DNA、细胞等。离心机使用不当会毁坏样品，甚至造成人员伤亡。通常用各种专门的离心机、转子、离心管来完成不同的实验,离心机提供驱动力,而转子决定细化的离心功能。通过仔细选用离心机、转子和离心管,可以达到预期的目的。

一、离心机的基本类型

离心机的用途广泛,机型种类繁多,各生产厂家的离心机都有自己的特色。因此,目前对离心机还没有一个严格的分类标准或规定。通常按用途、转速进行分类。

(一)按用途分类

离心机按用途可分为制备性离心机和分析性离心机两大类。

1. 制备性离心机　制备性离心机主要用于分离提纯不同密度、不同形态的生物材料微粒。

2. 分析性离心机　分析性离心机一般都带有光学系统,主要用于研究纯的生物大分子和颗粒的理化性推断物质的纯度、形状和分子质量等。

(二)按转速分类

离心机按机器额定的最高转速高低可分为低速离心机、高速离心机、超速离心机三种类型。

1. 低速离心机　离心机最大转速不超过 6000r/min,最大相对离心力可达 6000g。主要用于血液或细胞制备,蛋白质和酶沉淀物的分离。

2. 高速离心机　离心机最大转速可达 25 000r/min, 最大相对离心力可达 89 000g。主要用于病毒、细菌、细胞核、线粒体等,可用于 DNA 制备。

3. 超速离心机　离心机最大转速可超过 30 000r/min,最大相对离心力可达 510 000g。目前销售的最高转速已达到 100 000r/min,其最大相对离心力 1 000 000g。配合光学仪器,可用于分子质量测定、蛋白质结构及凝集状态分析、化合物纯度测定等。

二、离心机的基本构造

离心机有各种各样的类型,结构也越来越复杂,但基本结构大同小异。一般都由驱动系统、离心室和离心转头组成。高速离心机和超速离心机都带有制冷系统(以消除高速旋转转头与空气之间摩擦而产生的热量)、控制系统、防护系统等。超速离心机还装有真空系统(图 1-5)。

(一)驱动系统

驱动系统是离心机的心脏,包含电动机,是提供离心机动力的重要组成部分。不同类型驱动系统均有不同寿命限制,在使用时应注意使用年限或累积的总转数。驱动系统的类型主要分为电机驱动、油轮驱动、空气旋涡驱动和磁悬浮驱动系统。

(二)离心室

老式离心机的离心室上盖装有电源开关,当盖上离心室盖后电机才能启动,可以确保安全。新式离心机的离心室都装有电磁锁,在电机运行前将上

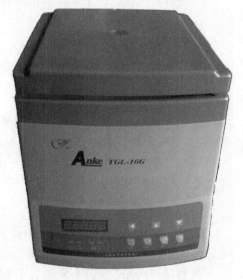

图 1-5　离心机

盖锁住,离心结束转头停稳后,将室内压力降到大气压时,才能将盖打开。

(三) 转头

1. 转头的类型　根据转头的结构和用途大致可以分为固定角转头、水平转头、垂直转头、近垂直转头、区带转头、连续流转头和酶标板转头等。

2. 离心管　离心管及其管帽是转头的重要附件。制造离心管的材料主要有塑料和不锈钢。塑料离心管常用材料有聚乙烯(PE)、聚碳酸酯(PC)、聚丙烯(四)等。塑料离心管都有盖,离心前管盖必须盖严,倒置不漏液。塑料离心管的优点是透明或半透明,硬度小。缺点是易变形,抗有机溶剂的腐蚀性差,使用寿命短。不锈钢离心管强度大,不变形,能抗热、抗冻、抗化学腐蚀。但用时也应避免接触强腐蚀性的化学药品。

(四) 制冷系统

高速离心机和超速离心机都带有制冷系统,以冷却离心腔,保持在较低的温度下离心。制冷系统主要由温度传感器和制冷器组成,以前多采用 CFC 制冷,现在主要采用具氧制冷和半导体固态制冷。

(五) 真空系统

超速离心机通过制冷系统还不足以抵消转头与空气摩擦产生的大量热量,因此设计了真空系统。一般在 60 000r/min 以下的超速离心机,只使用简单的机械油泵来抽真空,在 60 000r/min 以上的超速离心机,要使用机械油泵加油扩散二级真空系统。真空系统给操作、维修保养带来许多不便,因此,高速离心机和低速离心机中均不使用真空系统。

(六) 控制系统

控制系统是离心机的指挥中心,各种设定的参数通过控制系统来执行。主要有速度控制、温度控制和真空度控制。

三、离心机的主要技术指标

反映离心机性能的主要技术指标有离心机转速和相对离心力及最大容量。

(一) 离心机转速

离心机转速是指离心时每分钟旋转次数,单位符号用"r/min"表示,取决于所用离心机的型号和转子。转速一般有最低转速和最高转速,多数情况下,主要标明最高转速。

(二) 相对离心力(RCF)

通常离心力常用地球引力的倍数来表示,因而称为相对离心力。相对离心力是指在离心场中,作用于颗粒的离心力相当于地球引力的倍数,单位是重力加速度"g"($980cm/s^2$)。相对离心力与转速、离心半径有关。一般情况下,低速离心时,常以转速(r/min)来表示,高速离心机则以相对离心力表示(图 1-6)。

(三) 最大容量

最大容量是指离心机转头最多能容纳悬浮液的容积数,单位用"ml"表示。一般都用转头最多能装载的离心管数与每个离心管能盛装的悬浮液容积表示。

例如,4×100ml 指转头能装载 4 个离心管,每个离心管最多能盛装 100ml 的悬浮液,其最大容量为 400ml。

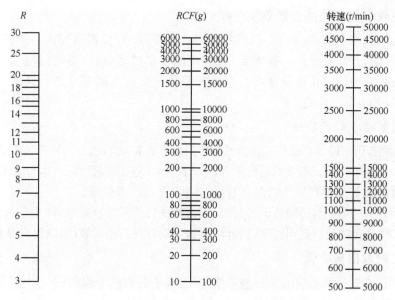

图 1-6 半径、相对离心力与转速

四、离心机的使用及修护

(一) 合理使用转头

1. 选用与离心机配套的转头 每种型号的离心机都有配套的转头,不同型号离心机的转头不能混用。

2. 根据转数要求选用合适的转头 每个转头各有其最高允许的转速,绝对不允许超过规定转速使用。

3. 建立转头使用档案 每个转头各有其最高允许的使用累积限时,每一个转头都应建立一份使用档案,记录累积的使用时间,如果超过了该转头的最高使用极限时,必须按规定降速使用。

4. 预冷转头 如果在低于室温的温度下离心时,转头在使用前应放置在冰箱或置于离心机的转头室内预冷。

5. 不使用带伤的转头 使用前应认真检查转头是否有划痕或被腐蚀,必须保证所用的转头完好无损。

6. 准确组装转头 转头与轴承固定于一体,防止转头在高速运转时与轴承发生松动,导致转头飞溅出来。

(二) 精密地平衡离心管及其内容物

1. 平衡离心管及内容物 使用各种离心机时,必须事先在天平上精密地平衡所有的离心管、离心管载具、帽子及顶盖、护罩和管套等。平衡时重量之差不得超过各个离心机说明书上所规定的范围。管套与护罩通常都标有重量,注意平衡过程中不要混淆配套的管套、护罩。平衡管内必须用与要离心的材料相似的材料来填充,例如,从培养基中离心细菌,可以用水平衡。但不可以用水来平衡氯化铯。

2. 离心管对称装载 转头中绝对不允许装载单数的离心管,当转头只是部分装载时,放在转头中,以便使负载均匀地分布在转头的周围。

（三）装载溶液适量离心管必须对称

装载溶液时，要根据各种离心机的具体操作说明进行，根据将要离心溶液的性质及体积选用适合的离心管，有的离心管无盖，液体不能装得过多，以免离心时甩出，造成转头不平衡、生锈或被腐蚀。制备性超速离心机的离心管常常要求必须将液体装满，以防止离心时塑料离心管的上部凹陷变形。

（四）关紧盖子后开启动

开始启动前，切记将离心机腔门或盖子及转头盖子关紧。启动后，当转速还未达到预置的转速时，操作者不能离开离心机，直到运转正常，方可离开，不过仍要随时观察运行情况。

运行过程中，如果出现异常情况，应立即停机，进行适当处理。

运行过程中突然停电，必须将电源切断，等待转头慢慢靠惯性减速，停止后，手动打开离心机腔门，取出样品和转头。直到确定已经停止后，手动打开离心机腔门，取出样品和转头。

（五）及时取出离心管

离心结束，立即从离心机内取出离心管，并使离心管自然干燥。

（六）及时清洗转头

将离心管中内容物取出后，立即清洗。当离心结束后，转头应用温水洗涤并干燥，一般用水洗就足够了，切勿将转头浸泡在去污剂中。洗净的转头擦干后放在室温中干燥。转头长时间不用时应涂一层上光蜡保护。

第三节　电泳仪的使用

一、电泳的类型

电泳类型目前还没有统一的划分标准，不同的划分依据所分类型也不同，见表 1-1。

表 1-1　电泳的类型

划分依据	类型
支持介质种类	纸电泳、乙酸纤维薄膜电泳、琼脂凝胶电泳、聚丙烯酰胺凝胶电泳、SDS-聚丙烯酰胺凝胶电泳
支持介质	U 型管电泳、薄层电泳、板状电泳（又分为垂直板状电泳和水平板状电泳）、柱状电泳、毛细管电泳
用途	分析电泳、制备电泳、定量免疫电泳、连续制备电泳
电压	常压电泳、高压电泳
原理	等速电泳、免疫电泳、等电聚焦电泳
电泳形式	单向电泳、双向电泳

二、电泳装置的基本结构

电泳仪实际是一套电泳装置，主要包括电泳仪和电泳槽两个部分。

（一）电泳仪

电泳仪是电泳装置的电源，它提供直流电源的装置，驱动带电物质的迁移，它能控制电压和电流的输出。一般根据电泳仪所使用的电压范围分为常压电泳仪（600V）、高压电泳仪（3000V）和超高压电泳仪（3000～5000V）。电泳仪基本结构一般包括电路系统、显示系统和控制系统。

（二）电泳槽

电泳槽是电泳装置的关键部件，它是凝胶分离样品的工作场所，用于生化分析研究中对电荷粒子进行分离、提纯或制备。目前在生物实验室中最常用的是凝胶电泳，其组成部件一般包括连接电源的正负电极、盛放缓冲液的缓冲液槽、支持凝胶的管状或板状玻璃，以及冷却装置。在凝胶一端的加样孔内点上样品后，将凝胶直接（如垂直板状或管状电泳）或间接（如水平板状电泳）与缓冲液接触，再接通电源，即可进行电泳操作。电泳槽可以分为水平式和垂直式两类。

1. 水平式电泳槽 水平式电泳槽种类很多，形状各异，一般包括水平放置的电泳槽、凝胶板（冷却板）和电极。常用水平式电泳槽，其装置如图 1-7 所示，包括两个缓冲液槽和一个可以密封的玻璃盖。两侧的缓冲液槽均用有机玻璃（或相应的材料）板分隔成两个部分：外格装有电极（直径 0.5～0.8cm），里格为可放支持介质的有机玻璃电泳槽架，此架可以从槽中取出。两侧缓冲液槽内的电极经隔离导线穿过槽壁与外接电泳仪电源相连。

在水平式电泳槽中，水平板电泳槽由于具有较多的优点而越来越受到重视。一般由装有铂丝电极的主槽、装有电源线的上盖、制胶架、凝胶托盘、试样格组成。凝胶铺在水平的玻璃或塑料板上并将凝胶直接浸入缓冲液中（图 1-8，图 1-9）。

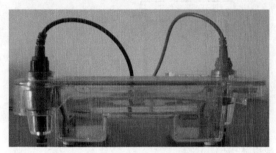

图 1-7　水平式电泳槽

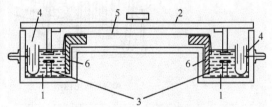

图 1-8　水平式电泳槽模式图

1.缓冲液槽；2.可密封玻璃盖；3.分隔板；4.电极；5.电泳介质；6.电泳槽架

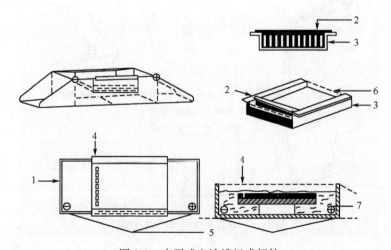

图 1-9　水平式电泳槽组成部件

1.电泳缓冲液储存槽；2.梳齿；3.制胶槽；4.加样槽；5.电极；6.制胶槽两端封条；7.电泳缓冲液

2. 垂直式电泳槽

图 1-10 垂直平板电泳槽

（1）垂直平板电泳槽：垂直式电泳槽通常指垂直平板电泳槽。它采用两片垂直放置的平行玻璃板以夹住凝胶，设置有上、下缓冲液槽各一个，其中下槽还配有冷却系统以保证电泳中的凝胶维持在一定温度范围内。中间是由塑料隔条将两块玻璃板隔开，在玻璃平板中间制胶，凝胶的大小通常是12～14cm，厚度为1～2mm。电泳槽设有铂金丝制成的正、负电极，通过接头与电源连接。制胶时在凝胶溶液中插入梳子，在胶聚合后移去，形成上样品的凹槽（图1-10～图1-12）。

（2）管状电泳：又称圆盘电泳、柱状电泳。电泳槽有上、下两个电泳槽和带有铂金电极的盖，上电泳槽内具有若干个孔洞，以供穿插电泳管，电泳管直径一般为3～8cm，长度为9～23cm。凝胶在电泳管中聚合成柱状胶条，样品经电泳分离，蛋白质区带染色后呈圆盘状，因而称圆盘电泳。它的缺点是由于聚合效率、凝胶长度和

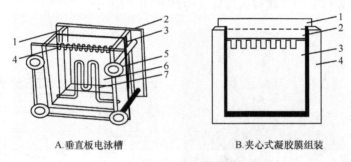

A.垂直板电泳槽　　　　　　　　　B.夹心式凝胶膜组装

图 1-11　垂直平板电泳槽模式图

1.导线接头；2.下液槽；3.样品槽模板；4.凹形橡胶框；5.固定螺丝；6.上液槽；7.冷却系统

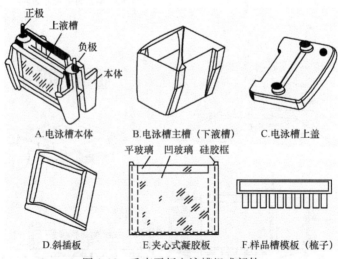

A.电泳槽本体　　　　　B.电泳槽主槽（下液槽）　　　　　C.电泳槽上盖

D.斜插板　　　　　E.夹心式凝胶板　　　　　F.样品槽模板（梳子）

图 1-12　垂直平板电泳槽组成部件

直径等的细微差别,即使是同一样品在两个胶柱上以相同条件电泳,其结果也会稍有不同。但在研究工作中还会用到柱胶,如测定放射性标记的蛋白质、洗脱并测定蛋白质的生物活性、欲确定蛋白质组分分离时的最适 pH 或凝胶浓度、双向电泳技术中的第一向分离等,所以柱胶还不能被板胶所完全取代。质谱检测器、电化学检测器、激光类检测器等(图 1-13)。

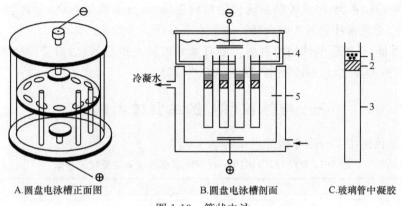

A.圆盘电泳槽正面图　　　　B.圆盘电泳槽剖面　　　　C.玻璃管中凝胶

图 1-13　管状电泳

1.样品;2.浓缩胶;3.分离胶;4.上槽缓冲液;5.下槽缓冲液

3. 毛细管电泳　　毛细管电泳又叫高效毛细管电泳,是经典电泳技术和现代微柱分离相结合的产物,也是近年来发展最快的分析方法之一。它是用毛细管代替普通的玻璃管,在其中灌入凝胶,待凝胶聚合后,除去水层并用毛细管加蛋白质溶液(0.1~1.0μl,浓度为1~3mg/ml)于凝胶上,毛细管的空隙用电极缓冲液注满,去除一端的封闭物,即可电泳。由于毛细管电泳符合了以生物工程为代表的生命科学各领域中对多糖、蛋白质(包括酶和抗体)、核苷酸乃至脱氧核糖核酸(DNA)的分离分析要求,从而得到了迅速的发展。

毛细管电泳装置包括毛细管柱、电泳槽、进样器、高压电源、检测器和数据采集处理系统等(图 1-14)。

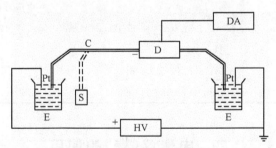

图 1-14　毛细管电泳装置

HV.高压电源;C.毛细管柱;E.电泳槽;Pt.铂电极;D.检测器;S.进样器;DA.数据采集处理系统

(1) 毛细管柱:毛细管柱是毛细管电泳装置小最关键的部件。常用的毛细管柱有空心柱、壁处理柱和填充柱 3 种类型。理想的毛细管柱应具有化学惰性和电惰性、不吸收紫外光,有柔韧性、耐用性和价廉等特点。

空心柱一般为内径 25~75cm、长 50~100cm 的石英毛细管,外壁涂聚酰亚胺以增加其柔软性。填充柱的内径一般为 75~100cm,长 20~30cm,常填充 3mm 的 ODS。壁处理柱除去了石英柱内壁的活性吸附点。

（2）高压电源：毛细管电泳中直流电源的电压一般为 $0\sim30kV$，稳定在 0.1%。高压电源应有极性切换装置，在正常情况下，电流的方向由正极到负极，此时样品从正极端进样，在负极端检测。

（3）电极：电极选用化学惰性和导电性能好的铂丝电极。

（4）溶液控制系统：溶液控制系统包括自动进样器、分部收集器（供放置缓冲液或样品小瓶的转盘）、更换缓冲液装置以及缓冲液的水平系统。

（5）检测器：毛细管电泳的检测器主要有紫外可见光检测器、二极管阵列检测器、荧光检测器、质谱检测器、电化学检测器、激光类检测器等。

三、电泳仪（槽）的主要技术参数

常用电泳仪的主要技术参数见表 1-2，表 1-3。

表 1-2　DYY-12C、BG-Power 600 型电泳仪的主要技术参数

技术参数	电泳仪型号	
	DYY-12C	BG-Power 600
电源电压	交流 220V±10%（50Hz±2%）	100～120V/200～240V，50～60Hz。自由切换
输出电压	20～5 000V（显示精度：2V）	5～600V（显示精度：2V，连续可调）
输出电流	2～200mA（显示精度：1mA）	1～500mA（显示精度：1mA）
输出功率	5～200W（显示精度：1W）	1～300W（显示精度：1W，连续可调）
其他	稳压、稳流、稳功率，状态可以相互转换	恒压、恒流或恒功率

表 1-3　DYCP-31D、DYCZ-24A 型电泳仪的主要技术参数

技术参数	电泳仪型号	
	DYCP-31D 型琼脂糖水平电泳槽	DYCZ-24A 型双垂直电泳槽
外接电源最大电压	500V	电压为 600V，电流为 200mA
凝胶板规格	6cm×6cm、12cm×6cm、6cm×12cm、12cm×12cm	170mm×170mm
缓冲液总体积	约 450ml	600ml
可加样孔数量	13、18、25 齿三种规格	20、26 齿两种规格
外形尺寸（L×W×H）	245mm×140mm×117mm	240mm×150mm×240mm

四、电泳仪（槽）的使用

（一）纸电泳法的操作

纸电泳法是以滤纸为支持介质的电泳。纸电泳仪装置包括直流电源和电泳槽两部分。常压电泳一般为 $100\sim500V$，分离时间长，从数小时到几天，多用于分离大分子物质；高压电泳一般为 $500\sim10\,000V$，电泳时间短，有时只需几分钟，多用于分离小分子物质。电泳槽可根据要求自制或购买，有水平式、悬架式和连续式等类型，要求能控制溶液的流动，能防止滤纸中的液体由于通电发热而蒸发。

1. 配制缓冲溶液　根据待测样品理化性质，选 pH、离子强度适宜的缓冲液。电泳时将缓冲液加入两槽中浸没铂电极，并保持两槽的水平液面相同。

2. 滤纸的处理 一般选用新华层析滤纸,要求纸质均匀、吸附力小,否则将导致电场强度不均匀,区带不整齐。将滤纸放入1mol/L甲酸溶液中,浸泡过夜,次日取出,用水漂洗至洗液的pH接近中性,置于60℃的烘箱中烘干。根据要求和电泳槽规格裁好滤纸。一般可裁成长27cm、宽18cm的滤纸,并在长度方向距一端5~8cm处做一起始线,每隔2.5~3cm处做一记号供点样用。

3. 点样 有湿法点样和干法点样两种方法。

(1) 湿法点样:将裁好的滤纸全部放入电泳缓冲液中润湿,用镊子取出,将其夹在干净的干燥滤纸中吸干,然后平放在滤纸架上,使起始线靠近阴极端,将滤纸的两端浸入缓冲液中,在标记处点样。样品可点成长条形或圆点状,一般长条形分离效果好,但样品量少时,点成圆点状比较集中,便于显色。双向电泳必须点成圆点状。定量分析时,点样量必须准确。一般可用微量注射器,整个点样操作要快,点样完毕,立即开启电源进行电泳,以防止样品扩散。

(2) 干法点样:将样品直接点在滤纸的标记处,第一次样品晾干或冷风吹干后,再点第二次,依此类推,直至全部点完。点样完毕后,将滤纸两端浸入缓冲液中浸润至距样品数厘米处,立即取出,让缓冲液扩散至点样处,将滤纸置于支架上电泳。

4. 电泳 点样完毕后,接通电源稳压挡,开启电源,根据滤纸有效长度计算电压梯度,并调整电压以在规定的范围内保持稳定。经过电泳一段时间切断电源,一般判断方法是使样品圆点移动6~8cm。立即连同支架取出滤纸,水平放置,用冷风吹干或烘干,使被分离的组分固定在滤纸上。

5. 染色或显色 根据被测组分的性质,可用紫外灯检测或用特定的显色剂显色;有适当的显色剂显色时,可用碘蒸汽显色了解区带位置,进行检测。

6. 定性与定量当成分不明确 通过计算迁移率进行定性分析。定量分析时,将被测组分的区带分别剪下,置于洗脱液中,将各组分从滤纸中全部洗脱下来,用适当的方法测定其含量。也可将干燥后的纸电泳图谱放入色谱扫描仪,通过反射方式在记录器上自动绘出各组分的曲线图。

(二) 乙酸纤维素薄膜电泳法的操作

乙酸纤维素薄膜电泳的电泳装置与纸电泳法相同,所不同的是以乙酸纤维素薄膜为支持介质,该膜具有均一的泡沫状结构,有强渗透性,对样品的吸附力小,亲水性小。因此,与纸电泳法相比,样品用量少、时间短、分离效果好、灵敏度高、对样品无拖尾和吸附现象。

1. 乙酸纤维素薄膜的处理 将乙酸纤维素薄膜裁好,一般规格为2cm×8cm,将粗糙面朝下,浸入巴比妥缓冲液中,使其漂浮于液面。选取迅速润湿、整条薄膜色泽一致的薄膜,用镊子轻压,使其全部浸润缓冲液,约20min后取出,夹在清洁的普通滤纸中,轻轻吸去多余的缓冲液,将薄膜粗糙面朝上,备用。

2. 组装滤纸桥 取普通滤纸,裁剪成大小适宜的长条,取双层滤纸两条,放入缓冲液中浸润,以驱除滤纸间的气泡,免得干扰电泳。取出分别附着在电泳槽两侧的支架上,使其一端与支架的前沿对齐,并与乙酸纤维素薄膜相连,另一端浸入电泳槽的缓冲溶液内。电泳时,通过滤纸桥使乙酸纤维素薄膜与缓冲液相连。

3. 点样 将处理好的乙酸纤维素薄膜粗糙面朝上,架子电泳槽的支架上,并使两端搭在滤纸桥上。根据样品性质点样,一般蛋白质在负极端2cm处点样。点样量不宜过多,并且采用条形点样法。点样完毕后,立即盖好电泳槽盖,打开电源开关,调节电压和电流强度,至区带的展开距离约为 4cm 时,停止电泳。

4. 染色与透明 电泳后,取出薄膜条,将其浸入染色液(氨基黑 B 或考马斯亮蓝)中,2～3min 后,用漂洗液浸洗数次,直至底色脱去。将漂洗干净的薄膜晾干,浸入用冰乙酸-无水乙醇(1∶4)制成的透明液中浸泡 10～15min 后取出,平铺在洁净的玻璃板上,干后即成透明的薄膜,可用分光光度计测量,亦可作标本长期保存。

5. 定性分析 透明的薄膜,可以用扫描仪进行透射扫描,测定各组分的含量。未经透明处理的薄膜,一般用洗脱法和扫描法,测定各组分的含量。

注意:乙酸纤维素薄膜在使用之前,必须用缓冲溶液预先浸泡。乙酸纤维素薄膜不易吸水,随着水分的蒸发而逐渐变干,所以在使用时,槽内需要被水蒸气饱和,并且电流密度要小。

(三) 琼脂糖凝胶电泳法的操作

琼脂糖凝胶电泳法的直流电源和电泳槽与纸电泳法相同,其支持介质是琼脂糖凝胶。这种方法除电荷效应外,还有分子筛效应,可根据被分离物质的形状和大小差异进行分离,极大地提高分辨率。主要应用于生命科学和基因工程中蛋白质、核酸等生物大分子的研究。

1. 凝胶板的制备 根据所需的琼脂糖凝胶的浓度,秤取适量的琼脂糖,先加少量的水或缓冲溶液,迅速加热至约 90℃,使琼脂糖全部溶化,对着光线看不到胶液中闪亮的小碎片时,将胶液冷却至 60℃,趁热灌注于玻璃板(2.5cm×7.5cm 或 4cm×9cm,用胶带封住边缘)或胶膜(在两端或四周用少量胶液封住)上,立即将样品梳插在胶膜的一端,梳齿必须与胶膜底部保持 1～2cm 的间距,在室温下放置 15～20min,胶液冷却成凝胶,所制成的凝胶,用肉眼检视,不得有气泡。使用前轻轻拔下样品梳,即可见到加样用的孔格,各孔格底部应有 1～2cm 厚的凝胶,以保证点样后样品不泄漏。

将制好的凝胶板通过滤纸桥与缓冲液相连,或将琼脂糖凝胶板放入电泳槽中,加入电泳缓冲液,加入量以浸过胶面约 1mm 为宜,用微量注射器在凝胶板上负极端直接点样或加至样品孔格内。

2. 电泳 点样完毕后,撕掉玻璃板边缘的胶带,进行电泳。

3. 染色 立即接通电源,根据样品的性质,调节电位。根据样品的性质选择不同的染色剂。蛋白质类用考马斯亮蓝,多糖类用甲苯胺蓝,核糖核酸和脱氧核糖核酸用溴化乙锭。

(四) 聚丙烯酰胺凝胶电泳的操作

聚丙烯酰胺凝胶电泳可分为连续凝胶和不连续凝胶。连续凝胶是指所用的缓冲液组成、pH 和凝胶孔径均相同的电泳分离系统,一般只用于分离组成比较简单的样品。不连续凝胶又称圆盘电泳,是指电泳系统中使用了两种或两种以上不同的缓冲液和不同的凝胶浓度。

聚丙烯酰胺凝胶电泳通常用稳流电泳仪和圆盘电泳槽(用稳流档)或垂直平板电泳槽(用稳压档)。

1. 凝胶的配制 根据样品的性质配制浓度不同的凝胶,一般先将丙烯酰胺和交联剂亚甲基双丙烯酰胺配成储备液,再按不同比例配成浓度不同的分离胶(浓度为 4%)。在不连续电泳时,还需制备浓度为 7.5%～20% 的浓缩胶。

2. 凝胶的制备　将配制好的分离胶立即用长的细滴管或带有粗针头的注射器加到洁净、干燥的玻璃管或电泳玻璃板间的空隙中。加胶时,应尽量将滴管头或注射器针头插入底部,并沿壁注入胶液,注意在注胶时避免产生气泡,到胶液高度达 6～7cm 为止。然后用带针头的注射器沿壁在胶液的顶端加水,至高出胶面 5mm 左右,加水时应特别注意防止水与胶液混合,绝对不能使水呈滴状坠入胶液。当出现两液层界面,说明凝胶已聚合。聚合反应一般控制在 30～60min,再静置 30min,使聚合完全,吸去顶部水层,再用滤纸吸去残留的水,加水洗涤凝胶表面 2～3 次,除去末聚合的丙烯酰胺。

将浓缩胶按加分离胶的方法,在分离胶的顶部加入高约 1cm 的胶层,再按上述方法覆盖水层,至两液层间再次出现界面时,表示凝胶已聚合,放置 20min。如果是平板电泳,再加浓缩胶到达凹形玻璃板的顶部,将梳子小心插入未聚合的浓缩凝胶,室温下放置约 40min,当在梳齿附近的凝胶呈现光线折射的波纹时,聚合反应已完成。

3. 安装凝胶管或凝胶板　圆盘管状电泳,通过橡胶塞插入上槽底板的各圆孔中,然后将凝胶管末端的胶塞除去,滴加电泳缓冲液,使凝胶管底部充满缓冲液,注意不能有气泡。

先在下槽加入缓冲液,然后将装好凝胶管的上槽放入下槽上,吸出各凝胶管覆盖的水层,并加电泳缓冲液至管口,再在上槽加电泳缓冲液至液面高于玻璃管约 1cm。

垂直平板电泳,待浓缩胶凝固后,将凝胶板移至电泳槽中,在内外(或上下)电泳槽中加入电泳缓冲液,确保凝胶的上部和底部都浸在缓冲液中。

小心拔出梳子,用电泳缓冲液或水清洗样品孔,并检查加样孔是否有气泡或损坏,附在凝胶上的气泡就除净,保证电流畅通。

4. 加样　一般将样品制成 1ml 的溶液。配制样品的缓冲液,可加入 20%的蔗糖或10%的甘油,连续电泳用稀释约 10 倍的缓冲液,不连续电泳用稀释后的浓缩胶缓冲液。样品溶液必要时可用离心的方法除去不溶物。用硫酸铵盐析或用高盐溶液从柱层析中洗脱的样品先透析或经交换树脂脱盐,否则电泳区带将变形,界面不清。

用微量注射器的针头穿过覆盖在胶面上的缓冲液,在靠胶面的顶部加入配好的样品溶液。样品数量少时,在多余的样品孔加入样品缓冲液,以防止邻近带的扩散,同时也可作对照。

5. 电泳　接通电源,圆盘电泳在指示染料未进入凝胶前,调节电流为 1～3mA/管,待色带进入胶面后,增大电流至 3～5mA/管,一般应保持在 4mA/管。当指示染料移至玻璃管底部约 1cm 处,关闭电源。垂直平板电泳,初始电压为 80V,待进入凝胶时,调至 150～200V,当标志指示剂移至底部约 5cm 处,关闭电源。

6. 取胶　管状凝胶可用带长针头的注射器吸满水,将针头插入凝胶管壁间,一边推压注水,靠水流压力和润滑力将凝胶从玻璃管中挤出来。

第四节　PCR 仪的使用

一、PCR 仪的基本组成部件

(一) PCR 仪的外形构造

PCR 仪的外形构造,如图 1-15 所示。

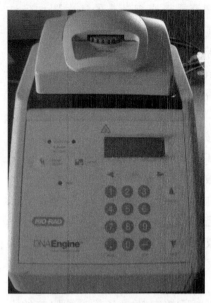

图 1-15　PCR 仪的外形构造

（二）温控设备

对普通 PCR 仪来说，温度控制指标主要是指温度的准确性、均匀性以及升降温速度，对梯度 PCR 仪来说，除了温度的准确性和均匀性、升降温速度以外，还必须考虑仪器在梯度模式和标准模式下是否具有同样的温度特性。

温度的准确性是指样品孔温度与设定温度的一致性，对于 PCR 反应而言最重要的莫过于温度控制的准确性，由于 PCR 反应是一个 2^n 扩增的过程，扩增过程中退火温度的细微变化会被放大而直接影响结果，不论是变性、退火还是延伸都需要准确控制温度。

温度的均匀性是指样品孔间的温度差异，它关系到在不同样品孔进行反应结果的一致性。PCR 实验中发现用同样的样品，同样的 PCR 反应程序，最后的结果竟然差异非常明显，这就是不同位置的温度不均一性所致。特别是加热块角落和边缘的样品孔存在的边缘效应。

升降温的速度。更快的升降温速度，可以缩短反应进行的时间，而且缩短了可能的非特异性结合、反应的时间，能提高 PCR 反应特异性。升降温速度主要是机器加热方法和特性决定的，除此之外影响升降温速度的因素还有制作承托样品管的基座模块材料的导热性和 PCR 仪的导热介质。理想的介质是要求导热性好、比热容大、接触紧密。

1. 水浴和油浴　温控的首选，比热容大（油比水更大），与反应物无缝接触，效果好。缺点不能自动化、小型化，只有最初的水浴锅式适用。

2. 硅加热　这是使用最普遍的一种方法，缺点是成本较高。

3. 金属介质　其优点是易自动化、速度快、直接加热降温，效果好。导热虽然好，但是与反应管很难做到无缝接触，定性时可以加油，但由于油有荧光信号，所以不能用于荧光定量 PCR。

4. 空气加热　与反应体系无缝接触，微量试剂利用离心来产生空气流动，增强导热性，同时使用毛细管，加大接触面积。但空气的导热性差、比热容小的弱点明显。因此空气加热要利用加大接触面积、试剂微量化来弥补。

现在的 PCR 仪一般具有两种温控模式，即模块温控模式和反应管温控模式。在模块温控模式下，机器根据探测器直接探测的温控模块（即承载样品的金属台）的温度进行控制，这种模式适用于长时间的静态孵育（如连接、酶切、去磷酸化等）。反应管温控模式实际上是一种模拟试管/PCR 板的温控模式，根据探测器所探测到的温控模块的温度由计算机计算出管内/PCR 板孔内样品液的温度来进行控制。一般来说，试管温控更为准确，因为管内样品的温度无法与温控模块同时达到预设温度。特别是 PCR 反应过程一般都很短暂（30 秒到几分钟），如果只采用模块温控模式的话，反应物达到需要温度的时间与程序设定的时间会有相当大的差距。而反应管温控模式能自动补偿时间，而且适合各种类型的反应管，确保反应物按照程序设定的时间维持预设温度。

（三）检测设备

最早的 PCR 就是三个水浴锅,一个机械臂,定时抓出反应管转换水浴锅。PCR 的结果需要借助其他手段来检测。后来随着定量技术的发展,将 PCR 和检测做成一体,就形成了定量 PCR 仪。由于应用的是荧光技术,同时在每个扩增过程都能实施监控,所以标准的叫法为实时荧光定量 PCR 仪。荧光定量检测技术具有时间短、检测灵敏度高、准确定量的优势。

监测系统:光源、钨灯、激光、发光二极管。

检测器:摄像头、光电二极管、光电倍增管、PMT 激发光源检测器。

（四）其他设备

1. 热差 现在的 PCR 仪一般均配备热盖,热盖温度设为 105℃,使样品管顶部的温度达 105℃左右,蒸发的反应液就不会产生凝集,在管盖上面改变反应体积,这样用户就无须再向反应管内加液状石蜡,直接减少后继反应的麻烦。最新的 EsP 技术是指热盖加热时不接触样品管,避免加热样品管导致非特异产物,等加热到设定温度后热盖下降,将样品管压入加热模块,压都由电子控制。

2. 样品基座 PCR 反应多在 0.2 或者 0.5 的管子中进行,多数 PCR 仪也配备了不同的可更换样品槽,适配不同的样品管。有些 PCR 仪一个槽内带有 0.2 和 0.5 两种不同的样品孔,不需更换基座就可以分别使用两种不同的反应管,避免了换基座的麻烦。当然不同的反应管是不可以同时使用的,因为高度不同,热盖不能作用。

二、PCR 仪的分类

（一）定性 PCR 仪

1. 普通 PCR 仪 可进行普通的 PCR 反应,现在向着多功能方向发展。

2. 梯度 PCR 仪 对于一个 PCR 反应,退火温度十分重要。一般的退火温度是由引物设计软件或者经验公式计算得出,可是由于模板中碱基的组合千变万化,对于特殊片段,计算的温度在实验中不一定能得出结果,细微的变化对结果都可能产生决定性的影响,因而PCR 反应的退火温度就需要通过多次 PCR 反应的长时间摸索。梯度 PCR 仪的出现部分解决了这一难题,其方法是在反应过程中每个孔的温度控制条件可以在一定的范围逐级变化,根据 PCR 结果的分析,一次反应就可以摸索出最适合的反应条件。

（二）定量 PCR 仪

定量 PCR 仪原理是实时定量 PCR,又称荧光定量 PCR,是于 1995 年研制出的一种新的核酸定量技术,该技术在常规 PCR 基础上运用费光能量传递技术,加入荧光标记探针,巧妙地把核酸扩增、杂交、光谱分析和实时检测技术结合在一起,借助于荧光信号来检测 PCR产物。一方面提高了灵敏度,另一方面还可以做到 PCR 每循环一次就收集一个数据,从而确定起始 DNA 的拷贝数,做到真正意义上的 DNA 定量。

三、PCR 仪的使用方法

（一）PCR 仪的主要技术参数

PCR 仪的主要技术参数有样品容量、温控范围、温控精确度、温控速率、最大循环数目和程序数目等,表 1-4 是两种型号的 PCR 仪的主要技术参数。

表 1-4　PCR 仪的主要技术参数

技术参数	仪器型号	
	Eppendorf Mastercycler 梯度 PCR 仪	Bio-rad mycycler 梯度 PCR 仪
样品容量	96×0.2ml PCR 管或 77×0.5ml PCR 管或 8×12 PCR 板	96 反应模块,可用 0.2ml PCR 管或 PCR 反应板
温控范围	4~99℃,梯度范围从 1~20℃	4~100℃
温控精确度	±0.2℃	±0.5℃
温控速率	(模块上测量)约 3℃/s(加热)约 2℃/s(冷却)	升温速度 2.5℃/s,制冷速度 1.5℃/s
最大循环数	99	99
程序数目	仪器上可储存 100 种,个人卡上可储存约 10 种	仪器上可储存 99 种
电源	230V,50~60Hz,消耗功率 500W	
均一性		±0.5℃
温控模式		模块温控模式和反应管温控模式

(二) PCR 仪的设定

根据 PCR 反应条件,以 Eppendorf Mastercycler 梯度 PCR 仪为例,进行 PCR 仪的设定。反应条件:循环 1,94℃,3min;循环 2,94℃变性 45s,52℃退火 45s,72℃延伸 1min;共 30 个循环;最后 72℃延伸 10min。

设定步骤:①打开电源。②通过按[1][4]键,选择文件菜单,按[ENTER]键进入。③通过按[1][4]键,选择新建菜单[NEW],按[ENTER]键进入,编写新的反应条件程序。④通过按[ENTER]键,选择热盖温度的设定顶;按数字键输入数值,结束按[EN-TER]键。⑤进入预变性条件的设定,用[Set]键,选择温度选项[T],用数字键设定温度,按[ENTER]键确认,再用数字键设定预变性时间,按[ENTER]键确认。同样的方法设定变性、退火、延伸三个步骤的温度和时间。如果反应条件需要进行梯度设定,可以按[opt]键,选择梯度[G]设定。⑥用[Set]键,选择循环次数选项[Go To],按[ENTER]键进入,按数字键输入数值选择下一循环的起始步骤,一般为按[ENTER]键确认,再按数字键输入循环的次数,按[ENTER]键确认。⑦用同样方法设定最终延伸的温度和时间。⑧按[EXIT]键,推出[NEW]菜单,按[ENTER]两次,确认程序名称。⑨回到主菜单,按[START]键,启动程序。

四、PCR 仪使用的注意事项及保养

PCR 仪为精密仪器,在使用过程中一定要注意以下问题:

(1) PCR 仪使用的环境要恒定,工作环境的温度不能过高或过低,最好在用空调的房间使用,有些 PCR 仪有温度保护程序,在过低的温度下机器不能启动。

(2) PCR 仪使用的电源要稳定,工作的电压不能波动过大,波动过大会造成电子器件损坏,一般建议将 PCR 仪电源接于稳压电源上。

(3) PCR 仪在使用前要详细阅读使用说明书,遇到不能解决的问题不要随意拆卸机器,应该让生产厂商负责售后服务的专业工程师进行处理。

小结

通过本章的学习,我们了解了分光光度计、离心机、电泳仪和 PCR 仪的基本构造、基本原理,以及如何操作和如何保养等,重点掌握内容为这几种常用仪器的基本操作。

复习题

1. 分光光度计的使用及比色皿的使用?
2. 离心机使用前后的注意事项?
3. 电泳仪的分类?
4. PCR 仪的操作步骤?

第二章 基本实验技术

第一节 层析技术

一、引言

层析法又称色层分析法或色谱法(chromatography),是一种基于被分离物质的物理、化学及生物学特性的不同,使它们在某种基质中移动速度不同而进行分离和分析的方法。例如,我们利用物质在溶解度、吸附能力、立体化学特性及分子的大小、带电情况及离子交换、亲和力的大小及特异的生物学反应等方面的差异,使其在流动相与固定相之间的分配系数(或称分配常数)不同,达到彼此分离的目的。

20世纪初(1903年),俄国植物学家M. C. Jber发现并使用这一技术证明了植物的叶子中不仅有叶绿素,还含有其他色素,实际上他使用的吸附层析。现在层析法已成为生化、分子生物学及其他学科领域有效的分离、分析工具之一。

二、层析的基本理论

层析法是一种基于被分离物质的物理、化学及生物学特性的不同,使它们在某种基质中移动速度不同而进行分离和分析的方法。例如,我们利用物质在溶解度、吸附能力、立体化学特性及分子的大小、带电情况及离子交换、亲和力的大小及特异的生物学反应等方面的差异,使其在流动相与固定相之间的分配系数(或称分配常数)不同,达到彼此分离的目的。

对于一个层析柱来说,可作如下基本假设:①层析柱的内径和柱内的填料是均匀的,而且层析柱由若干层组成。每层高度为 H,称为一个理论塔板。塔板一部分为固定相占据,一部分为流动相占据,且各塔板的流动相体积相等,称为板体积,以 V_m 表示。②每个塔板内溶质分子在固定相与流动相之间瞬间达到平衡,且忽略分子纵向扩散。③溶质在各塔板上的分配系数是一常数,与溶质在塔板的量无关。④流动相通过层析柱可以看成是脉冲式的间歇过程(即不连续过程)。从一个塔板到另一个塔板流动相体积为 V_m。⑤溶质开始加在层析柱的第零塔板上。根据以上假定,将连续的层析过程分解成了间歇的动作,这与多次萃取过程相似,一个理论塔板相当于一个两相平衡的小单元。

三、层析的基本概念

1. 固定相 固定相是层析的一个基质。它可以是固体物质(如吸附剂、凝胶、离子交换剂等),也可以是液体物质(如固定在硅胶或纤维素上的溶液),这些基质能与待分离的化合物进行可逆的吸附、溶解、交换等作用。它对层析的效果起着关键的作用。

2. 流动相 在层析过程中,推动固定相上待分离的物质朝着一个方向移动的液体、气体或超临界体等,都称为流动相。柱层析中一般称为洗脱剂,薄层层析时称为展层剂。它也是层析分离中的重要影响因素之一。

3. 分配系数及迁移率(或比移值)　分配系数是指在一定的条件下,某种组分在固定相和流动相中含量(浓度)的比值,常用 K 来表示。分配系数是层析中分离纯化物质的主要依据。

$$K = C_s / C_m$$

式中,C_s 为固定相中的浓度;C_m 为流动相中的浓度。

迁移率(或比移值):是指在一定条件下,在相同的时间内某一组分在固定相移动的距离与流动相本身移动的距离之比值。常用 R_f(大于或等于 1)来表示。可以看出:K 增加,R_f 减少;反之,K 减少,R_f 增加。

实验中我们还常用相对迁移率的概念。相对迁移率:是指在一定条件下,在相同时间内,某一组分在固定相中移动的距离与某一标准物质在固定相中移动的距离之比值。它可以小于等于 1,也可以大于 1,用 R_x 来表示。不同物质的分配系数或迁移率是不同的。分配系数或迁移率的差异程度是决定几种物质采用层析方法能否分离的先决条件。很显然,差异越大,分离效果越理想。

分配系数主要与下列因素有关:①被分离物质本身的性质;②固定相和流动相的性质;③层析柱的温度。对于温度的影响有下列关系式:

$$\ln K = \sim (\Delta G^0 / RT)$$

式中,K 为分配系数(或平衡常数);DG^0 为标准自由能变化;R 为气体常数;T 为绝对温度。

这是层析分离的热力学基础。一般情况下,层析时组分的 DG^0 为负值,则温度与分配系数成反比关系。通常温度上升 20℃,K 值下降一半,它将导致组分移动速率增加。这也是为什么在层析时最好采用恒温柱的原因。有时对于 K 值相近的不同物质,可通过改变温度的方法,增大 K 值之间的差异,达到分离的目的。

四、层析的分类

层析根据不同的标准可以分为多种类型。

(一) 根据固定相基质的形式分类

层析可以分为纸层析、薄层层析和柱层析。纸层析是指以滤纸作为基质的层析。薄层层析是将基质在玻璃或塑料等光滑表面铺成一薄层,在薄层上进行层析。柱层析则是指将基质填装在管中形成柱形,在柱中进行层析。纸层析和薄层层析主要适用于小分子物质的快速检测分析和少量分离制备,通常为一次性使用,而柱层析是常用的层析形式,适用于样品分析、分离。生物化学中常用的凝胶层析、离子交换层析、亲和层析、高效液相色谱等都通常采用柱层析形式。

(二) 根据流动相的形式分类

层析可以分为液相层析和气相层析。气相层析是指流动相为气体的层析,而液相层析指流动相为液体的层析。气相层析测定样品时需要气化,大大限制了其在生化领域的应用,主要用于氨基酸、核酸、糖类、脂肪酸等小分子的分析鉴定。而液相层析是生物领域最常用的层析形式,适于生物样品的分析、分离。

(三) 根据分离的原理不同分类

层析主要可以分为吸附层析、分配层析、凝胶过滤层析、离子交换层析、亲和层析等。

1. 吸附层析 是以吸附剂为固定相,根据待分离物与吸附剂之间吸附力不同而达到分离目的的一种层析技术。

2. 分配层析 是根据在一个有两相同时存在的溶剂系统中,不同物质的分配系数不同而达到分离目的的一种层析技术。

3. 凝胶层析(又叫凝胶过滤或分子筛) 凝胶层析是指混合物随流动相流经固定相的层析柱时,混合物中各组分按其分子大小不同而被分类的技术。

(1) 原理:凝胶层析的固定相是凝胶。凝胶是一种不带电荷的具有三维空间多孔网状结构的物质,凝胶的每个颗粒内部都具有很多细微的小孔,如同筛子一样(图 2-1)。

凝胶特点:不带电荷;三维结构;细微多孔——网状。

常用凝胶有琼脂糖凝胶、聚丙烯酰胺凝胶、葡聚糖凝胶等。

葡聚糖凝胶介质是由多聚葡聚糖与环氧绿丙烷交连而成。最常用的葡聚糖凝胶层析介质是 Sephadex G 系列,不同型号的凝胶用 G 表示,G 代表交联度,从 G10 到 G100。"G"后面的数字表示每 10g 干胶的吸水量,可根据待分离混合物分子量大小选用不同"G"值的凝胶。

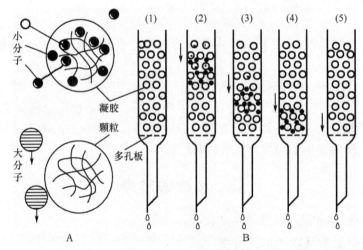

图 2-1 凝胶层析的原理

(2) 分离过程:小分子物质→凝胶内部→进出,流程长→V 下降→后流出大分子物质→不进入孔内部,只在颗粒间移动→流程短,先流出分子量大小不同的物质因此得以分离。

(3) 影响凝胶柱层析的主要因素

1) 层析柱的选择与装填:层析柱的大小应根据分离样品量的多少及对分辨率的要求而定。凝胶柱填装后用肉眼观察应均匀、无纹路、无气泡。

2) 流动相——洗脱液的选择:是含有一定浓度盐的缓冲液,目的是为了防止凝胶可能有吸附作用。其选择主要取决于待分离样品,一般来说只要能溶解洗脱物质,并不使其变性的缓冲液都可用于凝胶层析。

3) 加样量:加样量的多少应根据具体的实验而定。一般分级分离时加样量约为凝胶柱床体积的 1%～5%,而分组分离时加样量约为凝胶柱床体积的 10%～25%。

4) 凝胶再生：葡聚糖凝胶再生使用 NaOH(0.2mol) 和 NaCl(0.5mol) 混合液处理。

4. 离子交换层析　是利用离子交换剂对需要分离的各种离子具有不同的亲和力(静电引力)而达到分离目的的层析技术。

(1) 离子交换层析的固定相是离子交换剂，流动相是具有一定 pH 和一定离子强度的电解质溶液。

(2) 离子交换剂是具有酸性或碱性基团的不溶性高分子化合物，这些带电荷的酸性或碱性基团与其母体以共价键相连，这些基团所吸引的阳离子或阴离子可以与水溶液中的阳离子或阴离子进行可逆的交换。因此根据可交换离子的性质将离子交换剂分为两大类：阳离子交换剂和阴离子交换剂。

(3) 据离子交换剂的化学本质，可将其分为离子交换树脂、离子交换纤维素和离子交换葡聚糖等多种。

1) 离子交换树脂是人工合成的高分子化合物，生化实验中所用的离子交换树脂多为交联聚苯乙烯衍生物。离子交换树脂多用于样品去离子，从废液中回收所需的离子和水的处理等。由于它可使不稳定的生物大分子变性，因此不适用于对生物样品进行分离。

2) 离子交换纤维素可用于生物大分子的分离。其缺点是分子形态不规则，孔隙不均一，对要求非常严格的试验尚不够满意。较为理想的离子交换剂是离子交换葡聚糖凝胶和离子交换琼脂糖凝胶。它们具有颗粒整齐，孔径均一等优点，往往得到较好的分离效果。

(4) 根据各种离子交换剂所带酸性和碱性功能团的不同和其解离能力的差异，各种交换剂又可进一步分为强酸型、弱酸型、强碱型和弱碱型四种。

(5) 离子交换层析的基本过程：离子交换剂经适当处理装柱后，应该先用酸或碱处理(视具体情况可用一定 pH 的缓冲液处理)，使离子交换剂变成相应的离子型(阳离子交换剂带负电并吸引相反离子 H^+，阴离子交换剂带正电并吸引相反离子 OH^-)加入样品后，使样品与交换剂所吸引的相反离子(H^+ 或 OH^-)进行交换，样品中待分离物质便通过电价键吸附于离子交换剂上面。然后用基本上不会改变交换剂对样品离子亲和状态的溶液(如起始缓冲液)充分冲洗，使未吸附的物质洗出。洗脱待分离物质时常用的两种方法，一是制作电解质浓度梯度，即离子强度梯度。通过不断增加离子度使吸附到交换剂上的物质根据其静电引力的大小而不断竞争性的解脱下来；二是制作 pH 梯度，影响样品电离能力，也使交换剂与样品离子亲和力下降，当 pH 梯度接近各样品离子的等电点时，该离子就被解脱下来。在实际工作中，离子强度梯度和 pH 梯度可以是连续的(称梯度洗脱)，也可以是不连续的(称阶段洗脱)。一般来讲，前者分离的效果比后者的分离效果理想，梯度洗脱需要梯度混合器来制造离子强度梯度或 pH 梯度。最简单的梯度混合器，它由两个容器组成，两容器之间以连通管相连接，与出口连接的容器装有搅拌装置，内盛起始洗脱液，此洗脱液代表开始洗脱的离子强度(或起始 pH)；另一容器内盛有终末洗脱液，此洗脱液代表洗脱的最后离子强度(或最后 pH)。在洗脱过程中，由于终末洗脱液不断进入起始洗脱液中，并不断被搅拌均匀，所以流出的洗脱液成分不断的由起始状态向终末状态演变形成连续的梯度变化。

5. 亲和层析(affinity chromatography)　亲和层析法是近年来广为重视并得到迅速发展的提纯、分离方法之一。许多物质都具有和某化合物发生特异性可逆结合的特性。例如，酶与辅酶或酶与底物(产物或竞争性抑制剂等)，抗原与抗体，凝集素与受体，维生素与结合蛋白，凝集素与多糖(或糖蛋白、细胞表面受体)，核酸与互补链(或组蛋白、核酸多聚酶、结合蛋白)以及细胞与细胞表面特异蛋白(或凝集素)等。亲和层析法就是利用化学方法将可与待分离物质可逆性特异结合的化合物(称配体)连接到某种固相载体上,并将载有配体的固相载体装柱,当待提纯的生物大分子通过此层析柱时,此生物大分子便与载体上的配体特异的结合而留在柱上,其他物质则被冲洗出去。然后再用适当方法使这种生物大分子从配体上分离并洗脱下来,从而达到分离提纯的目的。

亲和层析由于配体与待分离物质进行特异性结合,所以分离提纯的效率极高,提纯度可达几千倍,是当前最为理想的提纯方法。亲和层析配体与待分离物质特异性结合性质还可用来从变性的样品中提纯出其中未变性部分,从大量污染的物质中提纯小量所需成分,亲和层析还可用来从极度稀薄的液体中浓缩其溶质。亲和层析所用的载体和凝胶过滤所要求的凝胶特性相同,即化学性质稳定,不带电荷,吸附能力弱,网状疏松,机械强度好,不易变形,保障流速的物质。聚丙烯酰胺凝胶颗粒、葡聚糖凝胶颗粒以及琼脂糖凝胶颗粒都可用,其中以琼脂糖凝胶(Sephadex 4B)型应用最广泛。亲和层析的关键是设法选择合适的配体并将此配体与载体化学连接起来,形成稳定的共价键,这需要在实际工作中根据需要加以选择和试验。

第二节　分光光度技术

一、分光光度技术简介

有色溶液对光线有选择性的吸收作用,不同物质由于其分子结构不同,对不同波长线的吸收能力也不同,因此,每种物质都具有其特异的吸收光谱。有些无色溶液,光虽对可见光无吸收作光光度技术吸收用,但所含物质可以吸收特定波长的紫外线或红外线。分光谱来鉴定物质性质及含量的技术,其理论依据是(分光光度法)主要是指利用物质特有的 Lambert 和 Beer 定律。

分光光度法是比色法的发展。比色法只限于在可见光区,分光光度法则可以扩展到紫外光区和红外光区。比色法用的单色光是来自滤光片,谱带宽度从 40～120nm,精度不高,分光光度法则要求近于真正单色光,其光谱带宽最大不超过 3～5nm,在紫外区可到 1nm 以下,来自棱镜或光栅,具有较高的精度。

二、基 本 原 理

当光线照射到物体上,便会有部分光线的能量被物质所吸收。不同物质由于分子结构不同,对不同波长的光线吸收能力也不同,因此每种物质都有它特异的吸收光谱,吸收光谱的测定可以用来鉴别各种不同的物质。

根据 Lambert-Beer 二氏定律,当一束单色光通过溶液时由于部分能量被溶液吸收,通过溶液后射出的光线强度 I 就要比入射光线强度 I_0 小,它们的比值(透光度 $T=I/I_0$)和溶液的厚度(L)及溶液的浓度(C)有如下的关系:通过溶液后射出的光线强度 I 就要比入射光线强度 I_0 小,它们的比值和溶液的厚度(L)及溶液的浓度(C)有如下的关系:

$$D=-\lg \frac{I}{I_0}=KCL \qquad (1)$$

K 为常数,称为消光系数(extinction coefficient,也有用符号 E),表示物质对光线吸收的本领,其数值因物质的种类及光线的波长而异。D 值称为光密度(optical density, OD),表示该溶液对光线吸收的量,亦称之为吸收度(absorbance, A)。

常用的有紫外分光光度法及比色分析法。前者应用紫外光区波长的光,其优点是不需显色、简便迅速,有时标本还可回收,减少消耗;后者是指应用波长为可见光范围内的分光光度计比较测定溶液和标准溶液的光吸收能力来测定未知浓度的方法。待测溶液浓度的计算方法如下:

1. 利用标准管浓度的计算 当溶液的厚度(L)不变,对于同一物质和同样波长的单色光(即消光系数不变),溶液的光密度和溶液的浓度成正比,即:

$$\frac{D_1}{D_2}=\frac{C_1}{C_2} \tag{2}$$

根据公式(2),若 C_1 为已知浓度的标准溶液的浓度,则根据光密度的比值即可求出待测溶液的浓度 C_2。这就是比色分析法的依据。

2. 利用消光系数的计算 从公式(1)还可以看到若已知物质的消光系数和溶液的厚度(即吸收杯的内径,常用的吸收杯内径为 1cm),也可以直接从光密度推算出溶液的浓度。

消光系数的常用表示方法有两种。

(1) 百分消光系数:即浓度以百分浓度 g/100ml 来表示的消光系数,实际上它就是当溶液浓度为 1% 及厚度为 1cm 时的光密度值。

(2) 摩尔消光系数:即浓度以摩尔浓度来表示的消光系数,实际上它就是当溶液浓度为 1mol/L 及厚度为 1cm 时的光密度值。

3. 利用标准曲线求得 分析大批样品时,采用此法比较方便,但需要事先制作一条标准曲线(或称工作曲线),以供一段时间使用。

配制一系列浓度由小到大的标准溶液,测出它们的光吸收。在标准溶液的一定浓度范围内,溶液的浓度与其光吸收之间呈直线关系。以各标准溶液的浓度为横坐标,相应的光吸收为纵坐标,在方格坐标纸上绘出标准曲线。制作标准曲线时,起码要选 5 种浓度递增的标准溶液,测出的数据至少要 3 个落在直线上,这样的标准曲线方可使用。

比色测定待测样品时,操作条件应与制作标准曲线时相同。测出光吸收后,从标准曲线上可以直接查出它的浓度,并计算出待测物质的含量。

三、分光光度计基本结构简介

能从含有各种波长的混合光中将每一单色光分离出来并测量其强度的仪器称为分光光度计。

分光光度计因使用的波长范围不同而分为紫外光区、可见光区、红外光区以及万用(全波段)分光光度计等。无论哪一类分光光度计都由下列五部分组成,即光源、单色器、狭缝、样品池、检测器系统。

四、分光光度技术的基本应用

1. 测定溶液中物质的含量 可见或紫外分光光度法都可用于测定溶液中物质的含量。测定标准溶液(浓度已知的溶液)和未知液(浓度待测定的溶液)的吸光度进行比较,由于所用吸收池的厚度是一样的。也可以先测出不同浓度的标准液的吸光度,绘制标准曲线,在选定的浓度范围内标准曲线应该是一条直线,然后测定出未知液的吸光度,即可从标准曲线上查到其相对应的浓度。

含量测定时所用波长通常要选择被测物质的最大吸收波长,这样做有两个好处:①灵敏度大,物质在含量上的稍许变化将引起较大的吸光度差异;②可以避免其他物质的干扰。

2. 用紫外光谱鉴定化合物 使用分光光度计可以绘制吸收光谱曲线。方法是用各种波长不同的单色光分别通过某一浓度的溶液,测定此溶液对每一种单色光的吸光度,然后以波长为横坐标,以吸光度为纵坐标绘制吸光度-波长曲线,此曲线即吸收光谱曲线。各种物质有它自己一定的吸收光谱曲线,因此用吸收光谱曲线图可以进行物质种类的鉴定。当一种未知物质的吸收光谱曲线和某一已知物质的吸收光谱曲线开关一样时,则很可能它们是同一物质。一定物质在不同浓度时,其吸收光谱曲线中,峰值的大小不同,但形状相似,即吸收高峰和低峰的波长是一定不变的。紫外线吸收是由不饱和的结构造成的,含有双键的化合物表现出吸收峰。紫外吸收光谱比较简单,同一种物质的紫外吸收光谱应完全一致,但具有相同吸收光谱的化合物其结构不一定相同。除了特殊情况外,单独依靠紫外吸收光谱决定一个未知物结构,必须与其他方法配合。紫外吸收光谱分析主要用于已知物质的定量分析和纯度分析。

第三节 离 心 技 术

一、离心技术简介

离心技术是根据颗粒在匀速圆周运动时受到一个外向的离心力的行为发展起来的一种分离分析技术。

用于工业生产的,如化工、制药、食品等工业大型制备用的离心技术,转速都在 5000r/min 以下。

用于生物、医学、化学等实验室分析研究的,转速从每分钟几千到几万转以上,此类技术的使用目的在于分离和纯化样品,以及对纯化样品的有关性能进行研究。

二、基 本 原 理

1. 离心力 Centrifugal force(F)

$$F = m\omega^2 r$$

式中,ω 为旋转角速度(弧度/秒);r 为旋转体离旋转轴的距离(cm);m 为颗粒质量。

2. 相对离心力 Relative centrifugal force(RCF) RCF 就是实际离心力转化为重力加速度的倍数。

$$RCF = F\,离心力/F\,重力 = m\omega^2 r/mg = \omega^2 r/g$$

式中,g 为重力加速度($980.70g/s^2$)。

同为转于旋转一周等于 2π 弧度,因此转子的角速度以每分钟旋转的次数(每分钟转数 n 或 r/min)表示:一般情况下,低速离心时常以 r/min 来表示,高速离心时则以 g(或数字 Xg)表示。

用"Xg"表示每分钟转速可以真实反映颗粒在离心管不同位置的离心力。Dole&Cotzias 制作了转子速度和半径相对应的离心力列线图。

3. 沉降系数 Sedimentation coefficient(S)　当转子内样品绕着旋转轴离心时,样品沉降率是由样品颗粒的大小、形状、密度和溶剂的黏度、密度以及离心加速度决定的,在一般情况下,样品的沉降特征可以用沉降系数来表示:S 是指单位离心场中粒子移动的速度。S 的物理意义是颗粒在离心力作用下从静止状态到达等速运动所经过的时间。S 在实际应用时常在 $10\sim13$ 秒,故把沉降系数 $10\sim13$ 秒称为一个 Svedberg 单位,简写 S,单位为秒,$1S=1\times10\sim13$ 秒。对一定的样品,在一定的介质中,样品沉降系数 S 也常保持不变。文献中常用沉降系数以描述某些生物大分子或亚细胞器大小。

三、离 心 设 备

离心技术所使用的设备是由离心转子、离心管及附件等组成。

(一) 离心机

1. 低速离心机　一般最高转速在 $6000r/min$ 以下。实验室中常用于分离制备。

2. 高速离心机　带有能够冷却的离心腔制冷设备,这类离心机的速度控制比上述的低速离心机来得准确,工作时的实际速度和温度可通过仪表显示;配有一定类型及规格的转子,可根据需要选用。此类离心机的最高转速在 $25\,000r/min$ 以下,常用于生物大分子的分离制备。

3. 超速离心机　由四个部分组成,即驱动和速度控制、温度控制、真空系统以及转头。至今超速离心机最高转速为 $85\,000r/min$(可达 $600\,000g$ 左右)。常用于分离亚细胞器、病毒、DNA、RNA 和蛋白质,在分离时无需加入可能引起被分离物质结构改变的物质,故为观察它们的"天然"结构与功能提供了手段。

(二) 转子

转子主要有三种:固定角式转子(fixed-angle rotor)、水平转子(swing-out rotor)、垂直转子(vertical rotor),还有带状转子(zonal rotor)和连续转子(continuous rotor)等。

1. 固定角式转子　离心管在离心机中放置的位置与旋转轴心形成一个固定的角度,角度变化在 $14°\sim40°$ 之间,常见的角度有 $20°$、$28°$、$34°$ 及 $40°$ 等。

因角式转子的重心低,转速可较高,样品粒子穿过溶剂层的距离略大于离心管的直径;又因为有一定的角度,故在离心过程中撞到离心管外壁的粒子沿着管壁滑到管底形成沉淀,这就是"管壁效应",此效应使最后在管底聚成的沉淀较紧密。

2. 水平转子　此类转子静止时,处在转子中的离心管中心线与旋转轴平行,而在转子旋转加速时,离心管中心线由平行位置逐渐过渡到垂直位置,即与旋转轴成 $90°$ 角,粒子的沉淀方向同旋转半径方向基本一致,但也有少量的"管壁效应"。由于此类转子的重心位置较高,样品粒子沉降穿过溶剂层的距离大于直径。它对于多种成分样品分离特别有效,常用于速率区带离心和等密度离心。

3. 垂直转子　离心管垂直插入转头孔内,在离心过程中始终与旋转轴平行,而离心时液层发生 $90°$ 角的变化,从开始的水平方向改成垂直方向,转子降速时,垂直分布的液层又逐渐趋向水平,待旋转停止后,液面又完全恢复成水平方向。这是因为在进行密度梯度离心前,由于重力的作用,垂直转子的粒子沉淀距离等于离心管的直径,离心分离所需的离心力最小,适用于速率区带离心和等密度离心,但一般不用于差速离心。

四、离心分离方法

根据离心原理,按照实际工作的需要,目前已有可设计出各种离心方法综合起来大致可分三类。

1. 平衡离心法　根据粒子大小、形状不同进行分离,包括差速离心法(differential velocity centrifugation)和速率区带离心法(rate zonal centrifugation)。

(1) 差速离心法

1) 原理:它利用不同的粒子在离心力场中沉降的差别,在同一离心条件下,沉降速度不同,通过不断增加相对离心力,使一个非均匀混合液内的大小、形状不同的粒子分步沉淀。操作过程中一般是在离心后倾倒的办法把上清液与沉淀分开,然后将上清液加高转速离心,分离出第二部分沉淀,如此往复加高转速,逐级分离出所需要的物质。差速离心的分辨率不高,沉淀系数在同一个数量级内的各种粒子不容易分开,常用于其他分离手段之前的粗制品提取。

2) 注意点:可用角式、水平式转头;可用刹车;难以获得高纯度。例如,用差速离心法分离已破碎的细胞各组分。

(2) 速率区带离心法

1) 原理:速率区带离心法是离心前在离心管内先装入密度梯度介质(如蔗糖、甘油、KBr、CsCl 等),待分离的样品铺在梯度液的顶部、离心管底部或梯度层中间,同梯度液一起离心。离心后在近旋转轴处的介质密度最小,离旋转轴最远处介质的密度最大,但最大介质密度必须小于样品中粒子的最小密度。这种方法是根据分离的粒子其在梯度液中沉降速度的不同,使具有不同沉降速度的粒子处于不同的密度梯度层内分成一系列区带,达到彼此分离的目的。

梯度液在离心过程中以及离心完毕后,取样时起着支持介质和稳定剂的作用,避免因机械振动而引起已分层的粒子再混合。该离心法的离心时间要严格控制,即有足够的时间使各种粒子在介质梯度中形成区带,又要控制在任意一个粒子达到沉淀前。如果离心时间过长,所有的样品可全部到达离心管底部;离心时间不足,样品还没有分离。由于此法是一种不完全的沉降,沉降受物质本身大小的影响较大,一般是应用在物质大小相异而密度相同的情况。

2) 注意点:严格控制离心时间;粒子密度大于介质密度;样品事先配制在较平缓的连续密度的梯度溶液;不能用角式转头、只能用水平式转头;不能用刹车。

2. 等密度离心法(isopynic centrifugation)　又称等比重离心法,根据粒子密度差进行分离。等密度离心法和上述速率区带离心法合称为密度梯度离心法。

(1) 原理:等密度离心法是在离心前预先配制介质的密度梯度,此种密度梯度液包含了被分离样品中所有粒子的密度,待分离的样品铺在梯度液或和梯度液先混合,离心开始后,当梯度液由于离心力的作用逐渐形成底浓而管顶稀的密度梯度,与此同时原来分布均匀粒子也发生重新分布。当管底介质的密度大于粒子的密度,粒子上浮;在弯顶处粒子密度大于介质密度时,则粒子沉降,最后粒子进入到一个它本身的密度位置即粒子密度等于介质密变,此时 dr/dt 为零粒子不再移动,粒子形成纯组分的区带,与样品粒子的密度有关,而与粒子的大小和其他参数无关,因此只要转速、温度不变,则延长离心时间也不能改变这些粒子的成带位置。

（2）注意点：离心时间要长；可用角式转头或水平式转头；粒子密度相近或相等时不宜用；密度梯度溶液中要包含所有粒子密度；不能用刹车。

3. 经典式沉降平衡离心法　用于对生物大分子分子量的测定、纯度估计、构象变化。

五、梯度溶液的制备

（一）梯度材料的选择原则

梯度材料的选择原则包括：①与被分离的生物材料不发生反应，且易与所分离的生物材料分开；②可达到要求的密度范围，且在所要求的密度范围内，黏度低，渗透压低，离子强度和 pH 变化较小；③不会对离心设备发生腐蚀作用；④容易纯化，价格便宜或容易回收；⑤浓度便于测定，如具有折光率；⑥对于分析超速离心工作来说，它的物理性质，热力学性质应该是已知的。

（二）梯度材料的应用范围

1. 蔗糖　水溶性大，性质稳定，渗透压较高，其最高密度可达 1.33g/ml，且由于价格低，容易制备，是现在实验室里常用于细胞器、病毒、RNA 分离的梯度材料，但由于有较大的渗透压，不宜用于细胞的分离。

2. 聚蔗糖　商品名 Ficoll，常采用 Ficoll-400 也就是相对分子重量为 400 000，Ficoll 渗透压低，但它的黏度却特别高，为此常与泛影葡胺混合使用以降低黏度。主要用于分离各种细胞包括血细胞、成纤维细胞、肿瘤细胞、鼠肝细胞等。

3. 氯化铯　是一种离子性介质，水溶性大，最高密度可达 1.91g/nd。由于它是重金属盐类，在离心时形成的梯度有较好的分辨率，被广泛地用于 DNA、质粒、病毒和脂蛋白的分离，但价格较贵。

4. 卤化盐类　KBr 和 NaCl 可用于脂蛋白分离，KI 和 NaI 可用于 RNA 分离，其分辨率高于铯盐。NaCl 梯度也可用于分离脂蛋白，NaI 梯度可分离天然或变性的 DNA。

5. Percoll　是商品名，它是一种 SiO_2 胶体外面包了一层聚乙烯吡咯酮（PVP），渗透压低，它对生物材料的影响小，而且颗粒稳定，在冷却和冻融情况下还是稳定的。其黏度高，在酸性 pH 和高离子强度下不稳定。它可用于细胞、细胞器和病毒的分离。

六、分析性超速离心

分析性超速离心主要是为了研究生物大分子的沉降特性和结构，而不是专门收集某一特定组分。因此它使用了特殊的转子和检测手段，以便连续地监视物质在一个离心场中的沉降过程。

分析性超速离心的工作原理：分析性超速离心机主要由一个椭圆形的转子，一套真空系统和一套光学系统所组成。该转子通过一个柔性的轴联接一个高速的驱动装置，这轴可使转子在旋转时形成自己的轴。转子在一个冷冻的真空腔中旋转，其容纳两个小室：分析室和配衡室有上下两个平面的石英窗，离心机中装有的光学系统可保证在整个离心期间都能观察小室中正在沉降的物质，可以通过对紫外光的吸收（如对蛋白质和 DNA）或折射率的不同对沉降物进行监视，后一方法的原理是当光线通过一个具有不同密度区的透明液时，在这些区带的界面上产生光的折射。在分析室中物质沉降时重粒子和轻粒子之间形成的界面就像一个折射的透镜，结果在检测系统的照相底板上产生一"峰"。由于沉降不断进行,界面向前推进,故"峰"也在移动,从峰移动的速度可以得到物质沉降速度的指标。

第四节　透析超滤沉淀法

常用的分离纯化技术有:透析技术、沉淀技术、超滤技术、快速制备型液相色谱以及等电聚焦制备电泳等。

一、透 析 技 术

自 Thomas Graham 1861 年发明透析方法至今已有一百多年。透析已成为生物化学实验室最简便最常用的分离纯化技术之一。在生物大分子的制备过程中,除盐、除少量有机溶剂、除去生物小分子杂质和浓缩样品等都要用到透析的技术。

(一) 基本原理

透析是利用蛋白质等生物大分子不能透过半透膜的性质的一类纯化方法。用半透膜将含生物大分子的盐类溶液与蒸馏水(或其他不含该生物大分子的溶液)分隔开,放置一段时间后,大分子溶液的成分就会发生改变,除不能透过膜的生物大分子外,其他低分子物质(如盐类、单糖或二糖等)则可透过膜而使两边的成分达到平衡,膜两侧这些物质的浓度都会发生明显的变化。

透析的动力是扩散压,扩散压是由横跨膜两边的浓度梯度形成的。透析的速度反比于膜的厚度,正比于透析的小分子溶质在膜内外两边的浓度梯度,还正比于膜的面积和温度,通常是 4℃透析,升高温度可加快透析速度。

(二) 透析膜

透析膜可用动物膜和玻璃纸等,但用得最多的还是用纤维素制成的透析膜,目前常用的是美国 Union Carbide (联合碳化物公司)和美国光谱医学公司生产的各种尺寸的透析管,截留分子量 MwCO(即留在透析袋内的生物大分子的最小分子量,缩写为 MwCO)通常为 1 万左右。商品透析袋制成管状,其扁平宽度为 23～50mm 不等。为防干裂,出厂时都用 10％的甘油处理过,并含有极微量的硫化物、重金属和一些具有紫外吸收的杂质,它们对蛋白质和其他生物活性物质有害,用前必须除去。可先用 50％乙醇煮沸 1h,再依次用 50％乙醇、0.01mol/L 碳酸氢钠和 0.001mol/L EDTA 溶液洗涤,最后用蒸馏水冲洗即可使用。实验证明,50％乙醇处理对除去具有紫外吸收的杂质特别有效。使用后的透析袋洗净后可存于 4℃蒸馏水中,若长时间不用,可加少量 NaN$_2$,以防长菌。洗净晾干的透析袋弯折时易裂口,用时必须仔细检查,不漏时方可重复使用。

新透析袋如不做如上的特殊处理,则可用沸水煮 5～10min,再用蒸馏水洗净,即可使用。使用时,一端用橡皮筋或线绳扎紧,也可以使用特制的透析袋夹夹紧,由另一端灌满水,用手指稍加压,检查不漏,方可装入透析液,通常要留 1/3～1/2 的空间,以防透析过程中,透析的小分子量较大时,袋外的水和缓冲液过量进入袋内将袋涨破。含盐量很高的蛋白质溶液透析过夜时,体积增加 50％是正常的。为了加快透析速度,除多次更换透析液外,还可使用磁力搅拌。透析的容器要大一些,可以使用大烧杯、大量筒和塑料桶。小量体积溶液的透析,可在袋内放一截两头烧杯的玻璃棒或两端封口的玻璃管,以使透析袋沉入液面以下。

(三) 透析的分类

1. 沉淀法去盐透析 是应用最广泛的一种透析方法。在盐析后,将含大量盐类的蛋白质溶液放在半透膜的袋内,再将袋浸入蒸馏水或生理盐水中,经过一段时间,袋内的盐类除净,从而达到除盐的目的。

2. 平衡透析 是另一类常用的透析方法。将盛有大分子溶液的透析袋浸入一定浓度盐类溶液或缓冲溶液中,经过一段时间后,袋内外的盐类浓度或值即可达到平衡。通过这值,是许多生化制备与分析方法中常种方法。

二、超滤技术

超过滤即超滤,自 20 年代问世后,直至 60 年代以来发展迅速,很快由实验室规模的分离手段发展成重要的工业单元操作技术。超滤现已成为一种重要的生化实验技术,广泛用于含有各种小分子溶质的各种生物大分子(如蛋白质、酶、核酸等)的浓缩、分离和纯化。

1. 基本概念 超滤是一种加压膜分离技术,即在一定的压力下,使小分子溶质和溶剂穿过一定孔径的特制的薄膜,而使大分子溶质不能透过,留在膜的一边,从而使大分子物质得到了部分的纯化。

超滤根据所加的操作压力和所用膜的平均孔径的不同,可分为微孔过滤、超滤和反渗透三种。微孔过滤所用的操作压通常小于 4×10^4 Pa,膜的平均孔径为 $500\text{Å} \sim 14\mu m (1\mu m = 10^4 \text{Å})$,用于分离较大的微粒、细菌和污染物等。超滤所用操作压为 $4 \times 10^4 \sim 7 \times 10^5$ Pa,膜的平均孔径为 $10 \sim 100\text{Å}$,用于分离大分子溶质。反渗透所用的操作压比超滤更大,常达到 $(35 \sim 140) \times 10^5$ Pa,膜的平均孔径最小,一般为 10Å 以下,用于分离小分子溶质,如海水脱盐、制高纯水等。

2. 超滤技术的优点及局限性

(1) 优点:操作简便,成本低廉,不需增加任何化学试剂,尤其是超滤技术的实验条件温和,与蒸发、冰冻干燥相比没有相的变化,而且不引起温度、pH 的变化,因而可以防止生物大分子的变性、失活和自溶。

(2) 局限性:超滤法也有一定的局限性,它不能直接得到干粉制剂。对于蛋白质溶液,一般只能得到 10%～50% 的浓度。

3. 超滤技术的关键 超滤技术的关键是膜。膜有各种不同的类型和规格,可根据工作的需要来选用。早期的膜是各向同性的均匀膜,即现在常用的微孔薄膜,其孔径通常是 0.05mm 和 0.025mm。近几年来生产了一些各向异性的不对称超滤膜,其中一种各向异性扩散膜是由一层非常薄的、具有一定孔径的多孔"皮肤层"(厚约 0.1～1.0mm),和一层相对厚得多的(约 1mm)、更易通渗的、作为支撑用的"海绵层"组成。皮肤层决定了膜的选择性,而海绵层增加了机械强度。由于皮肤层非常薄,因此高效、通透性好、流量大,且不易被溶质阻塞而导致流速下降。常用的膜一般是由乙酸纤维或硝酸纤维或此二者的混合物制成。近年来为适应制药和食品工业上灭菌的需要,发展了非纤维型的各向异性膜,例如聚砜膜、聚砜酰胺膜和聚丙烯腈膜等。这种膜在 pH 1～14 都是稳定的,且能在 90℃ 下正常工作。超滤膜通常是比较稳定的,若使用恰当,能连续用 1～2 年。暂时不用,可浸在 1% 甲醛溶液或 0.2% 叠氮化钠 NaN_3 中保存。

超滤膜的基本性能指标主要有:水通量$[cm^3/(cm^2 \cdot h)]$、截留率(以百分率% 表示)、化学物理稳定性(包括机械强度)等。

4. 超滤装置 超滤装置一般由若干超滤组件构成。通常可分为板框式、管式、螺旋卷式和中空纤维式四种主要类型。由于超滤法处理的液体多数是含有水溶性生物大分子、有机胶体、多糖及微生物等。这些物质极易黏附和沉积于膜表面上,造成严重的浓差极化和堵塞,这是超滤法最关键的问题,要克服浓差极化,通常可加大液体流量,加强湍流和搅拌。

5. 超滤技术的应用 在生物制品中应用超滤法有很高的经济效益,例如,供静脉注射的25%人胎盘血白蛋白(即胎白)通常是用硫酸铵盐析法、透析脱盐、真空浓缩等工艺制备的,该工艺流程硫酸铵耗量大,能源消耗多,操作时间长,透析过程易产生污染。改用超滤工艺后,平均回收率可达97.18%;吸附损失为1.69%;透过损失为1.23%;截留率为98.77%。大幅度提高了白蛋白的产量和质量,每年可节省硫酸铵6.2吨,自来水16 000吨。

超滤技术的应用有很好的前景,应引起足够的重视。

三、沉 淀 技 术

沉淀是溶液中的溶质由液相变成固相析出的过程。此方法的基本原理是根据不同物质在溶剂中的溶解度不同而达到分离的目的,不同溶解度的产生是由于溶质分子之间及溶质与溶剂分子之间亲和力的差异而引起的,溶解度的大小与溶质和溶剂的化学性质及结构有关,溶剂组分的改变或加入某些沉淀剂以及改变溶液的pH、离子强度和极性都会使溶质的溶解度产生明显的改变。

在生物大分子制备中最常用的几种沉淀方法是:中性盐沉淀(盐析法),多用于各种蛋白质和酶的分离纯化;有机溶剂沉淀,多用于蛋白质和酶、多糖、核酸以及生物小分子的分离纯化;选择性沉淀(热变性沉淀和酸碱变性沉淀),多用于除去某些不耐热的和在一定pH下易变性的杂蛋白;等电点沉淀,用于氨基酸、蛋白质及其他两性物质的沉淀,但此法单独应用较少,多与其他方法结合使用;有机聚合物沉淀,是发展较快的一种新方法,主要使用PEG聚乙二醇(polyethyene glycol)作为沉淀剂。

1. 中性盐沉淀(盐析法) 在溶液中加入中性盐使生物大分子沉淀析出的过程称为"盐析"。除了蛋白质和酶以外,多肽、多糖和核酸等都可以用盐析法进行沉淀分离,20%~40%饱和度的硫酸铵可以使许多病毒沉淀,43%饱和度的硫酸铵可以使DNA和rRNA沉淀,而tRNA保留在上清。盐析法应用最广的还是在蛋白质领域,已有80多年的历史,其突出的优点是:①成本低,不需要特别昂贵的设备;②操作简单、安全;③对许多生物活性物质具有稳定作用。

(1)基本原理:蛋白质和酶均易溶于水,因为该分子的—COOH、—NH$_2$和—OH都是亲水基团,这些基团与极性水分子相互作用形成水化层,包围于蛋白质分子周围形成1~100nm颗粒的亲水胶体,削弱了蛋白质分子之间的作用力,蛋白质分子表面极性基团越多,水化层越厚,蛋白质分子与溶剂分子之间的亲和力越大,因而溶解度也越大。亲水胶体在水中的稳定因素有两个:电荷和水膜。因为中性盐的亲水性大于蛋白质和酶分子的亲水性,所以加入大量中性盐后,夺走了水分子,破坏了水膜,暴露出疏水区域,同时又中和了电荷,破坏了亲水胶体,蛋白质分子即形成沉淀。

(2)盐析的操作方法:最常用的是固体硫酸铵加入法。欲从较大体积的粗提取液中沉淀蛋白质时,往往使用固体硫酸铵,加入之前要先将其研成细粉不能有块,要在搅拌下缓慢均匀少量多次地加入,尤其到接近计划饱和度时,加盐的速度更要慢一些,尽量避免局部硫酸铵浓度过大而造成不应有的蛋白质沉淀。盐析后要在冰浴中放置一段时间,待沉淀完全后再离心与过滤。在低浓度硫酸铵中盐析可采用离心分离,高浓度硫酸铵常用过滤方法,因为高浓度硫酸铵密度太大,要使蛋白质完全沉降下来需要较高的离心速度和较长的离心时间。

2. 有机溶剂沉淀法　有机溶剂对于许多蛋白质(酶)、核酸、多糖和小分子生化物质都能发生沉淀作用,是较早使用的沉淀方法之一。其沉淀作用的原理主要是降低水溶液的介电常数,溶剂的极性与其介电常数密切相关,极性越大,介电常数越大,如 $20℃$ 时水的介电常数为 80,而乙醇和丙酮的介电常数分别是 24 和 21.4,因而向溶液中加入有机溶剂能降低溶液的介电常数,减小溶剂的极性,从而削弱了溶剂分子与蛋白质分子间的相互作用力,增加了蛋白质分子间的相互作用,导致蛋白质溶解度降低而沉淀。溶液介电常数的减少就意味着溶质分子异性电荷库仑引力的增加,使带电溶质分子更易互相吸引而凝集,从而发生沉淀。另一方面,由于使用的有机溶剂与水互溶,它们在溶解于水的同时从蛋白质分子周围的水化层中夺走了水分子,破坏了蛋白质分子的水膜,因而发生沉淀作用。

3. 选择性变性沉淀法　这一方法是利用蛋白质、酶与核酸等生物大分子与非目的生物大分子在物理化学性质等方面的差异,选择一定的条件使杂蛋白等非目的物变性沉淀而得到分离提纯,称为选择性变性沉淀法。常用的有热变性、选择性酸碱变性和有机溶剂变性等。

(1)热变性:利用生物大分子对热的稳定性不同,加热升高温度使某些非目的生物大分子变性沉淀而保留目的物在溶液中。此方法最为简便,不需消耗任何试剂,但分离效率较低,通常用于生物大分子的初期分离纯化。

(2)表面活性剂和有机溶剂变性:不同蛋白质和酶等对于表面活性剂和有机溶剂的敏感性不同,在分离纯化过程中使用它们可以使那些敏感性强的杂蛋白变性沉淀,而目的物仍留在溶液中。使用此法时通常都在冰浴或冷室中进行,以保护目的物的生物活性。

(3)选择性酸碱变性:利用蛋白质和酶等对于溶液中酸碱不同 pH 的稳定性不同而使杂蛋白变性沉淀,通常是在分离纯化流程中附带进行的一个分离纯化步骤。

4. 等电点沉淀法　等电点沉淀法是利用具有不同等电点的两性电解质,在达到电中性时溶解度最低,易发生沉淀,从而实现分离的方法。氨基酸、蛋白质、酶和核酸都是两性电解质,可以利用此法进行初步的沉淀分离。但是,由于许多蛋白质的等电点十分接近,而且带有水膜的蛋白质等生物大分子仍有一定的溶解度,不能完全沉淀析出,因此,单独使用此法分辨率较低,效果不理想,因而此法常与盐析法、有机溶剂沉淀法或其他沉淀剂一起配合使用,以提高沉淀能力和分离效果。此法主要用于在分离纯化流程中去除杂蛋白,而不用于沉淀目的物。

5. 有机聚合物沉淀法　有机聚合物是 20 世纪 60 年代发展起来的一类重要的沉淀剂,最早应用于提纯免疫球蛋白和沉淀一些细菌和病毒。近年来广泛用于核酸和酶的纯化。其中应用最多的是聚乙二醇(polyethylene glycol 简写为 PEG),它的亲水性强,溶于水和许多有机溶剂,对热稳定,有广泛范围的分子量,在生物大分子制备中,用得较多的是分子量为 6000~20 000 的 PEG。

PEG 的沉淀效果主要与其本身的浓度和分子量有关,同时还受离子强度、溶液 pH 和温度等因素的影响。在一定的 pH 下,盐浓度越高,所需 PEG 时浓度越低,溶液的 pH 越接近目的物的等电点,沉淀所需 PEG 的浓度越低。在一定范围内,高分子量和浓度高的 PEG

沉淀的效率高。

小结

层析法又称色层分析法或色谱法,是一种基于被分离物质的物理、化学及生物学特性的不同,使它们在某种基质中移动速度不同而进行分离和分析的方法。分光光度法是通过测定被测物质在特定波长处或一定波长范围内光的吸收度,对该物质进行定性和定量分析的方法。离心技术是根据颗粒在匀速圆周运动时受到一个外向的离心力的行为发展起来的一种分离分析技术。常用的透析超滤沉淀法有:透析技术、沉淀技术、超滤技术、快速制备型液相色谱以及等电聚焦制备电泳等。

复习题

1. 层析的分类? 凝胶层析、离子交换层析和亲和层析的基本过程?

2. Lambert-Beer 二氏定律? 分光光度技术的基本应用?

3. 离心分离方法的分类及其原理?

4. 透析超滤沉淀法的分类、原理及其应用?

第三章 糖 分 子

糖主要由碳、氢、氧 3 种元素构成，是一类多羟基醛、多羟基酮或是它们的缩聚物或衍生物的总称。糖几乎存在于所有动物、植物、微生物体内，是生物体生命活动所需能量的主要来源和生物体的结构成分之一。糖类化合物对医学来说，具有更重要的意义。例如，血型与红细胞表面的糖有关。核酸的组成成分中也含有糖类化合物——核糖和脱氧核糖等。

糖类化合物根据能否被水解及水解产物的情况分为 3 类：单糖，不能被水解成更小单位的糖类，如葡萄糖、果糖等；低聚糖，水解能生成 2~10 个单糖分子的糖，如蔗糖、麦芽糖等；多糖，能水解生成许多分子单糖的糖，如淀粉、糖原、纤维素等。糖类的命名通常根据其来源而用俗名。

第一节 糖的分子结构

一、单 糖

根据所含碳原子数，单糖可分：丙、丁、戊、己、庚、辛、壬、癸。自然界的单糖主要是戊糖和己糖。根据构造，单糖又可分为醛糖和酮糖。例如，葡萄糖为己醛糖，果糖为己酮糖。

（一）单糖的链式结构

在单糖的开链结构中，一般每个碳原子都与氧原子相连，其中有一个碳原子是以羰基形式存在的，其余的碳原子上都有一个羟基。开链的单糖既有羰基的结构特征，又有多羟基的结构特征。如葡萄糖是开链的五羟基己醛糖，果糖是开链的五羟基-2-己酮。

（二）单糖的立体结构

单糖分子中都含有手性碳原子，所以都有立体异构体。例如，五羟基己醛分子中有四个手性碳原子，其立体异构体总数应为 2^4，即 16 个，天然葡萄糖是其中的一个。

糖类的构型习惯用 D/L 名称进行标记。即编号最大的手性碳原子上 OH 在右边的为 D 型，OH 在左边的为 L 型，如图 3-1 所示。

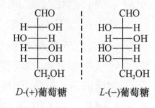

D-(+)葡萄糖　　　　L-(-)葡萄糖

图 3-1 葡萄糖的构型

二、低 聚 糖

低聚糖，也称为寡糖，一般是由二十个以下的单糖通过糖苷键构成的。自然界中以游离态存在的低聚糖主要为二糖和三糖。二糖是两个单糖分子通过一个糖苷键形成的缩合产物，常见的二糖有蔗糖、麦芽糖、乳糖、纤维二糖等。

三、多 糖

多糖是由很多个单糖分子缩合而成的高聚物。自然界中的植物、动物及微生物体内都含有多糖。同低聚糖一样，多糖是由单糖通过糖苷键连接起来的，从多糖的形状上看，可分为直链和支链两种，而且多糖链中由于糖苷键的类型不同可有不同的空间结构；由一种单糖构成的多糖叫纯多糖，由两种以上单糖构成的多糖叫杂多糖。淀粉是由 α-D-葡萄糖分子间脱水通过 α-1,4 苷键和 α-1,6 苷键连接而成的多糖。淀粉通常是两种淀粉的混合物，即 20%直链淀粉(溶于水)和 80%支链淀粉(不溶于水)。

第二节 糖分子的理化性质

一、糖的物理性质

（一）溶解度

单糖、双糖、低聚糖、糊精都溶于水。淀粉不溶于水，但与水加热后可吸水膨胀，变成糊状。膳食纤维可吸水膨胀，吸水量依来源、周围液体的 pH 和离子浓度等而不同。如麦麸可吸收 5 倍于本身重量的水。

（二）旋光性（opticity）

旋光性是具有不对称碳原子的化合物溶液能使平面偏振光的振动平面旋转的特性。一切糖类都有不对称碳原子，都具有旋光性。每种糖在一定条件下的旋光率是常数，旋光性是鉴定糖的一个重要指标。

二、糖的化学性质

（一）单糖的化学性质

在单糖分子的开链式结构中，羰基和羟基的共存表现在化学性质上，单糖分别有羰基和羟基的反应。

1. 由羟基产生的性质

（1）脱水反应：戊糖和己糖与强酸共热分别生成糠醛和羟甲基糠醛，它们与酚类化合物反应生成有色化合物，可以用来鉴定糖和区分醛糖和酮糖。

Molish 反应（α-萘酚反应）：此方法是鉴定糖类最常用的颜色反应。戊糖和己糖与强酸共热，分别生成糠醛和羟甲基糠醛，可以与 α-萘酚作用，形成红紫色复合物。由于在糖溶液与浓硫酸两液面间出现红紫色的环，又称紫环反应。

酮糖的 Seliwanoff 反应（间苯二酚反应）：是鉴定酮糖的特殊反应。酮糖在酸的作用下较醛糖更易生成羟甲基糠醛。后者与间苯二酚作用生成鲜红色复合物，反应仅需 20～30s。醛糖在浓度较高时或长时间煮沸，才产生微弱的阳性反应。

（2）酯化反应：单糖分子中含多个羟基，这些羟基能与酸作用生成酯。人体内的葡萄糖在酶作用下生成葡萄糖磷酸酯，如 1-磷酸吡喃葡萄糖和 6-磷酸吡喃葡萄糖等。单糖的磷酸酯在生命过程中具有重要意义，它们是人体内许多代谢的中间产物。

2. 由醛基或酮基产生的性质

（1）氧化反应：单糖用不同的试剂氧化生成氧化程度不同的产物。

凡是能被托伦试剂和费林试剂氧化的糖叫做还原糖，不能被氧化的糖叫做非还原糖。单糖都是还原糖。可以利用这两个反应来区别还原糖和非还原糖。醛糖可以被溴水氧化成糖酸，酮糖不与溴水反应，因此可用溴水来区别醛糖和酮糖。

（2）还原反应：糖中的羰基被还原成羟基，形成相应的多羟基醇。机体内以 $NADH_2$ 或

NADPH$_2$ 为氢供体,在酶的催化下可以将糖还原成糖醇。

3. 低聚糖的化学性质 蔗糖不能被托伦试剂及费林试剂氧化,属于非还原性糖。麦芽糖是白色晶体、熔点 160～165℃,麦芽糖在酸性条件下或在麦芽糖酶(只能水解 α-糖苷键)存在下水解得到两分子的 D-葡萄糖。麦芽糖是一个还原糖。

4. 多糖的化学性质 淀粉与碘-碘化钾溶液作用呈蓝色或紫色,加热褪色,冷却后颜色复原。

水解:淀粉→糊精→麦芽糖→葡萄糖。

糖原是人与动物体内储存的一种多糖,又称为动物淀粉。分为肌糖原和肝糖原,水解的最终产物是 D-葡萄糖,与碘作用呈现紫红色或蓝紫色。

纤维素是自然界中分布最广泛的一种多糖,是葡萄糖通过 β-1,4-糖苷键连接而不含有支链的线性高分子。纤维素中的糖苷键是 β-(1-4)-型,纤维素无色、无味、不溶于水及一般的有机溶剂,也不具有还原性。纤维素较淀粉难于水解,在酸性条件下水解纤维素可得纤维四糖、三糖、二糖等,最后水解产物为 D-(＋)-葡萄糖。人类没有 β-1,4-糖苷键的水解酶,而食草动物体内存在,故而人类不能消化纤维素。

第三节 实 验 内 容

实验一 糖的呈色反应和定性鉴定

【目的要求】

(1) 学习鉴定糖类及区分酮糖和醛糖的方法。

(2) 了解鉴定还原糖的方法及其原理。

一、呈 色 反 应

(一) Molish 反应——α-萘酚反应

【实验原理】

糖在浓硫酸或浓盐酸的作用下脱水形成糠醛及其衍生物与 α-萘酚作用形成紫红色复合物,在糖液和浓硫酸的液面间形成紫环,又称紫环反应。自由存在和结合存在的糖均呈阳性反应。此外,各种糠醛衍生物、葡萄糖醛酸以及丙酮、甲酸和乳酸均呈颜色近似的阳性反应。因此,阴性反应证明没有糖类物质的存在;而阳性反应,则说明有糖存在的可能性,需要进一步通过其他糖的定性试验才能确定有糖的存在。

【实验材料】

Molish 试剂:取 5g α-萘酚用 95％乙醇溶解至 100ml,临用前配制,棕色瓶保存。

5％葡萄糖溶液;5％蔗糖溶液;5％淀粉溶液。

【实验步骤】

取试管,编号,分别加入各待测糖溶液 1ml,空白对照管用水代替糖溶液,然后加两滴 Molish 试剂,摇匀。倾斜试管,沿管壁小心加入约 1ml 浓硫酸,勿摇动,小心竖直后仔细观察两层液面交界处的颜色变化。

（二）酮糖的 Seliwanoff 反应

【实验原理】

该反应是鉴定酮糖的特殊反应。酮糖在酸的作用下较醛糖更易生成羟甲基糠醛。后者与间苯二酚作用生成鲜红色复合物，反应仅需 20～30s。醛糖在浓度较高时或长时间煮沸，才产生微弱的阳性反应。

【实验材料】

Seliwanoff 试剂：0.5g 间苯二酚溶于 1L 盐酸（H_2O：HCl＝2：1）（V/V）中，临用前配。

5％葡萄糖；5％蔗糖；5％果糖。

【实验步骤】

取试管，编号，各加入 Seliwanoff 试剂 1ml，再依次分别加入待测糖溶液各 4 滴，混匀，同时放入沸水浴中，比较各管颜色的变化过程。

二、还原糖的检验

（一）Fehling 试验

【实验原理】

Fehling 试剂是含有硫酸铜和酒石酸钾钠的氢氧化钠溶液。硫酸铜与碱溶液混合加热，则生成黑色的氧化铜沉淀。若同时有还原糖存在，则产生黄色或砖红色的氧化亚铜沉淀。

为防止铜离子和碱反应生成氢氧化铜或碱性碳酸铜沉淀，Fehling 试剂中加入酒石酸钾钠，它与 Cu^{2+} 形成的酒石酸钾钠络合铜离子是可溶性的络离子，该反应是可逆的。平衡后溶液内保持一定浓度的氢氧化铜。

【实验材料】

试剂 A：秤取 34.5g 硫酸铜溶于 500ml 蒸馏水中。

试剂 B：秤取 125g NaOH 137g 酒石酸钾钠溶于 500ml 蒸馏水中，储存于具橡皮塞玻璃瓶中。临用前，将试剂 A 和试剂 B 等量混合。

5％葡萄糖溶液；5％果糖溶液；5％蔗糖溶液；5％麦芽糖溶液；5％淀粉溶液。

【实验步骤】

在 4 支试管中分别取 Fehling A 和 Fehling B 溶液各 0.5ml 混合均匀，并于水浴中微热后，再分别加入 5 滴葡萄糖、5 滴果糖、5 滴蔗糖、5 滴麦芽糖、5 滴淀粉的溶液，振荡再加热，注意颜色变化及有否沉淀析出。

（二）Barfoed 试验

【实验原理】

在酸性溶液中，单糖和还原二糖的还原速度有明显差异。Barfoed 试剂为弱酸性。单糖在 Barfoed 试剂的作用下能将 Cu^{2+} 还原成砖红色的氧化亚铜，时间约为 3min，而还原二糖则需 20min 左右。所以，该反应可用于区别单糖和还原二糖。但当加热时间过长，非还原性二糖经水解后也能呈现阳性反应。

【实验材料】

Barfoed 试剂:16.7g 乙酸铜溶于 200ml 水中,加 1.5ml 冰乙酸,定容至 250ml。

5％葡萄糖溶液;5％果糖溶液;5％蔗糖溶液;5％麦芽糖溶液;5％淀粉溶液。

【实验步骤】

取试管,编号,分别加入 2ml Barfoed 试剂和 2～3 滴待测糖溶液,煮沸 2～3min,放置 20min 以上,比较各管的颜色变化。

【注意事项】

(1) Molish 反应非常灵敏,0.001％葡萄糖和 0.0001％蔗糖即能呈现阳性反应。因此,不可在样品中混入纸屑等杂物。当果糖浓度过高时,由于浓硫酸对它的焦化作用,将呈现红色及褐色而不呈紫色,需稀释后再做。

(2) 果糖与 Seliwanoff 试剂反应非常迅速,呈鲜红色,而葡萄糖所需时间较长,且只能产生黄色至淡黄色。戊糖亦与 Seliwanoff 试剂反应,戊糖经酸脱水生成糠醛,与间苯二酚缩合,生成绿色至蓝色产物。

(3) 酮基本身没有还原性,只有在变成烯醇式后,才显示还原作用。

(4) 糖的还原作用生成 Cu_2O 沉淀的颜色决定于颗粒的大小,Cu_2O 颗粒的大小又决定于反应速度。反应速度快时,生成的 Cu_2O 颗粒较小,呈黄绿色;反应速度慢时,生成的 Cu_2O 颗粒较大,呈红色。溶液中还原糖的浓度可以从生成沉淀的多少来估计,而不能依据沉淀的颜色来判断。

(5) Barfoed 反应产生的 Cu_2O 沉淀聚集在试管底部,溶液仍为深蓝色。应注意观察试管底部红色的出现。

【讨论与思考】

(1) 总结和比较本实验几种颜色反应的原理和应用。

(2) 举例说明哪些糖属于还原糖?

实验二　血糖测定

【目的要求】

掌握 Folin-吴宪法测定血糖的原理和方法。

【实验原理】

血液中所含的葡萄糖,称为血糖。它是糖在体内的运输形式。葡萄糖的半缩醛羟基是具有还原性的,加热后葡萄糖的半缩醛羟基被氧化为羧基,同时将碱性铜试剂中的二价铜离子还原为黄色的氧化亚铜沉淀。氧化亚铜可使磷钼酸还原成蓝色的钼蓝,葡萄糖浓度越大,蓝色越深,可通过比色测定钼蓝的光吸收值来测定葡萄糖的浓度。由于血液成分较复杂,血液中许多种蛋白质的存在会干扰血糖的测定,因此需先用钨酸法处理抗凝血来制备无蛋白滤液,再测定无蛋白滤液中的葡萄糖含量。

【实验材料】

材料:抗凝血。

器材:试管及试管架、小漏斗、水浴锅、烧杯、分光光度计、移液管、比色皿。

试剂：草酸钾、0.25％苯甲酸溶液、10％钨酸钠溶液、1/3mol/L 硫酸溶液、标准葡萄糖溶液(0.1mg/ml)、碱性铜试剂、磷钼酸试剂。

【实验步骤】

1. 无蛋白血滤液的制备　取干试管 1 支，准确加入蒸馏水 3.5ml，血液 0.1ml，H_2SO_4 0.2ml，10％ Na_2WO_4 0.2ml，混匀，待有澄清液出现后，过滤，收集滤液备用。

2. 血糖测定　取试管 3 支，编号，按表 3-1 操作。

表 3-1　血糖测定

编号	标准管	测定管	空白管
标准葡萄糖液(1.0ml = 0.025mg)	2.0	—	—
无蛋白滤液(ml)	—	2.0	—
蒸馏水(ml)	—	—	2.0
碱性铜试剂(ml)	2.0	2.0	2.0
充分摇匀，置沸水浴准确煮沸 8min，取出切勿摇动，冷水浴冷却			
磷钼酸试剂(ml)	2.0	2.0	2.0
混匀，放置 3min			
蒸馏水(ml)	3.0	3.0	3.0

将各试管摇匀后，用分光光度计比色测定 620nm 吸光值，以空白管校零点。

3. 血糖浓度计算结果

$$mg\% = \frac{标准管 \, A \, 620nm}{标准管 \, A \, 620nm} \times 标准葡萄糖的毫克数/0.05 \times 100$$

式中，0.05 表示 2ml 无蛋白滤液相当于 0.05ml 血液。

【注意事项】

(1) 过滤时应于漏斗上盖表面皿，防止水分蒸发。

(2) 血糖测定应在取血后 2h 内完成，放置过久，糖易分解致使含量降低。

(3) 磷钼酸试剂宜储于棕色瓶中，如出现蓝色，表明试剂本身已被还原，不能再用。

(4) 碱性铜试剂中有氧化亚铜沉淀，不能使用。

【试剂配制】

1. 碱性铜试剂　秤取无水 Na_2CO_3 40g，溶于 100ml 蒸馏水中，溶后加酒石酸 7.5g，若不易融解可稍加热，冷却后移入 1000ml 容量瓶中，另取纯结晶 $CuSO_4$ 4.5g 溶于 200ml 蒸馏水中，溶后再将此溶液注入上述容量瓶内，加蒸馏水至 1000ml 刻度，摇匀，放置备用。

2. 磷钼酸试剂　取纯钼酸 70g，溶于 10％ NaOH 40ml 中，其中再加 Na_2WO_4 10g，加热煮沸 30～40min，以除去钼酸中存在的 NH_3，冷却后，加 85％ H_3PO_4 250ml，加蒸馏水稀释至 1000ml 刻度，摇匀，置棕色瓶保存。

3. 标准葡萄糖液

储存液(1.0ml = 10mg 葡萄糖)：准确吸取纯葡萄糖 1.00g，用 0.25％苯甲酸溶解。倾入 100ml 的容量瓶中，最后加 0.25％苯甲酸液至刻度，摇匀，放置冰箱中保存。

应用液(1.0ml = 0.025mg 葡萄糖)：准确吸取上述储存液 0.5ml，移入 200ml 容量瓶中,加 0.25％苯甲酸溶液至刻度。

4. 0.25％苯甲酸液 秤取苯甲酸 2.5g,加入煮沸的蒸馏水 1000ml 中,使成饱和溶液冷却后,取上清液备用。

【讨论与思考】

(1) 血糖的来源和去路有哪些?

(2) 简述测定血糖在临床上的意义。

实验三 胰岛素和肾上腺素对家兔血糖浓度的影响

【目的要求】

通过对实验家兔在激素注射前、后血糖含量的测定,了解激素对血糖浓度的影响。

【实验原理】

人与动物体内的血糖浓度受各种激素的调节而维持恒定。影响血糖浓度的激素分为两类:降血糖激素(胰岛素)和升血糖激素(包括肾上腺素、胰高血糖素和生长激素等)。

【实验材料】

实验动物:家兔 2 只,禁食 16 天,秤其体重并记录。

器材:注射针管 5ml 9 号针头,分光光度计,刻度吸量管,试管及试管架。

试剂:草酸钠、标准葡萄糖溶液(0.2mg/ml)、胰岛素、肾上腺素(市售)。

【实验步骤】

1. 取血 耳缘去毛(可用二甲苯涂擦取血部位,使血管充血),用 9 号针刺破血管,使血滴入抗凝管内,两只兔各取 2～3ml,然后用干棉球压迫止血。1 号兔标明胰前,2 号兔标明肾前。

2. 注射激素与采血 1 号兔皮下注射胰岛素,2U/kg,1 小时后取血 2～3ml(抗凝),标明胰后;2 号兔皮下注射肾上腺素,0.1％肾上腺素 0.4mg/kg,半小时后采血 2～3ml(抗凝),标明肾后。

3. 血糖测定 Folin-吴宪法。

【注意事项】

取血前用生理盐水清洗采血用的注射器和抗凝管,同时取血过程尽量迅速,防止溶血。

【讨论与思考】

试述胰岛素和肾上腺素调节血糖的机制。

实验四 肌糖原酵解

【目的要求】

(1) 了解酵解作用在糖代谢过程中的地位及生理意义。

(2) 学习鉴定糖酵解作用的原理和方法。

【实验原理】

在动物、植物、微生物等许多生物机体内,糖的无氧分解几乎都按完全相同的过程进行。本实验以动物肌肉组织中肌糖原的酵解过程为例。肌糖原的酵解作用,即肌糖原在缺氧的条件下,经过一系列的酶促反应,最后转变成乳酸的过程。肌肉组织中的肌糖原首先磷酸化,经过己糖磷酸酯、丙糖磷酸酯、甘油酸磷酸酯、丙酮酸等一系列中间产物,最后生成乳酸。

肌糖原的酵解作用是糖类供给组织能量的一种方式。当机体突然需要大量的能量,而又供氧不足,如剧烈运动时,则糖原的酵解作用可暂时满足能量消耗的需要。在有氧条件下,组织内糖原的酵解作用受到抑制,有氧氧化为糖代谢的主要途径。

糖原酵解作用的实验,一般使用肌肉糜或肌肉提取液。在用肌肉糜时,必须在无氧条件下进行;而用肌肉提取液,则可在有氧条件下进行。因为催化酵解作用的酶系统全部存在于肌肉提取液中,而催化呼吸作用(即三羧酸循环和氧化呼吸链)的酶系统,则集中在线粒体中。

乳酸的生成可用来观测糖原的酵解作用。乳酸可以与硫酸共热变成乙醛,后者再与对羟基联苯反应产生紫罗蓝色物质,根据颜色的显现而加以鉴定。该法比较灵敏,每毫升溶液含 $1\sim5\mu g$ 乳酸即给出明显的颜色反应。若有大量糖类和蛋白质等杂质存在,则严重干扰测定,因此实验中应尽量除净这些物质。另外,测定时所用的仪器应严格地洗净。

【实验材料】

材料:兔肌肉糜。

器材:试管 1.5cm×15cm(×8)及试管架;移液管 5ml(×2), 2ml(×1), 1ml(×2);滴管;量筒 10ml(×4);玻璃棒;恒温水浴;沸水浴。

试剂:0.5%糖原溶液(或淀粉溶液);20%三氯乙酸溶液;氢氧化钙(粉末);浓硫酸;饱和硫酸铜溶液;1/15mol/L 磷酸缓冲液(pH 7.4)。

对羟基联苯试剂:秤取对羟基联苯 1.5g,溶于 100ml 0.5% NaOH 溶液,配成 1.5%的溶液。若对羟基联苯颜色较深,应用丙酮或无水乙醇重结晶。放置时间较长后,会出现针状结晶,应摇匀后使用。

【实验步骤】

1. 制备肌肉糜　将兔杀死后,放血,立即割取背部和腿部肌肉,在低温条件下用剪刀尽量把肌肉剪碎成肌肉糜。注意,应在临用前制备。

2. 肌肉糜的糖酵解　取 4 支试管,编号后各加入新鲜肌肉糜 0.5g。1、2 号管为样品管,3、4 号管为空白管。向 3、4 号空白管内加入 20%三氯乙酸 3ml,用玻璃棒将肌肉糜充分打散,搅匀,以沉淀蛋白质和终止酶的反应。然后分别向 4 支试管内各加入 3ml 磷酸缓冲液和 1ml 0.5%糖原溶液(或 0.5%淀粉溶液)。用玻璃棒充分搅匀,加少许液状石蜡隔绝空气,并将 4 支试管同时放入 37℃恒温水浴中保温。

1.5h 后,取出试管,立即向 1、2 号管内加入 20%三氯乙酸 3ml,混匀。将各试管内容物分别过滤,弃去沉淀。量取每个样品的滤液 5ml,分别加入到已编号的试管中,然后向每管内加入饱和硫酸铜溶液 1ml,混匀,再加入 0.5g 氢氧化钙粉末,用玻璃棒充分搅匀后,放置30min,并不时搅动内容物,使糖沉淀完全。将每个样品分别过滤,弃去沉淀。

3. 乳酸的测定　取 4 支洁净、干燥的试管,编号,每个试管加入浓硫酸 2ml,将试管至于冷水浴中,分别用小滴管取每个样品的滤液 1 滴或 2 滴,逐滴加入到已冷却的上述浓硫酸溶液中(注意滴管大小尽可能一致),边加边摇动试管,避免试管内的溶液局部过热。

将试管混合均匀后,放入沸水浴中煮 5min,取出后冷却,再加入对羟基联苯试剂 2 滴,勿将对羟基联苯试剂滴到试管壁上,混匀试管内容物,比较和纪录各试管溶液的颜色深浅。

【注意事项】

(1) 对羟基联苯试剂一定要经过纯化,使其呈白色。

(2) 在乳酸测定中,试管必须洁净、干燥,防止污染,影响结果。

【讨论与思考】

(1) 人体和动、植物体中糖的储存形式是什么? 实验时,为什么可以用淀粉代替糖原?

(2) 试述糖酵解作用的生理意义?

小结

　　糖是多羟基醛(酮)及其缩合物。按水解情况分为单糖、低聚糖和多糖;单糖能够与碱性弱氧化剂和酸性氧化剂发生反应。与苯肼的成脎反应;与羟基化合物的成苷反应;与磷酸生成一磷酸酯和二磷酸酯。重要和常见的二糖有麦芽糖、乳糖、蔗糖、纤维二糖。按有无还原性,二糖分为还原性二糖和非还原性二糖。它们的结构特征是非糖部分有自由苷羟基的为还原糖,没有自由苷羟基的为非还原糖。多糖包括淀粉、糖原和纤维素,其基本结构单位是葡萄糖。淀粉和糖原是葡萄糖通过 α-1,4-糖苷键,接点为 α-1,6-糖苷键的葡萄糖链,而纤维素为 β-1,4-糖苷键的葡萄糖链。

复习题

　　1.糖的构型有几种表示方法?

　　2.单糖有哪些化学性质?

　　3.生物体内重要多糖及其作用,多糖在生活和医药等方面的应用前景。

　　4.五支试剂瓶中分别装的是核糖、葡萄糖、果糖、蔗糖和淀粉溶液,但不知哪支瓶中装的是哪种糖液,可用什么最简便的化学方法鉴别?

第四章 脂 分 子

脂类(lipids)泛指不溶于水,易溶于有机溶剂的各类生物分子。都含有碳、氢、氧元素,有的还含有氮和磷,是生物体内一大类重要的有机化合物。脂类所包括的物质范围很广,在化学组成、理化性质、结构及生物功能上差异很大。他们的共同特征是以长链或稠环脂肪烃分子为母体,不溶于水,溶于乙醚、氯仿等脂溶性溶剂。

脂类按组成和结构分为3类:①简单脂类,即三酰甘油(甘油三酯),是脂类中含量最丰富的一大类,通称脂肪,也称真脂或中性脂,是指脂肪酸和醇类所形成的酯。②复合脂类,即类脂,由脂肪酸、醇类和其他物质组成的脂类物质,如磷脂、糖脂、脂蛋白。③异戊二烯酯,即甾醇、萜类,指一些理化性质与脂肪相似的、不含结合脂肪酸的脂类物质。最常见的是类固醇及其衍生物,如胆固醇、胆汁酸、维生素D、固醇类激素(性激素和肾上腺皮质激素)等。

第一节 血脂的组成和理化特性

血脂是血中脂类物质的统称,它包括甘油三酯、磷脂、胆固醇、胆固醇酯和游离脂肪酸等。正常人空腹血脂总量为400～700mg/dl(4.0～7.0mmol/L),其中甘油三酯为10～160mg/dl(平均100mg/dl),总胆固醇150～250mg/dl(平均200mg/dl),胆固醇酯占总胆固醇的70%左右。无论是外源性或内源性脂类均以溶解度较大的脂蛋白复合体形式在血液循环中运输。血中少量的游离脂肪酸与清蛋白结合运输。

一、脂蛋白的组成、结构

脂蛋白由载脂蛋白(apoprotein,Apo)和脂类组成。载脂蛋白分A、B、C、D、E五类,各类又分若干亚类,其主要功用为运载脂质并维持脂蛋白结构的稳定,有些载脂蛋白还具有激活脂蛋白代谢酶和识别脂蛋白受体的功能。脂质位于脂蛋白颗粒内,磷脂的亲水基团可伸出到脂蛋白的外表,以增加脂蛋白外层的亲水性,并起稳定脂蛋白结构的作用。

二、脂蛋白的分类

由于脂蛋白的蛋白质和脂质的组成、比例不同,它们的颗粒大小、表面电荷及密度均有差异。因此可用电泳法和超速离心法将它们分离。用电泳法后,按迁移率的快慢依次分为:α-脂蛋白、前β-脂蛋白、β-脂蛋白和位于点样原点的乳糜微粒四种。α-脂蛋白最快,CM最慢。用超速离心法,按密度高低依次分为高密度脂蛋白(HDL)、低密度脂蛋白(LDL)、极低密度脂蛋白(VLDL)和乳糜微粒(CM)四种。

三、各类脂蛋白的来源、组成特点及功用

1. 乳糜微粒(Chylomicron,CM) 由小肠黏膜上皮细胞合成,其中含有大量甘油三酯(80%～95%)。因这来自食物脂肪的消化、吸收,所以CM的功用为运输外源性甘油三酯

到肝和肝外组织被利用。

2. 极低密度脂蛋白(VLDL,即前 β-脂蛋白) 主要由肝细胞合成,含有较多的甘油三酯(50%～70%),VLDL 的作用是向肝外运输内源性甘油三酯。

3. 低密度脂蛋白(LDL,即 β-脂蛋白) 这是 VLDL 在血浆中转变生成的。VLDL 在血液循环过程中,受毛细血管壁上存在的脂蛋白脂肪酶的作用,使其中的甘油三酯不断被水解,释出脂肪酸与甘油,于是脂蛋白颗粒变小、密度增加。

4. 高密度脂蛋白(HDL,即 α-脂蛋白) 主要由肝细胞合成。其次,小肠黏膜、上皮细胞也能合成少量。HDL 含有较多的磷脂(25%)与胆固醇(20%)。主要作用是向肝外组织运输磷脂和将肝外组织的胆固醇逆向往肝内运输。

四、脂蛋白的代谢

各种脂蛋白的代谢过程就是运送脂质的过程。这里主要涉及两种酶(脂蛋白脂肪酶、卵磷脂-胆固醇酰基转移酶),三种受体(ApoE 受体、LDL 受体、HDL 受体)以及相关载脂蛋白的作用。

脂蛋白的合成与代谢主要是在小肠和肝脏进行。

第二节　脂类的氧化分解

储能和供能是脂肪的重要功用之一,是机体内代谢燃料的储存形式。脂类可以脂肪的形式大量储存于脂肪组织中,脂肪在氧化时可以比其他能源物质提供更多的能量。当机体需要时,脂肪分解供能 1g 脂肪在体内完全氧化时放出的能量为 38kJ,这比 1g 糖或蛋白质所放出的多 1 倍以上。

脂肪的降解

1. 脂肪的酶促水解　脂肪酶广泛存在于动物、植物和微生物中。在人体内,脂肪的消化主要在小肠,由胰脂肪酶催化,胆汁酸盐和辅脂肪酶的协助使脂肪逐步水解生成脂肪酸和甘油。

磷脂酶有多种,作用于磷脂分子不同部位的酯键。作用于 1 位、2 位酯键的分别称为磷脂酶 A_1 及 A_2,生成溶血磷脂和游离脂肪酸。作用于 3 位的称为磷脂酶 C,作用磷酸取代基间酯键的酶称磷脂酶 D。作用溶血磷脂 1 位酯键的酶称磷脂酶 B_1。

胆固醇酯酶水解胆固醇酯生成胆固醇和脂肪酸。

小肠可吸收脂类的水解产物。胆汁酸盐帮助乳化,结合载脂蛋白(apoprotein,apo)形成乳糜微粒经肠黏膜细胞吸收进入血循环。所以乳糜微粒(chylomicron,CM)是转运外源性脂类(主要是 TG)的脂蛋白。

2. 甘油的分解　脂肪细胞不具有甘油激酶,不能转化脂肪分解产生的甘油,必须经血液运送到肝脏代谢。去向有 2 个:

(1) 进入糖酵解——TCA——彻底氧化供能经糖酵解逆转异生为葡萄糖。

(2) 甘油——3-p-甘油——磷酸二羟丙酮——逆行——葡萄糖。

3. 脂肪酸的氧化分解

(1) 脂肪酸的活化:在胞液中 FFA 通过与 CoA 酯化被激活,催化该反应的酶是脂酰

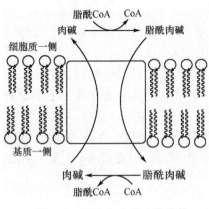

图 4-1 脂酰 CoA 进入线粒体

CoA 合成酶,需 ATP、Mg^{2+} 参与。反应产生的 PPi 立即被焦磷酸酶水解,阻止了逆反应,所以 1 分子 FFA 的活化实际上消耗 2 个高能磷酸键。

$$RCOOH+ATP+CoASH \rightarrow RCO\sim SCoA+AMP+PPi$$

(2) 脂酰 CoA 进入线粒体:脂肪酸的氧化是在线粒体内进行的,而脂酰 CoA 不能自由通过线粒体内膜进入基质,需要通过线粒体内膜上肉毒碱转运才能将脂酰基带入线粒体。内膜两侧的脂酰 CoA 肉毒碱酰基转移酶 I、II(同工酶)催化完成脂酰基的转运和肉毒碱的释放(图 4-1)。酶 I 是 FFA 氧化分解的主要限速酶。

(3) 脂酰 CoA 的 β-氧化:脂酰 CoA 氧化生成乙酰 CoA 涉及四个基本反应:第一次氧化反应、水化反应、第二次氧化反应和硫解反应。

第一步由脂酰 CoA 脱氢酶催化脱氢生成反-$\triangle$ 2-烯脂酰 CoA 和 $FADH_2$。

第二步由反-$\triangle$ 2-烯脂酰 CoA 水化酶催化加水生成 L-(＋)-β-羟脂酰 CoA。

第三步由 L-(＋)-β-羟脂酰 CoA 脱氢酶催化生成 β-酮脂酰 CoA 和 $NADH+H^+$。

第四步由硫解酶作用底物的 α-与 β-C 间断裂,CoASH 参与,生成 1 分子乙酰 CoA 和比原来少 2 个 C 的脂酰 CoA。然后再一轮 β-氧化,如此循环反应。

4. 酮体的生成和利用 脂肪酸经 β-氧化生成的大多数乙酰 CoA 进入 TCA 循环,当乙酰 CoA 的量超过 TCA 循环氧化能力时,多余的生成酮体(ketone bodies),包括 β-羟丁酸(占 70％)、乙酰乙酸(占 30％)和丙酮(微量)。酮体是燃料分子,作为“水溶性的脂”,在心脏和肾脏中比脂肪酸氧化得更快。

(1) 酮体是在肝脏中合成的:2 分子乙酰 CoA 经肝细胞线粒体乙酰乙酰 CoA 硫解酶催化缩合成乙酰乙酰 CoA,再在羟甲基戊二酸单酰 CoA 合成酶(HMG-CoA 合成酶)的催化下,结合第三个乙酰 CoA 生成 β-羟基-β-甲基戊二酸单酰 CoA。然后 HMG-CoA 裂解酶催化生成乙酰乙酸和乙酰 CoA(乙酰乙酰 CoA 也可在硫酯酶催化下水解为乙酰乙酸和 CoA)。

乙酰乙酸在 β-羟丁酸脱氢酶的催化下,由 NADH 供氢,被还原为 β-羟丁酸或脱羧生成丙酮。

(2) 酮体的利用:酮体是正常的、有用的代谢物,是很多组织的重要能源。但肝细胞氧化酮体的酶活性很低,因此酮体经血液运输到肝外组织进一步氧化分解。心、肾、脑和骨骼肌线粒体有活性很高的氧化酮体的酶。β-羟丁酸在 β-羟丁酸脱氢酶催化下重新脱氢生成乙酰乙酸,在不同肝外组织中乙酰乙酸可在琥珀酰 CoA 转硫酶或乙酰乙酸硫激酶作用下转变为乙酰乙酰 CoA,再由乙酰乙酰 CoA 硫解酶裂解为 2 分子乙酰 CoA,进入 TCA 途径彻底氧化。

第三节 实验内容

实验五 粗脂肪的定量(Soxhlet 提取法)

【实验目的】

学习索氏提取法测定粗脂肪含量的原理及方法。

【实验原理】

所谓粗脂肪,是脂肪、游离脂肪酸、蜡、磷脂、固醇及色素等脂溶性物质的总称。索氏(Soxhlet)脂肪提取器为一回馏装置,由浸提管、小烧瓶及冷凝管三者连接而成。浸提管两侧分别有虹吸管及通气管,盛有样品的滤纸斗(包)放在浸提管内。溶剂(乙醚)盛于小烧瓶中,加热后,溶剂蒸汽经通气管至冷凝管,冷凝之溶剂滴入浸提管,浸提样品。浸提管内溶剂愈积愈多,当液面达到一定高度,溶剂及溶于溶剂中的粗脂肪即经虹吸管流入小烧瓶。流入小烧瓶的溶剂由于受热而气化,气体至冷凝管又冷凝而滴入浸提管内,如此反复提取回馏,即将样品中的粗脂肪提尽并带到小烧瓶中。最后,将小烧瓶中的溶剂蒸去,烘干,小烧瓶增加之重量,即样品中粗脂肪含量。

【实验材料】

实验材料:麦麸以及其他动、植物材料。

实验器材:滤纸、索氏提取器(一套)、分析天平、恒温水浴锅、干燥器、铁架台、橡皮管、万能夹、干燥箱、电吹风。

实验试剂:无水乙醚。市售无水乙醚往往仍有水分,需处理后使用。处理方法如下:含水较多的乙醚,可先于乙醚中投入无水氯化钙(约为总体积 1/3),1~2 天后,过滤,水浴蒸馏,收集 36℃馏出液。于此馏出液中加适量金属钠(需用压钠机压成钠条或用刀切成薄片),1~2 天后蒸馏,收集 36℃馏出液,即得无水乙醚。水分较少的乙醚,可于每 500g 乙醚中加入 30~50g 无水硫酸钠或金属钠,1~2 天后蒸馏,收集 36℃馏出液。

【实验步骤】

(1) 将洗净的索氏提取器小烧瓶用铅笔在磨口处编号,103~105℃烘 2h,取出,置干燥器内冷却。分析天平秤重,并记录之。

(2) 用分析天平秤取干样约 2g(准确至小数点后 4 位。样品需研碎,通过 40 目筛孔),用滤纸包好,放入浸提管内。

(3) 于已秤重的小烧瓶内倒入 1/2~2/3 体积的无水乙醚。连接索氏提取器各部分,恒温水浴锅加热回馏 2~4h(样品含脂量高的,应适当延长时间)。控制水浴温度,每小时回馏 3~5 次较宜。

(4) 提取完毕,待乙醚完全流入小烧瓶时,取出滤纸包,再回馏一次以洗涤浸提管。继续加热,待浸提管内乙醚液面接近虹吸管上端而未流入小烧瓶前,倒出浸提管中之乙醚。如果小烧瓶中尚留有乙醚,则继续加热蒸发,直到小烧瓶中溶剂基本蒸尽,停止加热,取下小烧瓶,用吹风机将瓶中残留乙醚吹尽,再置 103~105℃烘箱中烘半小时,取出置干燥器中冷至室温,秤重,由小烧瓶增加之重量可计算出样品的脂肪含量。

按同法,用不包样品的滤纸包做空白测定。测定脂肪后,小烧瓶需先用 2%氢氧化钠乙醇浸泡,再用肥皂洗净烘干保存。注意:进行本实验时应切实注意防火,乙醚为易燃品,切忌明火加热,同时要注意提取器各连接处是否漏气,以及冷凝管冷凝效果是否良好,以免大量乙醚蒸气外逸。

【讨论与思考】

(1) 本实验制备得到粗脂肪,若要制备单一组分脂类成分,可用什么方法进一步处理?

(2) 本实验样品制备时烘干为什么要避免过热?

实验六 脂肪酸的 β-氧化

【实验目的】

(1) 了解脂肪酸的 β-氧化作用。

(2) 通过测定和计算反应液内丁酸氧化生成丙酮的量,掌握测定 β-氧化作用的方法及其原理。

【实验原理】

在肝脏中,脂肪酸经 β-氧化作用生成乙酰 CoA。2 分子乙酰 CoA 可缩合生成乙酰乙酸。乙酰乙酸可脱羧生成丙酮,也可还原生成 β-羟丁酸,乙酰乙酸、β-羟丁酸和丙酮总称为酮体。酮体为机体代谢的中间产物。在正常情况下,其产量甚微;患糖尿病或食用高脂肪膳食时,血中酮体含量增高,尿中也能出现酮体。本实验用新鲜肝糜与丁酸保温,生成的丙酮在碱性条件下,与碘生成碘仿。反应式如下:

$$2NaOH + I_2 \rightarrow NaOI + H_2O \quad CH_3COCH_3 + 3NaOI \rightarrow CHI_3 + CH_3COONa + 2NaOH$$

剩余的碘可用标准硫代硫酸钠溶液滴定:

$$NaOI + NaI + 2HCl \rightarrow I_2 + 2NaCl + H_2O \quad I_2 + 2Na_2S_2O_3 \rightarrow Na_2S_4O_6 + NaI$$

根据滴定样品与滴定对照所消耗的硫代硫酸钠溶液体积之差,可以计算由丁酸氧化生成丙酮的量。

【实验材料】

实验材料:鲜猪肝。

实验器材:5ml 微量滴定管,恒温水浴,吸管,剪刀,50ml 锥形瓶,漏斗,试管及试管架。

实验试剂:0.5% 淀粉溶液,0.9% 氯化钠溶液,0.5mol 丁酸溶液(取 5ml 丁酸溶于 100ml 0.5mol 氢氧化钠溶液中),15% 三氯乙酸溶液,10% 氢氧化钠溶液,10% 盐酸溶液。

0.2mol 碘液:25.4g I + 50g KI 定容到 1000ml,用标准 0.05mol 硫代硫酸钠溶液标定。

标准 0.01mol 硫代硫酸钠溶液:将已标定的 0.05mol 硫代硫酸钠稀释成 0.01mol。

1/15mol pH 7.6 磷酸缓冲液:1/15mol 磷酸氢二钠 86.8ml + 1/15mol 磷酸二氢钠 13.2ml。

【实验步骤】

1. 肝糜制备 取肝用 0.9% 氯化钠液冲洗污血后,用滤纸吸去表面的水分。秤取肝组织 5g 置研钵中,加少量的 0.9% 氯化钠研成细浆。再加 0.9% 氯化钠液到总体积为 10ml。

2. 操作 取 2 个 50ml 锥形瓶,各加入 3ml 1/15mol 磷酸 pH 7.6 的磷酸盐缓冲液。向一个锥形瓶中加入 2ml 正丁酸,另一个锥形瓶作为对照,不加正丁酸。然后各加入 2ml 肝糜。混匀于 43℃ 恒温水浴内保温。

3. 沉淀蛋白质 保温 1.5h 后,取出锥形瓶,各加入 3ml 15% 的三氯乙酸,在对照瓶内追加 2ml 正丁酸,混匀,静置 15min,过滤。将滤液收集在 2 支试管中。

4. 酮体的测定 吸取两种滤液各 2ml 分别放入另 2 个锥形瓶中,再加 3ml 0.1mol 碘液和 3ml 10% 氢氧化钠液。摇匀后,静置 10min。加入 3ml 10% 盐酸中和。然后用 0.01mol 标准硫代硫酸钠液滴定剩余的碘。滴至浅黄色时,加入 3 滴 0.1% 淀粉液作指示剂。摇匀,滴至蓝色消失为止。记录所消耗的硫代硫酸钠液的毫升数。

5. 结果计算 肝脏的丙酮含量$(mmol/g)=(A-B)\times C_{Na_2S_2O_3}\times 1/6\times 5$

A：为滴定对照所消耗的 0.01mol 硫代硫酸钠溶液的毫升数。

B：为滴定样品所消耗的 0.01mol 硫代硫酸钠溶液的毫升数。

$C_{Na_2S_2O_3}$：为标准硫代硫酸钠溶液的浓度(mol)。

1/6：1mol 标准硫代硫酸钠相当于丙酮的量。

【注意事项】

用新鲜肝糜进行实验,确保肝内酶活力。注意滴定终点的控制,保证实验的准确度。

【讨论与思考】

(1) 为什么说脂肪酸 β-氧化实验的关键是制备新鲜的肝糜?

(2) 什么叫酮体?为什么正常代谢时产生的酮体量很少?

实验七 脂质的薄层层析——猪脑脂质的提取及其分离鉴定

【实验目的】

(1) 学习吸附层析的原理。

(2) 掌握薄层层析的操作技术:薄板的制备、活化、点样、展层、显色。

(3) R_f 计算及样品鉴定。

【实验原理】

动物脑组织富含多种脂质,有甘油磷脂、鞘氨醇磷脂、糖脂、胆固醇等。本实验采用 Blign 和 Dyer 方法,提取猪脑脂质,快速有效。首先使用一相醇溶液系统(即氯仿-甲醇-水),将各种脂质一并提取出来,提取物再用氯仿和水稀释,以形成二相系统,水溶性杂质易分配进入甲醇-水相,而脂质进入氯仿相把脂质分离。

薄层层析(Thin-Layer-Chromatography,TLC)是将作为固定相的支持剂涂于支持板上面进行的一种层析技术。此法较相应支持剂材料做成的柱层析、纸层析等有更多的优越性。最突出的特点是操作简便和层析速度快。缺点是对生物大分子分离效果欠佳。近年来,由于薄层板的不断改进,实施薄层层析的操作仪器化,已将一般的薄层层析发展成为高效薄层层析(HPTLC),可在几分钟内将含有多至十余个组分的样品分离开。各种规格的薄层预制极及专门仪器已趋向商品化。

制作薄层层析用的硅胶一般有两类。一类是不加添加剂的称硅胶 H;另一类是添加了黏合剂(如石膏)称硅胶 G。有的为便于鉴定,还加入了特殊的荧光剂,常以字母 F 表示。不同类型的硅胶各有不同的用途。本实验是用硅胶 H 为支持剂,用薄层层析技术分离鉴定脑组织所含的脂质。

【实验材料】

实验材料:新鲜猪脑。

实验器材:剪刀、研钵、离心机、层析板、干燥器、层析缸。

实验试剂:氯仿、95%乙醇、0.1%碳酸氢钠、甲醇、精制硅胶 H。

【实验步骤】

1. 脂质的提取 秤取新鲜猪脑 1.5g,用剪刀剪碎,置于研钵内磨成浆后,倒入匀浆管内,冰浴中匀浆 2min。向匀浆内加入 7.5ml 抽提液Ⅰ,继续匀浆 2min。然后将匀浆液于

2500r/min 离心 10min。吸取上清液储存于分液漏斗中,沉淀再加入 9.5ml 抽提液Ⅱ,搅拌成悬浊液后再匀浆 2min,随之离心 10min。合并两次上清液,加入氯仿和水各 2.5ml,分液漏斗内间歇摇振 2min,然后静置 30min 左右,提取液逐渐分成两相(注意观察分相过程)。上相为甲醇-水相,下相为含脂质混合物的氯仿相,从漏斗分流出氯仿相,置冰箱内备用。

2. 脂质的分离鉴定(薄层层析法 TLC)

(1)硅胶 H 薄层的制备:将经 95% 乙醇擦净过的 3mm×35mm×100mm 层析玻璃置于水平台上,然后秤取精制硅胶 H 3.0g 置于 25ml 烧杯内,加入 0.1% 碳酸氢钠约 8ml,调成具有一定愁度和流动性的胶浆。用 10ml 量筒量取浆液 3ml,迅速小心流铺在层析板上(注意板面厚度均匀,切勿使浆液溢出板外),铺毕后继续水平静置 0.5~1h,使硅胶充分沉固,薄层表面凝成膜状。然后将层析板移入烘箱内水平位置,40℃ 干燥至硅胶薄层发白。

(2)薄层活化:升高烘箱温度,使薄层充分干燥,此过程称为活化。为防止薄层表面起泡,应首先于 80℃ 左右烘约 20min,然后升温至 120℃ 再烘 2h,活化毕小心取出置于干燥器内冷却至室温。

(3)点样:将活化的硅胶薄板从干燥器内取出放妥后,立即在距底边 2~3cm 处中央,用内径 0.5mm 点样毛细管吸取脂质混合液,分三次在同一点上点入薄层。点样直径不超过 2~3mm,每点一次待近干后再点下一次(小心勿损坏薄层胶面)。

(4)平衡和展开:将洁净层析缸一端垫起,使其倾斜成 150° 左右,然后沿低端的缸内壁加入一定量的展开试剂。将点好样的薄板小心安放在缸内,近点样的一头搁在缸底高的无展开剂侵入的一端,另一端靠在缸内壁或玻架上。将薄板位置调整稳妥后,加盖封闭平衡约 2h。

图 4-2　脂质薄层层析示意图
(1)~(6)分别为磷脂、鞘磷脂、丝氨酸磷脂、脑磷脂、物质性质不明确、中性脂质

平衡结束后,仍保持层析缸封闭状态,将缸底一端的展开剂倾斜流向另一端,层析板硅胶浸入展开剂中,展开开始。待展开剂上行至层析板上端 1~1.5cm 处,展开停止,开盖取出薄板晾干。

(5)显色:将展开晾干的薄板置于碘蒸气缸内熏蒸,30min 后即渐见黄色斑点显出,数小时后,斑点更明显。展层结果通常出现 5~6 个分离斑点。描出实验图谱(图 4-2)。

【注意事项】

制板时要求薄层平滑均匀,无裂缝。点样时不要刺破薄板。点样管切勿弄混。

【讨论与思考】

(1)在混合物薄层色谱中,如何判定各组分在薄层上的位置?

(2)展开剂的高度若超过了点样线,对薄层色谱有何影响?

(3)点样时,样点太靠近薄板的边缘,展开时,会出现什么样的情况?

(4)在薄层色谱法中的展开中可以有哪些展开方法?展开过程中应注意些什么?

(5)点样时要注意写些什么?在展开时如何防止拖尾及前倾?

小结

通过本章的学习,我们知道了储能和供能是脂肪的重要功用之一,是机体内代谢燃料的储存形式,脂肪通过脂酸的 β-氧化,可以比其他能源物质提供更多的能量。血浆脂类简称血脂,包括游离胆固醇、胆固醇酯、磷脂、甘油三酯、糖脂、游离脂肪酸等。无论是外源性或内源性脂类均以溶解度较大的脂蛋白复合体形式在血液循环中运输。血脂水平可反映全身脂类代谢的状态。血脂测定可及时地反映体内脂类代谢状况。

复习题

1. 何谓血脂? 血脂包含哪些成分? 其以何种形式在血浆中运输?
2. 什么是血浆脂蛋白? 按照密度法可将其分为哪几类? 简述其的主要作用。
3. 试述机体利用脂库中储存的脂肪氧化供能的过程。
4. 试述酮体生成和利用的过程(包括主要部位、原料、反应过程及相关酶)。
5. 试述酮体生成的生理意义,并举例说明当酮体产生过多时可能导致的危害?

第五章 酶 分 子

酶是活细胞成的、对其特异性底物起高效催化作用的一类生物催化剂,其化学本质绝大多数为蛋白质,但某些 RNA 或 DNA 也具有催化活性。酶学研究是生物化学的一项重要研究内容,生物体内多数反应没有酶的催化难以进行。例如,大肠杆菌生命周期仅为20min,生物体内化学反应变得如此容易和迅速的根本原因是生物体内普遍存在生物催化剂——酶。换句话说,如果没有酶,生物体的生长、发育、运动等生命活动就无法继续。本章理论部分主要介绍:酶的分子结构,酶的理化性质及影响酶活性的因素。实验内容主要介绍酶活测定方法及其影响因素等内容。

第一节 酶的分子结构

一、酶的化学组成

根据酶化学本质,除有催化活性 RNA 或 DNA 之外几乎都是蛋白质。可将酶分为单纯蛋白质和结合蛋白质。

(一) 单纯蛋白质(simple protein)

单纯蛋白质顾名思义就是酶的分子组成中只有蛋白质。

(二) 结合蛋白质(conjugated protein)

结合蛋白质由蛋白质部分及非蛋白质部分组成。蛋白质部分为酶蛋白,非蛋白质部分为辅助因子。由酶蛋白和辅助因子构成全酶。对于结合蛋白质,只有全酶才具有催化活性。

辅助因子:是指一些对热稳定的非蛋白质小分子物质或金属离子,包括辅酶和辅基。

辅酶(coenzyme):与脱辅酶结合比较松弛的小分子有机化合物,通过透析方法即可出去,如辅酶Ⅰ等。

辅基(cofactor):以共价键和脱辅酶结合,不能通过透析出去。

二、酶 的 分 类

(一) 根据酶蛋白分子的特点分类

1. 单体酶(monomericenzyme)　一般由一条多肽链组成,如溶菌酶;但有的单体酶是由多条肽链组成,肽链间二硫键相连构成一整体。

2. 寡聚酶(oligomeric enzyme)　是由两个或两个以上的亚基组成的酶,这些亚基可以是相同的,也可以是不同的。

3. 多酶复合体(multienzyme complex)　是由几种酶非共价键彼此嵌合而成。

(二) 根据酶的存在状态分类

1. 胞内酶　在合成分泌后定位于细胞内发生作用的酶,大多数的酶属于此类。

2. 胞外酶　在合成后分泌到细胞外发生作用的酶,主要为水解酶。

第二节 酶的理化性质

一、生物催化剂

作为一种催化剂,酶除了具有和一般催化剂一样具有用量少而催化效率高,不改变化学反应的平衡点,可降低反应的活化能之外,还具有自身的催化特性。

(一)酶具有高度的专一性

酶的专一性也称为酶的特异性(specificity),它是指酶对所作用底物(substrate)的选择性。根据酶对底物的选择方式不同,酶的专一性分为绝对专一性和相对专一性两种。

(二)酶易失活

因其化学本质为蛋白质,因此任何使蛋白质变性的理化因素均能影响酶的活性甚至失去酶活性。

(三)酶活性受到调节和控制

酶活性受到调节和控制的方式:①通过基因表达调节酶的浓度;②通过激素调节酶活性;③反馈抑制调节酶活性;④抑制剂和激活剂对酶活性的调节;⑤通过别构调控、酶原的激活、酶的可逆共价修饰和同工酶来调节酶活性。

(四)酶具有很高的催化效率

酶作为一种生物催化剂,其催化效率是和一般的化学催化剂的 $10^{12} \sim 10^{13}$ 倍。

二、酶 活 力

(一)酶活力

酶的活力单位,酶的比活力。

(二)酶活力的测定方法

酶活力的测定方法包括:①分光光度法;②荧光法;③同位素测定法;④电化学方法。

三、酶的分离和纯化

酶的分离纯化是酶学研究的基础。已知人大多数酶的本质是蛋白质,因此用分离纯化蛋白质的方法纯化酶,不过要注意选择合适的材料,操作条件要温和。在酶的制备过程中,每一步都有测定酶的活力和比活力,以了解酶的回收率及提纯倍数,以便判断提纯的效果。酶的活力是指在一定条件下酶催化某一些化学反应的能力,可用反应初速率来表示。测定酶即测酶反应的初速率。酶活力大小来表示酶含量的多少,通常用酶的国际单位数表示。每毫克蛋白质所含酶的活力单位数叫做酶的比活力,代表酶的纯度。

第三节 影响酶活性的因素

一、底物浓度对酶反应速率的影响

酶的饱和现象指酶催化反应速度随底物增加达到最大值后不再继续增加。对该现象的发现导致产生酶的中间产物学说,即如下公式,并推导出米氏方程。

1. 米氏方程

$$V = V_{max}[S]/K_m + [S]$$

V_{max}＝最大反应速度;$[S]$＝ 底物浓度;K_m＝ 米氏常数。

2. K_m 的意义

(1) K_m 是酶的特征常数,和酶浓度无关,和底物浓度无关,和酶的种类与底物的种类有关,即不同的酶的 K_m 不同,酶对于不同的底物,各有特定的 K_m。

(2) 给定的条件下,可以用 $1/K_m$ 比较酶对底物的亲和性,确定酶的最适底物。

3. V_{max}

(1) 根据米氏方程推导过程,$V = k_2[ES]$,V_{max} 不是酶的特征常数。根据稳态分析,$[ES]$ 不随时间变化,即当 $[S] \geqslant K_m$,所有的酶全部转换为 ES,此时酶催化反应达到其最大速度。因此稳态分析可以给出 V_{max}。

(2) k_{cat}:转换数(TN),表示酶的催化效率,指单位时间内每个活性中心转换底物的分子数,或者一定条件下每秒钟每个酶分子转换底物的分子数,或每秒钟每微摩尔酶分子转换底物的微摩尔数。当 ES 复合物快速解离时,$k_{cat} = k_2$。

4. V_m 和 K_m 的求法　Lineweaver-Burk Plots(双倒数作图)($1/V \sim 1/[S]$)。

$$1/V = K_m/V_{max}[S] + 1/V_{max}$$

二、酶浓度对酶促反应速度的影响

从米氏方程和酶浓度与酶促反应速度的关系可以看出:酶促反应速度与酶分子的浓度成正比。当底物分子浓度足够时,酶分子越多,底物转化的速度越快。但事实上,当酶浓度很高时,并不保持这种关系,曲线逐渐趋向平缓。根据分析,这可能是高浓度的底物夹带有许多的抑制剂所致。

三、温度对酶催化速度的影响

最适温度是使酶具有最大活性的温度。各种酶在最适温度范围内,酶活性最强,酶促反应速度最大。在适宜的温度范围内,温度每升高 10℃,酶促反应速度可以相应提高 1～2 倍。不同生物体内酶的最适温度不同。如动物组织中各种酶的最适温度为 37～40℃;微生物体内各种酶的最适温度为 25～60℃,但也有例外,如黑曲糖化酶的最适温度为 62～64℃;巨大芽孢杆菌、短乳酸杆菌、产气杆菌等体内的葡萄糖异构酶的最适温度为 80℃;枯草杆菌的液化型淀粉酶的最适温度为 85～94℃。可见,一些芽孢杆菌的酶的热稳定性较高。过高或过低的温度都会降低酶的催化效率,即降低酶促反应速度。

最适温度在 60℃以下的酶,当温度达到 60～80℃时,大部分酶被破坏,发生不可逆变性;当温度接近 100℃时,酶的催化作用完全丧失。

四、pH 对酶催化速度的影响

最适 pH 是使酶具有最大活性的 pH。酶在最适 pH 范围内表现出活性,大于或小于最适 pH,都会降低酶活性。主要表现在两个方面:①改变底物分子和酶分子的带电状态,从而影响酶和底物的结合;②过高或过低的 pH 都会影响酶的稳定性,进而使酶遭受不可逆破坏。

五、激活剂对酶促反应速度的影响

能激活酶的物质称为酶的激活剂。激活剂种类很多：①无机阳离子，如钠离子、钾离子、铜离子、钙离子等；②无机阴离子，如氯离子、溴离子、碘离子、硫酸盐离子、磷酸盐离子等；③有机化合物，如维生素C、半胱氨酸、还原性谷胱甘肽等。许多酶只有当某一种适当的激活剂存在时，才表现出催化活性或强化其催化活性，这称为对酶的激活作用。而有些酶被合成后呈现无活性状态，这种酶称为酶原。它必须经过适当的激活剂激活后才具活性。

六、抑制剂对酶催化反应速度的影响

抑制剂指能降低反应速率的物质。

（一）不可逆抑制

不能消除的抑制称为不可逆抑制，这是因为抑制剂与酶形成共价连接，使酶失活，因此不能用透析、超滤等物理方法消除抑制。不可逆抑制剂的类型：

1. 烷化剂　碘乙酸（与巯基反应），TPCK（与 His 咪唑基反应）。

2. 有机磷　DFP（与丝氨酸羟基反应）。

3. 有机金属盐　有机汞，如对氯汞苯甲酸（与巯基反应）。

4. 氰化物、CO 等　与 Fe^{2+} 反应。

（二）可逆抑制

可以消除的抑制称为可逆抑制。可逆抑制的三种基本类型：

1. 竞争性抑制　随底物浓度增加，抑制率下降。最常见，一般为底物类似物引起的抑制。例如丙二酸对琥珀酸脱氢酶的抑制，对氨基苯磺酰胺（一种磺胺药）对二氢叶酸还原酶的抑制。

2. 非竞争性抑制　抑制率不受底物浓度影响。如含某些重金属离子的巯基试剂、EDTA 等所引起的抑制。

3. 反竞争性抑制　随底物浓度增加，抑制率上升。

第四节　实验内容

实验八　丙二酸对琥珀酸脱氢酶的竞争性抑制作用

【实验目的】

（1）掌握竞争性抑制概念及作用机理。

（2）了解在无氧情况下观察脱氢酶作用的简单方法。

【实验原理】

动物组织中含有琥珀酸脱氢酶，此酶能催化琥珀酸脱氢转变成延胡索酸，反应中生成的 $FADH_2$ 可使蓝色还原为无色的甲烯白（还原型亚甲蓝）丙二酸是琥珀酸脱氢酶的竞争性抑制剂，它与琥珀酸的分子结构相似，故能与琥珀酸竞争酶的活性中心。丙二酸与酶结合后，酶活性受到抑制，则不能再催化琥珀酸的脱氢反应。抑制程度的大小，随抑制剂与底物两者浓度的比例而定。本实验以亚甲蓝作为受氢体,在隔绝空气的条件下,琥珀酸脱氧酶活性改变可以通过甲烯蓝的褪色程度来判断,并以此观察丙二酸对琥珀酸脱氢酶活性的抑制作用。

【试剂和器材】

试剂:0.2mol/L 琥珀酸溶液,0.2mol/L 丙二酸溶液,0.02mol/L 丙二酸溶液,以上 3 种溶液可用 1mol/L NaOH 调到 pH 7.4,直接用其钠盐配制也可。0.02% 亚甲蓝,1/15mol/L 磷酸氢二钠-磷酸二氢钾缓冲液(pH 7.4),液状石蜡。

器材:水浴锅、离心机、研钵、台秤、剪刀、试管、吸管、滴管、离心管等。

【操作方法】

1. 鸡心脏提取液的制备 取新鲜鸡心约 3g,用蒸馏水清洗后剪成碎块,置于研钵中,加入适量净砂,及 pH 7.4 磷酸盐缓冲液 5ml,研磨成浆,再加入缓冲液 6~7ml 搅匀,旋转 30min,不时的搅拌,过滤或离心后取上清液备用。

2. 具体操作 取 4 支试管,编号后按下表 5-1 操作。

表 5-1　具体操作

试剂(滴)	1	2	3	4
鸡心脏提取液	20	—	20	20
0.2mol/L 琥珀酸	4	4	4	4
0.2mol/L 丙二酸	—	—	4	4
0.02mol/L 丙二酸	—	—	—	4
蒸馏水	4	24	—	—
0.02%亚甲蓝	2	2	2	2

3. 摇匀并观察 于各管滴加液状石蜡 10 滴以隔绝空气,置 37℃ 水浴中保温,随时观察各管亚甲蓝褪色情况,并记录时间、解释结果。第一管褪色后用力摇动观察有何变化? 请解释。

【注意事项】

(1) 加液状石蜡时宜斜执试管,沿管壁缓缓加入,不要产生气泡。

(2) 加完液状石蜡后,不要振摇试管,以免溶液与空气接触使甲烯白重新氧化变蓝。

实验九　血清丙氨酸转氨酶活性的测定(改良赖氏法)

【实验目的】

(1) 掌握血清丙氨酸转氨酶活性测定的基本原理。

(2) 熟悉血清丙氨酸转氨酶活性测定的具体操作方法。

(3) 了解血清丙氨酸转氨酶活性测定的临床意义。

【实验原理】

血清中的丙氨酸转氨酶(ALT),在 37℃、pH 7.4 的条件下,可催化基质(底物)液中的丙氨酸与 α-酮戊二酸生成谷氨酸和丙酮酸:

$$
\begin{array}{ccccccc}
& & COOH & & & & COOH \\
& & CH_3 & & CH_3 & & CH_3 \\
H_2N-C-H & + & CH_2 & \xrightarrow[\text{37℃, pH7.4}]{ALT} & C=O & + & CH_2 \\
& & | & & COOH & & | \\
COOH & & C=O & & & & H_2N-C-H \\
& & COOH & & & & COOH \\
L\text{-丙氨酸} & & \alpha\text{-酮戊二酸} & & \alpha\text{-丙酮酸} & & L\text{-谷氨酸}
\end{array}
$$

生成的丙酮酸可与起终止和显色作用的 2,4 二硝基苯肼发生加成反应,生成丙酮酸-

2,4-二硝基苯腙,进而在碱性环境中生成红棕色的苯腙硝醌化合物,其颜色的深浅在一定范围内与丙酮酸的生成量,亦即与 ALT 活性的高低成正比关系。据此与同样处理的丙酮酸标准液相比较,便可算出或通过标准曲线查出血清中 ALT 的活性。

α-酮酸　　　2,4-二硝基苯肼　　　丙酮酸二硝基苯腙(黄色)

苯腙硝醌化合物(红棕色)

尽管基质液中余下的 α-酮戊二酸同样可生成红棕色苯腙硝醌化合物而影响测定结果,但因其量不多,加之对 505nm 的吸光度远不如丙酮酸生成的苯腙硝醌化合物强,尤其用标准曲线作测定时,所用的酶活性单位通过卡门氏分光光度速率法矫正,摒弃了赖氏法一些固有弊端,结果比其他比色法准确。故卫生部临检中心建议国内无条件使用连续监测法的单位使用赖氏法。

【试剂和器材】

1. 试剂

(1) 0.1mol/L pH 7.4 磷酸盐缓冲液:①0.1mol/L 磷酸氢二钠溶液:秤取 Na_2HPO_4 14.22g 或 $Na_2HPO_4 \cdot 2H_2O$ 17.8g 溶解于蒸馏水中,并稀释至 1000ml,4℃保存。②0.1mol/L 磷酸二氢钾溶液:秤 KH_2PO_4 13.61g 溶解 H_2O_2 中,稀释至 1000ml,4℃保存。

将 0.1mol/L 磷酸氢二钠溶液 420ml 和 0.1mol/L 磷酸二氢钾溶液 80ml,混匀,即为 0.1mol/L pH 7.4 的磷酸盐缓冲液。加氯仿数滴,4℃保存。

(2) 标准丙酮酸(含丙酮酸 $2.0\mu mol/ml$)取标准丙酮酸钠 10mg,用上述缓冲液准确定容为 50ml。此液须当日用当日配。

(3) ALT 底物液(含 α-酮戊二酸 $2\mu mol/ml$ 及 DL-丙氨酸 $200\mu mol/ml$):取 α-酮戊二酸 29.2mg,DL-丙氨酸 7g,用试剂 1 溶成 100ml,在稀释到刻度前,以 1mol/L NaOH 调 pH 至 7.4(因为转氨酶在 pH 7.3 以下或 7.6 以上的环境中酶活性下降),加数滴氯仿防腐。此液于冰箱保存可使用 4 天。

(4) 2.4-二硝基苯肼溶液:取分析纯 2,4-二硝基苯肼 19.8mg,用 1mol/L HCl 溶于 100ml,置棕色瓶中保存。

(5) 0.4mol/L NaOH 溶液:常规配制。

2. 仪器 恒温水浴、离心机、721 型分光光度计。1.5cm×15cm 试管、刻度吸量管。

【操作方法】

(1) 取空腹静脉血 2ml,经离心分离得到血清,保存于冰箱中待用,因为血细胞中转氨酶活性较血清中高,故应防止溶血。若血清中此酶活性过高,则可适当稀释后再用。

（2）取干净试管 12 支，按表 5-2 所示标号，要求各 S 管和 U 管进行双管平行操作。先做对照管和测定管，在 30min 保温期间再做空白管和标准管（表 5-2）。

表 5-2　实验记录

记录实验数据和实验现象　　管号	空白管(0)	标准管(S)					对照管(B)	测定管(U)
	0	S_1, S_1'	S_2, S_2'	S_3, S_3'	S_4, S_4'	B	U_1, U_2
(1)血清(ml)37℃预孵 5min 后用	20	1				0.1	0.1
(2)基质液(ml)同上预孵后用	—					—	0.5
混匀各 B、U 管，置 37℃恒温水浴中，准确保温 30min，期间完成 D→S_4'管的加液工作							
(3)缓冲液	0.1	0.1	0.1	0.1	0.1		
(4)标准丙酮酸	—	0.05	0.1	0.15	0.2	—	—
(5)基质液	0.5	0.45	0.4	0.35	0.3	0.5	
(6)2,4-二硝基苯肼	0.5	0.5	0.5	0.5	0.5	0.5	0.5
混匀各管，于 37℃水浴中保温 20min							
(7) 0.4mol NaOH(ml)	5.0	5.0	5.0	5.0	5.0	5.0	5.0
混匀各管，于 5min 后，30min 内以 721 型分光光度计比色，波长 505nm，空白管调零点，分别读取各管吸光度							
各管实测吸光度(A_N)	$A= =$	$S_1 =$ $S_1' =$	$S_2 =$ $S_2' =$	$S_3 =$ $S_3' =$	$S_4 =$ $S_4' =$	$A_B =$	$A_{U1} =$ $A_{U2} =$
各管平均吸光度(An)	$A= =$	$A_1= =$	$A_2 =$	$A_3 =$	$A_4 =$	$A_B =$	$A_U =$
$An-A_0$	0						A_U-A_B
相当于酶活性浓度(卡门氏单位)	0	28	57	97	150	计算结果：_____ U 插图结果：_____ U	

【实验结果】

1. 赖氏法测定 ALT 的标准曲线（即计量反应曲线）　在坐标纸上以表 5-2 中 $An-A_0$ 之值为纵坐标，相应的酶活性的卡门氏单位为横坐标作图，即得赖氏法测定 ALT 的标准曲线。

2. 标本中 ALT 活性结果

（1）查标准曲线：利用测定所得的吸光度结果（A_U-A_B），便可从标准曲线上查得标本的 ALT 结果。

（2）计算：将实验测得的 A_U-A_B、A_S 代入下面计算公式，即可算得标本中 ALT 活性。

$$\text{ALT 活性单位}/100\text{ml} = \frac{A_U-A_B}{A_S} \times 0.4 \times 100/0.2$$

【注意事项】

（1）常温下标本不宜久置，采血需在 4h 内应进行测定。

（2）严重脂血、黄疸、溶血和糖尿病酮症酸中毒病人血清标本可增加测定的吸光度，测定这类标本应做血清标本对照管。

（3）当标本的酶活力超过 150K 时，应将血清用 0.145mol/L 氯化钠液稀释重做，其结果乘以稀释倍数。

（4）α-酮戊二酸、2,4-二硝基苯肼是直接显色物，NaOH 的浓度与显色深浅有关，因此它们的浓度必须很准确。

(5) 丙酮酸标准液的浓度要求十分精确。由于丙酮酸开封后易变质为多聚丙酮酸,而影响丙酮酸标准液的有效浓度而不易察觉。建议使用质量可靠的市售丙酮酸标准液。

(6) 加入 2,4-二硝基苯肼溶液后应充分混匀,使反应完全。

(7) 保温温度、作用时间、加入试剂的方式方法、速度和时间间隔都应准确掌握。建议将试管架置 37℃ 水浴中操作。从第一管加液混匀后开始计时,以一定时间间隔、加液方式和混匀方式依次向各管加入基质液;当第一管保温达到 30min 时,即刻以加基质液相同的时间间隔和加液、混匀方式,依次又向各管加入 2,4-二硝基苯肼,如是操作,直到做完本实验。

(8) 每批试剂的空白管吸光度上下波动不应超过 0.015A,若有超出,应仔细检查试剂与仪器方面的问题。

【参考值】

5～25 卡氏单位。

【思考题】

(1) 血清中丙氨酸转氨酶的测定有何临床意义?

(2) 血清谷丙氨酸转氨酶的测定有何注意点? 为什么要避免溶血?

实验十 脲酶 K_m 值测定

【实验目的】

脲酶是氮素循环的一种关键性酶,它催化尿素与水作用生成碳酸铵,在促进土壤和植物体内尿素的利用上起有重要作用。对其进行多方面研究,早已引起人们重视。通过本实验,学习脲酶 K_m 值的测定方法。

【实验原理】

脲酶催化下列反应:

$$(NH_2)_2CO + 2H_2O \xrightarrow{脲酶} (NH_4)_2CO_3$$

$$(NH_4)_2CO_3 + 8NaOH + 4(KI)_2HgI_2 \longrightarrow 2O\begin{array}{c} Hg \\ \diamond \\ Hg \end{array}NH_2I + 6NaI + 8KI + Na_2CO_3 + 6H_2O$$

(橙黄色)

在碱性条件下,碳酸铵与奈氏试剂作用产生橙黄色的碘化双汞铵。在一定范围内,呈色深浅与碳酸铵量成正比。故可用比色法测定单位时间内酶促反应所产生的碳酸铵量,从而求得酶促反应速度。

在保持恒定的最适条件下,用相同浓度的脲酶催化不同浓度的尿素发生水合反应。在一定限度内,酶促反应速度与脲浓度成正比。用双倒数作图法求得脲酶的 K_m 值。

【仪器与试剂】

1. 仪器 试管 16×160mm 21 支;吸管 0.5ml×15,1ml×1,2ml×1,10ml×1;漏斗 5 个;721 型分光光度计;电热恒温水浴;离心机;康氏振荡机。

2. 试剂

(1) 1/10mol/L 脲:15.015g 脲,水浴后定容至 250ml。

(2) 不同浓度脲液:用 1/10mol/L 脲稀释成 1/20、1/30、1/40、1/50mol/L 的脲液。

（3） 1/15mol/L pH 7.0 磷酸盐缓冲液：Na_2HPO_4 5.96g 水溶后定容至 250ml。KH_2PO_4 水溶后定容至 250ml。取 Na_2HPO_4 溶液 60ml，KH_2PO_4 溶液 40ml 混匀，即为 1/15mol/L pH 7.0 磷酸盐缓冲液。

（4） 10％硫酸锌：20g $ZnSO_4$ 溶于 200ml 蒸馏水中。

（5） 0.5mol/L 氢氧化钠：5g NaOH 水溶后定容至 250ml。

（6） 10％酒石酸钾钠：20g 酒石酸钾钠溶于 200ml 蒸馏水中。

（7） 0.005mol/L 硫酸铵标准液：准确秤取 0.6610g 硫酸铵水溶后定容至 1000ml。

（8） 30％乙醇：60ml 95％乙醇加水 130ml，摇匀。

（9） 奈氏试剂：①甲 8.75g KI 溶于 50ml 水中。②乙 8.75g KI 溶于 50ml 水中。③丙 7.5g $HgCl_2$ 溶于 150ml 水中。④丁 2.5g $HgCl_2$ 溶于 50ml 水中。⑤甲与丙混合，生成朱红色沉淀。用蒸馏水以倾泻法洗沉淀几次，洗好后将乙液倒入，令沉淀溶解。然后将丁液逐滴加入，至红色沉淀出现摇动也不消失为止。定容至 250ml。⑥秤 NaOH 52.5g，溶于 200ml 蒸馏水中，放冷。⑦混合（5）、（6），并定容至 500ml。上清液转入棕色瓶中。存暗处备用。

【实验材料】

大豆粉。

【操作步骤】

（1） 脲酶提取：秤大豆粉 1g，加 30％ 乙醇 25ml，振荡提取 1h。4000r/min 离心 10min，取上清液备用。

（2） 取试管 5 支编号，按表 5-3 操作。

表 5-3　脲酶提取的操作方法

管号	1	2	3	4	5
脲液浓度（mol/L）	1/20	1/30	1/40	1/50	1/50
加入量（ml）	0.5	0.5	0.5	0.5	0.5
pH 7 磷酸盐缓冲液（ml）	2.0	2.0	2.0	2.0	2.0
37℃ 水浴保温（min）	5	5	5	5	5
加入脲酶（ml）	0.5	0.5	0.5	0.5	0.5
加入煮沸脲酶（ml）	—	—	—	—	—
37℃ 水浴保温（min）	10	10	10	10	10
加入 10％ $ZnSO_4$（ml）	0.5	0.5	0.5	0.5	0.5

在旋涡振荡器上混匀各管，静置 5min 后过滤。

（3） 另取试管 5 支编号，与上述各管对应，按表 5-4 加入试剂。

表 5-4　对照组的操作方法

管号	1	2	3	4	5	6
0.005mol/L（NH_4）$_2SO_4$（ml）	0	0.1	0.2	0.3	0.4	0.5
蒸馏水（ml）	10.0	9.9	9.8	9.7	9.6	9.5
10％ 酒石酸钠（ml）	0.5	0.5	0.5	0.5	0.5	0.5
0.5 mol/L NaOH（ml）	0.5	0.5	0.5	0.5	0.5	0.5
奈氏试剂（ml）	1.0	1.0	1.0	1.0	1.0	1.0

迅速混匀各管,然后在 460nm 比色,光径 1cm。

(4) 制作标准曲线,按表 5-5 加入试剂。

迅速混匀各管,在 460nm 比色,绘制标准曲线。

表 5-5 制作标准曲线的操作方法

管号	1	2	3	4	5
滤液	0.5	0.5	0.5	0.5	0.5
蒸馏水	9.5	9.5	9.5	9.5	9.5
10% 酒石酸钠	0.5	0.5	0.5	0.5	0.5
0.5mol/L NaOH	0.5	0.5	0.5	0.5	0.5
奈氏试剂	1.0	1.0	1.0	1.0	1.0

【结果处理】

在标准曲线上查出脲酶作用于不同浓度脲液生成碳酸铵的量,然后取单位时间生成碳酸铵量的倒数即 $1/V$ 为纵坐标作双倒数图,以对应的脲液浓度的倒数即 $1/[S]$ 为横坐标作双倒数图,求出 K_m 值。

【注意事项】

(1) 准确控制各管酶反应时间尽量一致。

(2) 按表中顺序加入各种试剂。

(3) 奈氏试剂腐蚀性强,勿洒在试管架和实验台面上。

【讨论与思考】

除了双倒数作图法,还有哪些方法可求得 K_m 值?

实验十一 蛋白酶活力测定

【实验目的】

(1) 掌握测定蛋白酶活力的原理和酶活力的计算方法。

(2) 学习测定酶促反应速度的方法和基本操作。

【实验原理】

酶活力,即酶催化某一特定反应的能力。酶活力的大小通常以该酶在适宜的温度、pH 和缓冲液条件下,酶催化一定时间后,反应体系中底物的减少量或产物的增加量来表示。

酶活力单位数是表示酶活力大小的重要指标。本实验规定酶活力单位(用 U 表示)定义为一定条件下每分钟内分解出 $1\mu g$ 酪氨酸所需的酶量。本实验以酪蛋白为底物,以枯草杆菌蛋白酶水解酪蛋白产生酪氨酸,在碱性条件下酪氨酸与 Folin-酚试剂反应生成蓝色化合物,该化合物在 680nm 处有最大光吸收。酪氨酸含量与颜色深浅呈正比,因而可测定酪氨酸含量并计算酶活力。

【仪器与试剂】

1. 仪器 试管、试管架、吸量管、恒温水浴、721 分光光度计。

2. 试剂

(1) 酚试剂。

(2) 0.2mol/L 盐酸溶液。

(3) 0.04mol/L 氢氧化钠溶液。

(4) 0.55mol/L 碳酸钠溶液。

(5) 10%三氯乙酸溶液。

(6) 0.02mol/L,pH 7.5 磷酸缓冲液。临用时稀释 10 倍即为 0.02mol/L,pH 7.5 磷酸缓冲液。

(7) 标准酪氨酸溶液($50\mu g/ml$):秤取 12.5mg 已烘干至恒重的酪氨酸,用 0.2mol/L

盐酸约 30ml 溶解后,用蒸馏水定容至 250ml。

(8) 酪蛋白溶液(0.5%):秤取 1.25g 酪蛋白,用 0.04mol/L 氢氧化钠溶液(约 20ml)溶解,然后用 0.02mol/L,pH 7.5 磷酸缓冲液定容到 250ml,该试剂最好用时现配。

(9) 枯草杆菌蛋白酶:秤取 1g 枯草杆菌蛋白酶粉,用少量 0.02mol/L,pH 7.5 磷酸缓冲液溶解并定容至 100ml,振荡 15min,充分溶解,用干纱布过滤,取滤液,放冰箱备用。使用时用缓冲液适当稀释(视酶活力高低而定)。

【操作方法】

1. 酪氨酸标准曲线制作 取 6 支试管(标号 0,1~5),按顺序分别加入 0,0.20ml,0.40ml,0.60ml,0.80ml 和 1.00ml 标准酪氨酸溶液,再用水补足到 1.00ml,摇匀后加入 0.55mol/L 碳酸钠 5.0ml,摇匀。依次加入 Folin-酚试剂 1.00ml,摇匀并计时,于 30℃ 恒温水浴中保温 15min。然后于 680nm 波长处测吸光度(以 0 号管作对照)。以酪氨酸含量(μg)为横坐标,以吸光度(A)为纵坐标绘制标准曲线。

2. 酶活力测定

(1) 酶反应过程:在一支试管中,加入 2.0ml 0.5% 酪蛋白溶液,于 30℃ 水浴中预热 5min 后,再加入 1.0ml 枯草杆菌蛋白酶液(已预热 5min)立即计时,准确保温 10min 后,由水浴中取出,并立即加入 2.0ml 10% 三氯乙酸溶液,摇匀后静止数分钟,干滤纸过滤,干净试管收集滤液(A 液)。

另取一支试管,加入 1.0ml 蛋白酶后加入 2.0ml 10% 三氯乙酸溶液,摇匀,旋转数分钟后再加入 2.0ml 0.5% 酪蛋白溶液,然后于 30℃ 水浴保温 10min,同样过滤收集滤液(B 液)。

以上两过程,应各做一次平行实验。

(2) 滤液中酪氨酸含量测定:取 3 支试管,分别加入 1.0ml 水、A 液、B 液,然后各加入 5.0ml 0.55mol/L 碳酸钠溶液和 1.0ml Folin-酚试剂,按标准曲线制作方法保温并测吸光度。查标准曲线,A、B 液中酪氨酸含量之差即为酶催化所产生。

3. 结果计算 根据定义,本实验测得 1g 酶制剂所含酶活力单位数。

酶活力计算公式:$(K \times V \times N / T) \times n U/g(ml)$

式中,K:标准曲线上 $A=1$ 时对应的酪氨酸微克数。T:酶促反应时间(min),本实验 $T=10$。V:酶促反应液体积(ml),本实验 $V=5$。N:酶溶液稀释倍数(指 1g 酶溶液并稀释至 Nml 用于测定)。

【注意事项】

(1) 本实验所用的 Folin-酚试剂只是测蛋白质含量时的 Folin-酚试剂 B。

(2) 酶反应滤液中因加放三氯乙酸使 pH 降低,测酪氨酸含量时若显色异常,应检查显色液 pH 是否大于 8。必要时,应适当增加 Na_2CO_3 用量。

(3) 试液中有其他酚类化合物、柠檬酸或铜离子时对酪氨酸显色有干扰作用。

实验十二 淀粉酶活力测定

【实验目的】

淀粉是葡萄糖以 α-1,4-糖苷键及 α-1,6-糖苷键连结的高分子多糖,是人类和动物的重要食物,也是食品、发酵、酿造、医药、纺织工业的基本原料。淀粉酶是加水分解淀粉的酶的总称,淀粉酶对淀粉的分解作用是工业上利用淀粉的依据,也是生物体利用淀粉进行代谢的初级反应。小麦成熟期如遇阴雨天气,有的品种会发生严重的穗发芽,造成巨大损失,这是小麦种子中淀粉酶活动的结果。因此,淀粉酶的活性测定,具有理论和应用研究的意义。通过本实验,学习酶活测定的一般方法,巩固并熟练分光光度计的使用。

【实验原理】

淀粉酶主要包括 α-淀粉酶、β-淀粉酶、葡萄糖淀粉酶和 R-酶,它们广泛存在于动物、植物和微生物界。不同来源的淀粉酶,性质有所不同。植物中最重要的淀粉酶是 α-淀粉酶、β-淀粉酶。

α-淀粉酶随机作用于直链淀粉和支链淀粉的直链部分 α-1,4-糖苷键,单独使用时最终生成寡聚葡萄糖、α-极限糊精和少量葡萄糖。Ca^{2+} 能使 α-淀粉酶活化和稳定,它比较耐热但不耐酸,pH 3.6 以下可使其钝化。β-淀粉酶从非还原端作用于 α-1,4-糖苷键,遇到支链淀粉的 α-1,6-糖苷键时停止。单独作用时产物为麦芽糖和 β-极限糊精。β-淀粉酶是一种巯基酶,不需要 Ca^{2+} 及 Cl^- 等辅助因子,最适 pH 偏酸,与 α-淀粉酶相反,它不耐热但觉耐酸,70℃保温 15min 可使其钝化。通常提取液中 α-淀粉酶和 β-淀粉酶同时存在。可以先测定(α+β)淀粉酶总活力,然后在 70℃加热 15min,钝化 β-淀粉酶,测出 α-淀粉酶活力,用总活力减去 α-淀粉酶活力,就可求出 β-淀粉酶活力。

淀粉酶活力大小可用其作用于淀粉生成的还原糖与 3,5-二硝基水杨酸的显色反应来测定。还原糖作用于黄色的 3,5-二硝基水杨酸生成棕红色的 3-氨基-5-硝基水杨酸,生成物颜色的深浅与还原糖的量成正比。以每克样品在一定时间内生成的还原糖(麦芽糖)量表示酶活大小。

【仪器与试剂材料】

1. 仪器 电子顶载天平;研钵;容量瓶 100ml 2 个;具塞刻度试管 25ml 15 支;试管 8 支;吸管 1ml 3 支,2ml 12 支,5ml 1 支;离心机;离心管;恒温水浴锅;分光光度计。

2. 试剂

(1) 1‰淀粉溶液。

(2) 0.4mol/L 氢氧化钠。

(3) pH 5.6 柠檬酸缓冲液:秤取柠檬酸 20.01g,溶解后定容至 1000ml,为 A 液。秤取柠檬酸钠 29.41g,溶解后定容至 1000ml,为 B 液。取 A 液 13.7ml 与 B 液 26.3ml 混匀,即为 pH 5.6 之缓冲液。

(4) 3,5-二硝基水杨酸:精确秤取 1g 3,5-二硝基水杨酸溶于 20ml 1mol/L 氢氧化钠中,加入 50ml 蒸馏水,再加入 30g 酒石酸钾钠,待溶解后用蒸馏水稀释至 100ml,盖紧瓶塞,防止 CO_2 进入。

(5) 麦芽糖标准液(1mg/ml):秤取 0.100g 麦芽糖,溶于少量蒸馏水,定容至 100ml。

3. 材料 萌发 3 天的小麦芽。

【操作步骤】

1. 酶液提取 秤取 2g 萌发 3 天的小麦种子(芽长 1cm 左右),置研钵中加少量石英砂和 2ml 左右蒸馏水,研成匀浆,无损地转入 100ml 容量瓶中,用蒸馏水定容至 100ml,每隔数分钟振荡 1 次,提取 20min。3000r/min 离心 10min,转出上清液备用。

2. α-淀粉酶活力测定

(1) 取试管 4 支,标明 2 支为对照管,2 支为测定管。

（2）于每管中各加酶液 1ml，在 70℃±0.5℃ 恒温水浴中准确加热 15min，钝化 β-淀粉酶。取出后迅速用流水冷却。

（3）在对照管中加入 4ml 0.4mol/L 氢氧化钠。

（4）在 4 支试管中各加入 1ml pH 5.6 的柠檬酸缓冲液。

（5）将 4 支试管置另一个 40℃±0.5℃ 恒温水浴中保温 15min，再向各管分别加入 40℃下预热的 1%淀粉溶液 2ml，摇匀，立即放入 40℃恒温水浴准确计时保温 5min。取出后向测定管迅速加入 4ml 0.4mol/L 氢氧化钠，终止酶活动，准备测糖。

3. 淀粉酶总活力测定 取酶液 5ml，用蒸馏水稀释至 100ml，为稀释酶液。另取 4 支试管编号，2 支为对照，2 支为测定管。然后加入稀释之酶液 1ml。在对照管中加入 4ml 0.4mol 氢氧化钠。4 支试管中各加 1ml pH 5.6 之柠檬酸缓冲液。以下步骤重复 α-淀粉酶测定第（5）步的操作，同样准备测糖。

4. 麦芽糖的测定

（1）标准曲线的制作：取 25ml 刻度试管 7 支，编号。分别加入麦芽糖标准液（1mg/ml）0、0.2ml、0.6ml、1.0ml、1.4ml、1.8ml、2.0ml，然后用吸管向各管加蒸馏水使溶液达 2.0ml，再各加 3,5-二硝基水杨酸试剂 2.0ml，置沸水浴中加热 5min。取出冷却，用蒸馏水稀释至 25ml。混匀后用分光光度计在 52nm 波长下进行比色，记录吸光度。以吸光度为纵坐标，以麦芽糖含量（mg）为横坐标，绘制标准曲线。

（2）样品的测定：取步骤 2、3 中酶作用后的各管溶液 2ml，分别放入相应的 8 支 25ml 具塞刻度试管中各加入 2ml 3,5-二硝基水杨酸试剂。以下操作同标准曲线制作。根据样品比色吸光度，从标准曲线查出麦芽糖含量，最后进行结果计算。

【结果处理】

$$\alpha\text{-淀粉酶活力（mg 麦芽糖/g 鲜重 5min）}=\frac{(A-A_0)\times V_T}{W\times V_U}$$

$$\text{淀粉酶总活力（mg 麦芽糖/g 鲜重 5min）}=\frac{(B-B_0)\times V_T}{W\times V_U}$$

式中，A 为 α-淀粉酶水解淀粉生成的麦芽糖（mg）；A_0 为 α-淀粉酶的对照管中麦芽糖量（mg）；B 为 $(\alpha+\beta)$ 淀粉酶共同水解淀粉生成的麦芽糖（mg）；B_0 为 $(\alpha+\beta)$ 淀粉酶的对照管中麦芽糖（mg）；V_T 为样品稀释总体积（ml）；V_U 为比色时所用样品液体积（ml）；W 为样品重（g）。

【注意事项】

酶反应时间应准确计算。试剂加入按规定顺序进行。

【讨论与思考】

（1）淀粉酶活性测定原理是什么？

（2）酶反应中为什么加 pH 5.6 的柠檬酸缓冲液？为什么在 40℃进行保温？

（3）测定酶活力，应注意什么问题？

实验十三　转氨酶活性鉴定（薄层层析法）

【实验目的】

氨基酸是组成蛋白质的基本结构单元，构成蛋白质的 $L\text{-}\alpha\text{-}$氨基酸共有 20 种。其中丙氨酸族、丝氨酸族、天冬氨酸族等 12 种氨基酸是通过转氨基作用合成的。催化转氨基作用的酶叫转氨酶,植物体内转氨酶种类很多,在氮代谢中具有重要作用,有 3 类转氨酶即丙氨酸转氨酶、乙醛酸转氨酶、天冬氨酸转氨酶活性最高。转氨基作用除了是合成氨基酸的重要途径,经过它沟通了生物体内蛋白质、碳水化合物、脂类等代谢,是一类极为重要的生化反应。通过本实验初步认识转氨基作用,学习并掌握薄层层析的原理和操作方法。这一技术在生化物质的分离、鉴定、纯化、制备等方面有着广泛的应用。

【实验原理】

转氨酶在磷酸吡哆醛(醇或胺)的参与下,把 α-氨基酸上的氨基转移到 α-酮酸的酮基位置上,生成一种新的酮酸和一种新的 α-氨基酸。新生成的氨基酸种类可用薄层层析法鉴定。

$$丙氨酸＋\alpha\text{-酮戊二酸} \xrightarrow{丙氨酸转氨酶} 丙酮酸＋谷氨酸$$

【仪器、试剂和材料】

1. 仪器 离心机、离心管、吹风机、恒温培养箱、烘箱、玻璃板(8cm×15cm)、层析缸、培养皿(直径 10cm)喷雾器、玻璃棒及滴管、点样毛细管一束、研钵、试管 3 支、吸管 0.5ml 3 支,2ml 1 支。

2. 试剂

(1) 0.1mol/L 丙氨酸。

(2) 0.1mol/L α-酮戊二酸(用 NaOH 中和至 pH 7.0)。

(3) 含有 0.4mol/L 蔗糖的 0.1mol/L pH 8.0 的磷酸缓冲液。

(4) pH 7.5 的磷酸缓冲液。

(5) 正丁醇。

(6) 乙酸。

(7) 0.1mol/L 谷氨酸。

(8) 0.25％ 茚三酮丙酮溶液。

3. 材料 发芽 2～3 日的绿豆芽。

【操作步骤】

1. 酶液的制备 取 3g(25℃)萌发 3 天的绿豆芽(去皮),放入研钵中加 2ml pH 8.0 磷酸缓冲液研成匀浆,转入离心管。研钵用 1ml 缓冲液冲洗,并入离心管,离心(3000r/min),取上清液备用。

2. 酶促反应 取 3 个干试管编号,按表 5-6 分别加入试剂和酶液。

表 5-6 酶促反应操作方法

管号	1	2	3	4	5	6
0.005mol/L (NH₄)₂SO₄(ml)	0	0.1	0.2	0.3	0.4	0.5
蒸馏水(ml)	10.0	9.9	9.8	9.7	9.6	9.5
10％ 酒石酸钠(ml)	0.5	0.5	0.5	0.5	0.5	0.5
0.5 mol/L NaOH(ml)	0.5	0.5	0.5	0.5	0.5	0.5
奈氏试剂(ml)	1.0	1.0	1.0	1.0	1.0	1.0

摇匀后置试管于 37℃ 恒温箱中保温 30min,取出后各加 3 滴 30％ 乙酸终止酶反应,于

沸水浴上加热 10min,使蛋白质完全沉淀,冷却后离心或过滤,取上清液或滤液备用。

3. 薄板的制备 取 3g 硅胶 G(可制 8cm×15cm 的薄板 2 块),放入研钵中加蒸馏水 10ml 研磨,待成糊状后,迅速均匀地倒在已备好的干燥洁净的玻璃板上,手持玻璃板在桌子上轻轻振动。使糊状硅胶 G 铺匀,室温下风干,使用前置 105℃烘箱中活化 30min。

4. 点样 在距薄板底边 2cm 处,等距离确定 5 个点样点(相邻两点间距 1.5cm)。取反应液及谷氨酸、丙氨酸标准液分别点样,反应液点 5～6 滴,标准液点 2 滴,每点一次用吹风机吹干后再点下一次。

5. 展层 在层析缸中放入一直径为 10cm 的培养皿,注入展开剂(正丁醇:乙酸:水的体积比为 3:1:1),深度为 0.5cm 左右。将点好样的薄板放入缸中(注意不能浸及样点),密封层析缸,上行展开。待溶液前沿上升至距薄板上沿约 1cm 处时取出,用毛细管标出前沿位置。吹干后用 0.25% 的茚三酮丙酮溶液均匀喷雾(注意不能有液滴),置烘箱(60～80℃)中或用热吹风机显色 5～15min,即可见各种氨基酸的层析斑点,用毛细管轻轻标出各斑点中心点(或照相记录)。

【结果处理】

从层析图谱上鉴定 α-酮戊二酸和丙氨酸是否发生了转氨基反应,并写出反应式。

【注意事项】

(1) 在同一实验系统中使用同一制品同一规格的吸附剂,颗粒大小最好在 250～300 目。制板时硅胶加水研磨时间应掌握在 3～5min,研磨时间过短硅胶吸水膨胀不够,不易铺匀;研磨时间过长,来不及铺板硅胶就会凝固。

(2) 配制展开剂时,应现用现配,以免放置过久其成分发生变化。

(3) 保持薄板的洁净,避免人为污染,干扰实验结果。

(4) 点样和显色用吹风机时勿离薄板太近,以防吹破薄层。

【讨论与思考】

(1) 转氨基作用在代谢中有何意义?

(2) 用薄层层析还可分离鉴定哪些物质?

小结

大多数酶是在生物细胞产生的,以蛋白质为主要成分的生物催化剂。但是近 10 年来研究表明 RNA 也是一种真正的生物催化剂。因此酶(enzyme)是生物体内一类具有催化活性和特定空间构象的生物大分子,包括蛋白质和核酸等。酶量与酶活性的改变都会引起代谢的异常乃至生命活动的停止。本章我们主要介绍了酶的基本概念、分子组成、作用特点、分类命名及影响酶作用的主要因素等。

复习题

1. 酶的作用有何特点?

2. 影响酶促反应因素有哪些?

3. K_m 有何意义?如何测 K_m 和 V?

4. 酶的专一性有几种类型?举例说明。

第六章 氨基酸分子

蛋白质是生命活动的主要承担着,但是它的基本单位却是氨基酸。自然界中存在成千上万种蛋白质,而目前已知的氨基酸只有300余种。因此,蛋白质在结构和功能上的惊人的多样性是由常见20种氨基酸的内在性质造成的。

第一节 氨基酸的分子结构

一、氨基酸的结构通式

尽管组成蛋白质的氨基酸分子有许多种,但结构上却具有共同特点:那就是每种氨基酸分子至少都含有一个氨基和一个羧基,并且都有一个氨基和一个羧基连接在同一个碳原子上,如图6-1,图6-2所示。

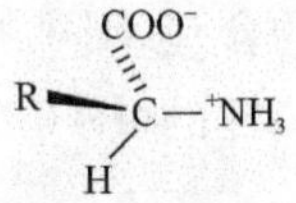

图 6-1　氨基酸的结构通式图 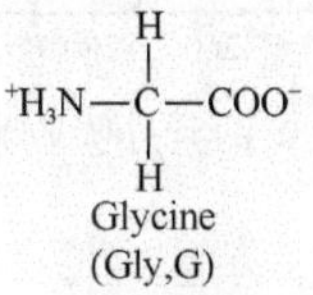　　　图 6-2　甘氨基酸结构式

在氨基酸的通式中有一个英文字母"R",连接在碳原子上,它表示氨基酸的侧链基团。不同的氨基酸的 R 基因是不同的,也就是说 R 基的不同决定了氨基酸的种类不同。

二、氨基酸的结构特点

氨基酸除了甘氨酸外,其余氨基酸的 α-碳原子是一个不对称碳原子,因此都具有旋光性。且天然蛋白质的氨基酸均为 L-型。目前,生物界中也发现一些 D-型氨基酸,主要存在于某些抗生素以及个别植物的生物碱中(图6-3)。

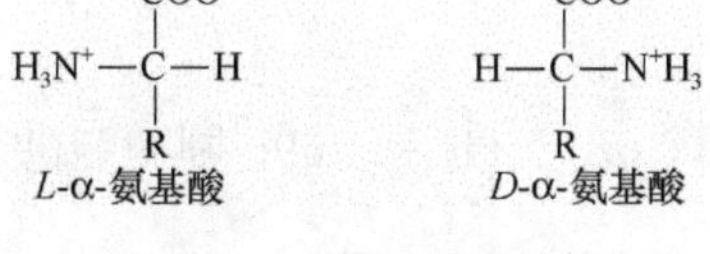

图 6-3　α-氨基酸的结构

第二节 氨基酸的理化性质

(一) 物理性质

1. 形态　α-氨基酸都是白色晶体,每种氨基酸都有特殊的结晶形状,可以用来鉴别各种氨基酸。

2. 溶解性 胱氨酸和酪氨酸外,一般都溶于水,不溶或微溶于醇,不溶于丙酮,在稀酸和稀碱中溶解性好。脯氨酸和羟脯氨酸还能溶于乙醇或乙醚中。

3. 熔点 氨基酸的熔点一般都比较高,一般都大于 200 ℃ ,超过熔点以上氨基酸分解产生胺和二氧化碳。

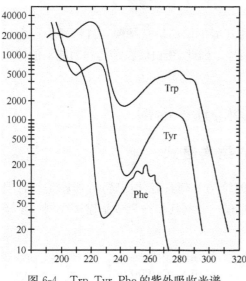

图 6-4 Trp、Tyr、Phe 的紫外吸收光谱

4. 旋光性 除甘氨酸外,α-氨基酸都有旋光性,α-碳原子具有手性。苏氨酸和异亮氨酸有两个手性碳原子。从蛋白质水解得到的氨基酸都是 L-型。但在生物体内特别是细菌中,D-氨基酸也存在,如细菌的细胞壁和某些抗生素中都含有 D-氨基酸。

5. 光吸收 参与蛋白质组成的氨基酸,在可见光区都没有光吸收,但在远紫外区均有光吸收。在近紫外区,只有酪氨酸、苯丙氨酸和色氨酸有光吸收能力。由于蛋白质含有这些氨基酸,所以也有紫外吸收能力。通常蛋白质的紫外吸收主要是后两个氨基酸决定的,一般在 280nm。由于各种蛋白质中这些氨基酸的含量不同,所以它们的消光系数是不完全一样的(图 6-4)。

(二) 化学性质

1. 氨基酸的两性电离 氨基酸分子中既含有氨基又含有羧基,在水溶液中以偶极离子的形式存在。所以氨基酸是两性电解质,各个解离基的表观解离常数按其酸性强度递降的顺序,分别以 K_1'、K_2' 来表示。

2. 氨基酸的等电点 在某一 pH 的溶液中,氨基酸解离成阳离子和阴离子的趋势及程度相等,成为兼性离子,呈电中性即氨基酸分子所带的净电荷为零,此时溶液的 pH 称为该氨基酸的等电点(pI)。

3. 氨基酸等电点的计算 中性及酸性氨基酸等电点的值是它在等电点前后的两个 pK' 值的算术平均值。公式为:$pI=(pK_1'+pK_2')/2$。其中,中性氨基酸的 pK_1 为 α-羧基的解离常数,pK_2 为 α-氨基的解离常数;酸性氨基酸的 pK_1 为 α-羧基的解离常数,pK_2 为侧链羧基的解离常数。

以丙氨酸等电点计算为例:

丙氨酸:pK-COOH$=2.34$, pK-NH$_2=9.69$。则丙氨酸 $pI = 1/2 (pK_1+pK_2) = 1/2 (2.34+9.69)=6.02$。

碱性氨基酸等电点计算公式为:$pI=(pK_2'+pK_3')/2$。其中,pK_2 为 α-氨基的解离常数,pK_3 为侧链氨基的解离常数。以赖氨酸等电点计算为例,赖氨酸:$pI=(pK_2'+pK_3')/2=(8.95+10.53)/2=9.74$。

4. 由 α-氨基参加的反应

(1) 酰化:氨基可与酰化试剂,如酰氯或酸酐在碱性溶液中反应,生成酰胺。该反应在多肽合成中可用于保护氨基。

(2) 亚硝酸作用:氨基酸在室温下与亚硝酸反应,脱氨,生成羟基羧酸和氮气。氮气的一半来自氨基氮,一半来自亚硝酸,在通常情况下测定生成的氮气的体积量可计算氨基酸的量,此反应可用于测定蛋白质的水解程度及氨基酸的定量,蛋白质的化学修饰。因为伯胺都有这个反应,所以赖氨酸的侧链氨基也能反应,但速度较慢。

（3）与醛反应:氨基酸的α-氨基能与醛类物质反应,生成西佛碱—C＝N—。西佛碱是氨基酸作为底物的某些酶促反应的中间物。赖氨酸的侧链氨基也能反应。氨基还可以与甲醛反应,生成羟甲基化合物。由于氨基酸在溶液中以偶极离子形式存在,所以不能用酸碱滴定测定含量。用过量的中性甲醛与氨基酸反应后,氨基酸不再是偶极离子,可游离出氢离子,然后用 NaOH 滴定,从消耗的碱量可以计算出氨基酸的含量。其滴定终点可用一般的酸碱指示剂指示,这叫甲醛滴定法,或称为间接滴定法。可用于测定氨基酸。

（4）与异硫氰酸苯酯（PITC）反应:α-氨基与 PITC 在弱碱性条件下形成相应的苯氨基硫甲酰衍生物（PTC-AA）,后者在硝基甲烷中与酸作用发生环化,生成相应的苯乙内酰硫脲衍生物（PTH-AA）。这些衍生物是无色的,可用层析法加以分离鉴定。这个反应首先为Edman 用来鉴定蛋白质的 N-末端氨基酸,在蛋白质的氨基酸顺序分析方面占有重要地位。

（5）磺酰化:氨基酸与 5-(二甲氨基)萘-1-磺酰氯（DNS-Cl）反应,生成 DNS-氨基酸。产物在酸性条件下（6mol/L HCl）100℃也不破坏,因此可用于氨基酸末端分析。DNS-氨基酸有强荧光,激发波长在 360nm 左右,比较灵敏,可用于微量分析。

（6）与 DNFB 反应:氨基酸与 2,4-二硝基氟苯（DNFB）在弱碱性溶液中作用生成二硝基苯基氨基酸（DNP 氨基酸）。这一反应是定量转变的,产物黄色,可经受酸性 100℃高温。该反应曾被英国的 Sanger 用来测定胰岛素的氨基酸顺序,也叫桑格尔试剂,现在应用于蛋白质 N-末端测定。

（7）转氨反应:在转氨酶的催化下,氨基酸可脱去氨基,变成相应的酮酸。

5. 羧基的反应　羧基可与碱作用生成盐,其中重金属盐不溶于水。羧基可与醇生成酯,此反应常用于多肽合成中的羧基保护。某些酯有活化作用,可增加羧基活性,如对硝基苯酯。将氨基保护以后,可与二氯亚砜或五氯化磷作用生成酰氯,在多肽合成中用于活化羧基。在脱羧酶的催化下,可脱去羧基,形成伯胺。

6. 茚三酮反应　氨基酸与茚三酮在微酸性溶液中加热,最后生成蓝色物质。而脯氨酸生成黄色化合物。根据这个反应可通过二氧化碳测定氨基酸含量。

7. 侧链的反应

（1）二硫键（disulfide bond）:半胱氨酸在碱性溶液中容易被氧化形成二硫键,生成胱氨酸。胱氨酸中的二硫键在形成蛋白质的构象上起很大的作用。氧化剂和还原剂都可以打开二硫键。在研究蛋白质结构时,氧化剂过甲酸可以定量地拆开二硫键,生成相应的磺酸。还原剂如巯基乙醇、巯基乙酸也能拆开二硫键,生成相应的巯基化合物。由于半胱氨酸中的巯基很不稳定,极易氧化,因此利用还原剂拆开二硫键时,往往进一步用碘乙酰胺、氯化苄、N-乙基丁烯二亚酰胺和对氯汞苯甲酸等试剂与巯基作用,把它保护起来,防止它重新氧化。

（2）烷化:半胱氨酸可与烷基试剂,如碘乙酸、碘乙酰胺等发生烷化反应。半胱氨酸与丫丙啶反应,生成带正电的侧链,称为 S-氨乙基半胱氨酸（AECys）。

（3）与重金属反应:极微量的某些重金属离子,如 Ag^+、Hg^{2+},就能与巯基反应,生成硫醇盐,导致含巯基的酶失活。

8. 氨基酸的检验

（1）Pauly 反应：酪氨酸、组氨酸能与重氮化合物反应（Pauly 反应），可用于定性、定量测定 His、Tyr 及含 His、Tyr 蛋白质。主要试剂有对氨基苯磺酸盐酸溶液、亚硝酸钠、碳酸钠混合溶液。其产物，组氨酸生成棕红色的化合物，酪氨酸为橘黄色。

（2）坂口反应：精氨酸在氢氧化钠中与 1-萘酚和次溴酸钠反应，生成深红色，称为坂口反应。检测 Arg 或含 Arg 的蛋白质的反应。坂口试剂：α-萘酚的碱性次溴酸钠溶液。产物为砖红色的沉淀。

（3）Millon 反应：酪氨酸与硝酸、亚硝酸、硝酸汞和亚硝酸汞反应（Millon 反应）检测 Tyr 或含 Tyr 的蛋白质的反应。Millon 试剂：汞的硝酸盐与亚硝酸盐溶液。生成白色沉淀，加热后变红，是鉴定酚基的特性反应。

（4）乙醛酸的反应：色氨酸中加入乙醛酸后再缓慢加入浓硫酸，产生分层现象，在界面会出现紫色环，用于鉴定吲哚基。检测 Trp 或含 Trp 蛋白质的反应。

（5）Folin 反应：检测 Tyr 或含 Tyr 的蛋白质的反应。Folin 试剂：磷钼酸、磷钨酸混合溶液。产物为蓝色的钼蓝、钨蓝。

（6）Cys 的反应：Cys 或含 Cys 蛋白质与亚硝基亚铁氰酸钠在稀氨溶液中，产生一种红色的化合物。

第三节　实验内容

实验十四　茚三酮比色法测定赖氨酸含量

【实验原理】

蛋白质分子中的赖氨酸残基 $\varepsilon\text{-NH}_2$ 与茚三酮试剂反应，生成紫红色物质，在 515nm 下比色，可作赖氨酸的定量测定。该法用碳原子数与赖氨酸相同的亮氨酸溶液为标准液。由于亮氨酸有一个 NH_2 相当于蛋白质上赖氨酸的 $\varepsilon\text{-NH}_2$，故用亮氨酸标准液制备标准曲线来测定蛋白质中赖氨酸的含量。

【仪器与试剂】

1. 仪器　721 型分光光度计；恒温水浴锅；温度计（0～100℃）；试管（20mm×180mm）。

2. 试剂

（1）缓冲液：秤取 30g 甲酸钠，溶于约 60ml 蒸馏水中，加入 10ml 88％的甲酸，最后用蒸馏水定容至 100ml。

（2）茚三酮试剂：秤取 1g 茚三酮和 2g 氯化镉放入棕色瓶中，加 25ml 上述缓冲液和 75ml 乙二醇，室温下放置 1 天后才能使用，若出现沉淀则须过滤，该试剂在常温下至多使用 2 天。

（3）4％和 2％碳酸钠溶液各 100ml。

（4）标准亮氨酸溶液：准确秤取 25mg 亮氨酸，加数滴稀盐酸待溶解后，用蒸馏水定溶至 50ml，浓度为 500μg/ml；再分别吸取 2ml、4ml、6ml、8ml、10ml、12ml 上述母液，于 25ml 容量瓶中，加蒸馏水至刻度。

【操作步骤】

1. 标准曲线的制备 准确吸取已配好的标准亮氨酸溶液各 0.5ml，分别放入 6 支试管中，另取 1 支试管加入 0.5ml 蒸馏水作为空白。每支试管各加入 0.5ml 4% Na_2CO_3 及 2ml 茚三酮试剂，混匀，在 80℃ 水浴中保温 30min。取出，放冷水中冷却 3min，然后，每支试管各加 10ml 1：1 的 95% 乙醇，摇匀。在 515nm 下进行比色。以空白作对照，读取光密度值，绘制标准曲线。

2. 样品的测定 准确称取风干、磨细、通过 60 目筛的样品(油料种子须经脱脂)25mg 放入 250mg 石英砂及 1ml 2% 的碳酸钠中，用圆头玻璃棒充分搅拌，研磨 2min，移至试管，然后放 80℃ 恒温水浴中提取 10min。取出试管，各管依次加入 2ml 茚三酮试剂，摇匀，在 80℃ 水浴中保温 30min。显色后取出，放入冷水中冷却 3min 每管各加 10ml 1：1 的 95% 乙醇，过滤，在 515nm 下进行比色，读取光密度，在相同条件下以不加样品的空白作对照。

【结果计算】

由亮氨酸标准曲线查得的值代入下式，求出赖氨酸占样品的百分含量。

$$赖氨酸(\%) = (L \times 100/m \times 10^6) \times 1.11 - A$$

式中，L 为由曲线查得亮氨酸的微克数；W 为样品量(g)；1.11 为由赖氨酸与亮氨酸分子量之比求出的换算系数；A 为样品中的游离氨基态氮的量。

实验十五　氨基酸纸层析法

【实验目的】

(1) 学习并了解分配层析的原理。

(2) 掌握纸层析法分离氨基酸的原理和步骤。

【实验原理】

用滤纸为支持物进行层析的方法，称为纸层析法。纸层析所用展层溶剂大多由水和有机溶剂组成。滤纸纤维与水的亲和力强，与有机溶剂的亲和力弱，因此在展层时，水是固定相，有机溶剂是流动相。溶剂由下向上移动的，称为上行法；由上向下移动的，称下行法。将样品点在滤纸上(此点称为原点)，进行展层，样品中的各种氨基酸在两相溶剂中不断进行分配。由于它们的分配系数不同，不同氨基酸随流动相移动的速率就不同，于是就将这些氨基酸分离开来，形成距原点不等的层析点。溶质在滤纸上的移动速率用 R_f 值来表示：

$$R_f = \frac{原点到层析斑点中心的距离}{原点到溶剂前沿的距离}$$

只要条件(如温度、展层溶剂的组成)不变，R_f 值是常数，故可根据 R_f 值作定性依据。样品中如有多种氨基酸，其中某些氨基酸的 R_f 值相同或相近，此时如只用一种溶剂展层，就不能将它们分开。为此，当用一种溶剂展层后，将滤纸转动 90° 再用另一溶剂展层，从而达到分离的目的。这种方法称为双向纸法。氨基酸无色，利用茚三酮反应，可将氨基酸层析点显色作定性、定量用。

【实验材料】

1. 甘氨酸溶液 50mg 甘氨酸溶于 5ml 水中。

2. 丙氨酸溶液 50mg 丙氨酸溶于 5ml 水中。

3. 亮氨酸溶液 50mg 亮氨酸溶于 5ml 水中。

4. 组氨酸溶液 50mg 组氨酸溶于 5ml 水中

5. 氨基酸混合液 甘氨酸 50mg、亮氨酸 25mg,蛋氨酸 25mg 共溶于 5ml 水中。

6. 展层溶剂 正丁醇：80％甲酸：水＝15：3：2。

7. 显色液 在 100ml 展层液中加入 0.4g 茚三酮即可。

【实验器材】

层析缸、毛细管、培养皿、层析滤纸、电吹风、针、线、尺、铅笔。

【实验步骤】

1. 画原线 戴上指套或橡皮手套,选用新华 1 号滤纸,裁成 18cm×15cm 长方形,在距纸一端 2cm 处画一基线,在线上每隔 2cm,画一小点作点样的原点,如图 6-5 所示。

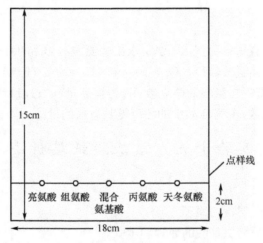

图 6-5　氨基酸的单向上行层析

2. 点样 氨基酸点样用微量注射器或微量吸管,吸取氨基酸样品点于原点(分批点完),点子直径不能超过 0.5cm,边点边用电吹风吹干。

3. 展层和显色 将点好样的滤纸两边缘对齐,用白线缝好,制成圆筒,注意缝线处的滤纸两边不能接触,以免由于毛细管现象使溶剂沿两边移动太快而造成溶剂前沿不齐。将圆筒状滤纸放入平皿中,注意滤纸勿与皿壁接触。把展层剂倒入平皿内,同时加入显色储备液(每 10ml 展层剂加 0.1~0.5ml 的显色储备液)进行展层,当溶剂展层至距滤纸上沿 1~2cm 时,取出滤纸,作好前沿位置标记后吹干,层析斑点即显蓝紫色。用铅笔轻轻描出各显色斑点的形状,用直尺量出各斑点中心与原点的距离以及溶剂前沿与原点的距离,求出各氨基酸的 R_f 值,将各显色斑点的 R_f 值与标准氨基酸的 R_f 值比较,可得知该斑点的准确成分。

【实验结果】

用铅笔将图谱上的斑点圈出,测 R_f 相关值。

【注意事项】

(1) 防止滤纸被手上的汗液污染,应尽量在操作时戴手套。

（2）复点样时可用吹风机的冷风吹干样品，喷了茚三酮后的显色则要用热风吹干滤纸。

【讨论与思考】

（1）纸层析法的原理是什么？

（2）何谓 R_f 值？影响 R_f 值的主要因素是什么？

小结

　　氨基酸是构成蛋白质的基本单位，赋予蛋白质特定的分子结构形态。由于其分子组成含有碱性氨基和一个酸性羧基，使其具有两性解离性，具有一定的等电点，并决定了蛋白质也具有相似的化学特性。另外，氨基酸也能与特定化学试剂发生多种显色反应，并以此作为检测手段，如茚三酮、坂口反应、酚试剂、米伦反应等，体现了氨基酸较活泼的化学性质。除组成蛋白质外，氨基酸在机体内的代谢活性也较强，可转变为糖和脂肪，或者脱氨、脱羧产生氨、活性胺等，是机体重要的营养物质。本章重点内容为氨基酸分子的结构和理化性质。8 种必需氨基酸可通过小窍门来记，"假设来借一两本书"，这八个字分别代表甲硫氨酸、色氨酸、赖氨酸、颉氨酸、异亮氨酸、亮氨酸、丙氨酸、苏氨酸。

复习题

1. 如何测定未知氨基酸的等电点？如何区别等电点相近的氨基酸？

2. 蛋白质的性质有哪些是由氨基酸决定的？

3. 氨基酸和核苷酸、糖、脂肪的代谢关系如何？

第七章　蛋白质化学

第一节　蛋白质物理化学性质

一、蛋白质的胶体性质

　　蛋白质是高分子化合物,分子量一般在 10～1000kD。根据测定所知,如分子量为 34.5kD 的球状蛋白,其颗粒的直径为 4.3nm。所以,蛋白质分子颗粒的直径一般在 1～100nm,在水溶液中呈胶体溶液,具有丁达尔现象、布朗运动、不能透过半透膜、扩散速度减慢、黏度大等特征。

　　蛋白质分子表面含有很多亲水基团,如氨基、羧基、羟基、巯基、酰胺基等,能与水分子形成水化层,把蛋白质分子颗粒分隔开来。此外,蛋白质在一定 pH 溶液中都带有相同电荷,因而使颗粒相互排斥。水化层的外围,还可有被带相反电荷的离子所包围形成双电层,这些因素都是防止蛋白质颗粒的互相聚沉,促使蛋白质成为稳定胶体溶液的因素。

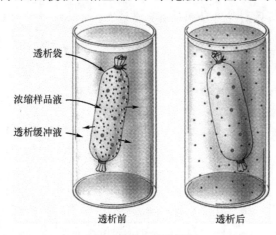

透析袋
浓缩样品液
透析缓冲液
透析前　　透析后
图 7-1　蛋白质的透析

　　蛋白质分子不能透过生物膜的特点,在生物学上有重要意义,它能使各种蛋白质分别存在于细胞内外不同的部位,对维持细胞内外水和电解质分布的平衡、物质代谢的调节都起着非常重要的作用。另外,利用蛋白质不能透过半透膜的特性,将含有小分子杂质的蛋白质溶液放入半透膜袋内,然后将袋浸于蒸馏水中,小分子物质由袋内移至袋外水中,蛋白质仍留在袋内,这种方法叫做透析。透析是纯化蛋白质的方法之一(图 7-1)。

二、蛋白质的两性性质

　　蛋白质是由氨基酸组成的,和氨基酸一样,均是两性电解质,在溶液中可呈阳离子、阴离子或兼性离子,这取决于溶液的 pH、蛋白质游离基团的性质与数量。其分子中除两端的游离氨基和羧基外,侧链中尚有一些解离基,如谷氨酸、天门冬氨酸残基中的 γ 和 β 羧基,赖氨酸残基中的 ε-氨基,精氨酸残基的胍基和组氨酸的咪唑基。作为带电颗粒它可以在电场中移动,移动方向取决于蛋白质分子所带的电荷。蛋白质颗粒在溶液中所带的电荷,既取决于其分子组成中碱性和酸性氨基酸的含量,又受所处溶液的 pH 影响。当蛋白质溶液处于某一 pH 时,蛋白质游离成正、负离子的趋势相等,即成为兼性离子(净电荷为 0),此时溶液的 pH 称为蛋白质的等电点(isoelectric point,pI)。处于等电点的蛋白质颗粒,在电场中并不移动。蛋白质溶液的 pH 大于等电点,该蛋白质颗粒带负电荷,反之则带正电荷(图 7-2)。

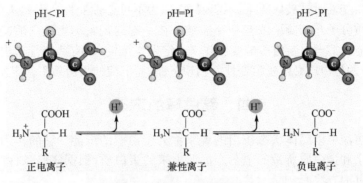

图 7-2 蛋白质的两性电离

蛋白质溶液的 pH 在等电点时,蛋白质的溶解度、黏度、渗透压、膨胀性及导电能力均最小,胶体溶液呈最不稳定状态。凡碱性氨基酸含量较多的蛋白质,等电点往往偏碱,如组蛋白和精蛋白。反之,含酸性氨基酸较多的蛋白质如酪蛋白、胃蛋白酶等,其等电点往往偏酸。人体内血浆蛋白质的等电点大多是 pH 5.0 左右。而体内血浆 pH 正常时在 7.35~7.45,故血浆中蛋白质均呈负离子形式存在。

三、蛋白质的变性

天然蛋白质的严密结构在某些物理或化学因素作用下,其特定的空间结构被破坏,从而导致理化性质改变和生物学活性的丧失,如酶失去催化活力,激素丧失活性称之为蛋白质的变性作用(denaturation)。变性蛋白质只有空间构象的破坏,一般认为蛋白质变性本质是次级键,二硫键的破坏,并不涉及一级结构的变化(图 7-3)。

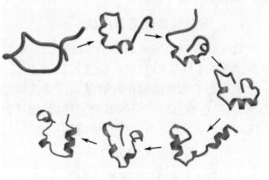

图 7-3 蛋白质的复性

变性蛋白质和天然蛋白质最明显的区别是溶解度降低,同时蛋白质的黏度增加,结晶性破坏,生物学活性丧失,易被蛋白酶分解。引起蛋白质变性的原因可分为物理和化学因素两类。物理因素可以是加热、加压、脱水、搅拌、振荡、紫外线照射、超声波的作用等;化学因素有强酸、强碱、尿素、重金属盐、十二烷基磺酸钠(SDS)等。在临床医学上,变性因素常被应用于消毒及灭菌。反之,注意防止蛋白质变性就能有效地保存蛋白质制剂。

变性并非是不可逆的变化,当变性程度较轻时,如去除变性因素,有的蛋白质仍能恢复或部分恢复其原来的构象及功能,变性的可逆变化称为复性。例如,核糖核酸酶中 4 对二硫键及其氢键。在 β-巯基乙醇和 8mol 尿素作用下,发生变性,失去生物学活性,变性后如经过透析去除尿素、β-巯基乙醇,并设法使巯基氧化成二硫键,酶蛋白又可恢复其原来的构象,生物学活性也几乎全部恢复,此称变性核糖核酸酶的复性。再如被盐酸变性的血红蛋白,再用碱处理可恢复其生理功能。胃蛋白酶加热到 $80\sim90℃$ 时失去消化蛋白质的能力,如温度慢慢下降到 $37℃$ 时,酶的催化能力又可恢复。

许多蛋白质变性时被破坏严重,不能恢复,称为不可逆性变性。天然蛋白质变性后,所得的变性蛋白质分子互相凝聚或互相穿插结合在一起的现象称为蛋白质凝固。蛋白质凝固后一般都不能再溶解。蛋白质的变性并不一定发生沉淀,即有些变性蛋白质在溶液中不出现沉淀,凝固的蛋白质必定发生变性并出现沉淀,而沉淀的蛋白质不一定发生凝固。

四、蛋白质的沉淀

蛋白质从溶液中以固体状态析出的现象称为蛋白质的沉淀。它的作用机制主要是破坏了水化膜或中和蛋白质所带的电荷。沉淀出来的蛋白质,根据实验条件,可以是变性或不变性。主要沉淀方法有:

(一)中性盐沉淀蛋白质——盐析

蛋白质溶液中加入大量中式盐时,蛋白质便从溶液中沉淀出来,这种过程称为盐析。它的机制是高浓度的盐溶液中的异性离子中和了蛋白质颗粒的表面电荷,从而破坏了蛋白质颗粒表面的水化层,失去了蛋白质胶体溶液的稳定因素,降低了溶解度,使蛋白质从水溶液中沉淀出来。盐析所得蛋白质加水稀释尚可复溶。常用的中式盐有硫酸铵、硫酸钠、氯化钠等。盐析时,若把溶液 pH 调节至该蛋白质的等电点,则沉淀效果更好。根据各种蛋白质的颗粒大小、亲水性的程度不同,在盐析时需要盐的浓度也不一致。因此,调节中式盐的浓度,可使蛋白溶液中的几种蛋白质分段析出,这种方法称分段盐析法。临床检验中常用此法来分离和纯化蛋白质。

(二)重金属盐沉淀蛋白质

蛋白质可以与重金属离子(如汞、铅、铜、锌等)结合生成不溶性盐而沉淀。此反应的条件是溶液的 pH 应稍大于该蛋白质的等电点,使蛋白质带较多的负电荷,易与金属离子结合。临床上常用蛋清或牛乳解救误服重金属盐的病人,目的是使重金属离子与蛋白质结合而沉淀,阻止重金属离子的吸收。然后,用洗胃或催吐的方法,将重金属离子的蛋白质盐从胃内清除出去,也可用导泻药将毒物从肠管排出。

(三)某些酸类沉淀蛋白质

蛋白质可与钨酸、苦味酸、鞣酸、三氯乙酸、磺基水杨酸等发生沉淀。反应条件是溶液的 pH 应小于该蛋白质的等电点,使蛋白质带正电荷,与酸根结合生成不溶盐而沉淀。生化检验中常用钨酸或三氯乙酸作为蛋白沉淀剂,以制备无蛋白血滤液。

(四)有机溶剂沉淀蛋白质

乙醇溶液、甲醇、丙酮等有机溶剂可破坏蛋白质的水化层,因此,能发生沉淀反应。如把溶液的 pH 调节到该蛋白质的等电点时,则沉淀更加完善。在室温条件下,有机溶剂沉淀所得蛋白质往往已发生变性。若在低温条件下进行沉淀,则变性作用进行缓慢,故可用有机溶剂在低温条件下分离和制备各种血浆蛋白。此法优于盐析,因不需透析去盐,而且有机溶剂很易通过蒸发去除。乙醇溶液作为消毒剂,作用机制是使细菌内的蛋白质发生变性沉淀,而起到杀菌作用。

(五)加热凝固

将接近于等电点附近的蛋白质溶液加热,可使蛋白质发生凝固(coagulation)而沉淀。

加热首先是加热使蛋白质变性,有规则的肽链结构被打开呈松散状不规则的结构,分子的不对称性增加,疏水基团暴露,进而凝聚成凝胶状的蛋白块。如煮熟的鸡蛋,蛋黄和蛋清都凝固。

五、蛋白的颜色反应

(一)双缩脲反应

双缩脲由两分子尿素加热缩合而成,双缩脲在碱性条件下与硫酸铜发生紫红色反应。蛋白质分子中含有许多和双缩脲结构相似的肽键,因此,也能发生类似反应,呈紫红色,对540nm 波长的光有最大吸收峰,通常用此反应来鉴定蛋白质和定量测定。

(二)Folin-酚试剂反应

蛋白质分子中含有一定量的酪氨酸残基,其中的酚基在碱性条件下与酚试剂的磷钼酸及磷钨酸还原成蓝色化合物,根据颜色的深浅可作为蛋白质的定量测定,其反应的灵敏度比双缩脲反应高 100 倍。

(三)乙醛酸反应

含有色氨酸残基的蛋白质溶液加入乙醛酸混匀后,徐徐加入浓硫酸,在两液接触面处呈现紫红色环。血清球蛋白含色氨酸残基的量较为稳定,故临床生化检验可用乙醛酸反应来测定球蛋白量。

(四)茚三酮反应

α-氨基酸与水化茚三酮(苯丙环三酮戊烃)作用时,产生蓝色反应,由于蛋白质是由许多α-氨基酸组成的,所以也呈此颜色反应。

(五)米伦反应

蛋白质溶液中加入米伦试剂(亚硝酸汞、硝酸汞及硝酸的混合液),蛋白质首先沉淀,加热则变为红色沉淀,此为酪氨酸的酚核所特有的反应,因此含有酪氨酸蛋白质均呈米伦反应。

此外,蛋白质溶液还可与酚试剂、浓硝酸等发生颜色反应。

第二节 蛋白质的分离纯化

蛋白质在组织或细胞中一般都是以复杂的混合物形式存在,每种类型的细胞都含有成千种不同的蛋白质。蛋白质的分离和提纯工作是一项艰巨而繁重的任务,到目前为止,还没有一个单独的或一套现成的方法能把任何一种蛋白质从复杂的混合物中提取出来,但对任何一种蛋白质都有可能选择一套适当的分离提纯程序来获取高纯度的制品。

蛋白质提纯的总目标是设法增加制品纯度或比活性,对纯化的要求是以合理的效率、速度、收率和纯度,将需要蛋白质从细胞的全部其他成分特别是不想要的杂蛋白中分离出来,同时仍保留有这种多肽的生物学活性和化学完整性。

能从成千上万种蛋白质混合物中纯化出一种蛋白质的原因,是不同的蛋白质在它们的许多物理、化学、物理化学和生物学性质有着极大的不同,这些性质是由于蛋白质的氨基酸的序列和数目不同造成的,连接在多肽主链上氨基酸残基可是荷正电的、荷负电的、极性的或非极性的、亲水的或疏水的,此外多肽可折叠成非常确定的二级结构(α-螺旋、β-折叠和各种转角)、三级结构和四级结构,形成独特的大小、形状和残基在蛋白质表面的分布状况,利用待分离的蛋白质与其他蛋白质之间在性质的差异,即能设计出一组合理的分级分离步骤。可依据蛋白质不同性质将蛋白质混合物分离。

一、根据蛋白质溶解度不同的分离方法

1. 蛋白质的盐析 中性盐对蛋白质的溶解度有显著影响,一般在低盐浓度下随着盐浓度升高,蛋白质的溶解度增加,此称盐溶;当盐浓度继续升高时,蛋白质的溶解度不同程度下降并先后析出,这种现象称盐析,将大量盐加到蛋白质溶液中,高浓度的盐离子(如硫酸铵的 SO_4^{2+} 和 NH_4^+)有很强的水化力,可夺取蛋白质分子的水化层,使之"失水",于是蛋白质胶粒凝结并沉淀析出。盐析时若溶液 pH 在蛋白质等电点则效果更好。由于各种蛋白质分子颗粒大小、亲水程度不同,故盐析所需的盐浓度也不一样,因此调节混合蛋白质溶液中的中性盐浓度可使各种蛋白质分段沉淀。

影响盐析的因素有:①温度:除对温度敏感的蛋白质在低温(4℃)操作外,一般可在室温中进行。一般温度低蛋白质溶解度降低。但有的蛋白质(如血红蛋白、肌红蛋白、清蛋白)在较高的温度(25℃)比 0℃时溶解度低,更容易盐析。②pH:大多数蛋白质在等电点时在浓盐溶液中的溶解度最低。③蛋白质浓度:蛋白质浓度高时,欲分离的蛋白质常常夹杂着其他蛋白质一起沉淀出来(共沉现象)。因此在盐析前血清要加等量生理盐水稀释,使蛋白质含量在 2.5%～3.0%。

蛋白质盐析常用的中性盐,主要有硫酸铵、硫酸镁、硫酸钠、氯化钠、磷酸钠等。其中应用最多的硫酸铵,它的优点是温度系数小而溶解度大(25℃时饱和溶液为 4.1mol,即 767g/L;0℃时饱和溶解度为 3.9mol,即 676g/L),在这一溶解度范围内,许多蛋白质和酶都可以盐析出来;另外硫酸铵分段盐析效果也比其他盐好,不易引起蛋白质变性。硫酸铵溶液的 pH 常在4.5～5.5 之间,当用其他 pH 进行盐析时,需用硫酸或氨水调节。

蛋白质在用盐析沉淀分离后,需要将蛋白质中的盐除去,常用的办法是透析,即把蛋白质溶液装入透析袋内,用缓冲液进行透析,并不断的更换缓冲液,因透析所需时间较长,所以最好在低温中进行。此外也可用葡萄糖凝胶 G-25 或 G-50 过柱的办法除盐,所用的时间就比较短。

2. 等电点沉淀法 蛋白质在静电状态时颗粒之间的静电斥力最小,因而溶解度也最小,各种蛋白质的等电点有差别,可利用调节溶液的 pH 达到某一蛋白质的等电点使之沉淀,但此法很少单独使用,可与盐析法结合用。

3. 低温有机溶剂沉淀法 用与水可混溶的有机溶剂、甲醇、乙醇或丙酮,可使多数蛋白质溶解度降低并析出,此法分辨力比盐析高,但蛋白质较易变性,应在低温下进行。

二、根据蛋白质分子大小差别的分离方法

1. 透析与超滤 透析法是利用半透膜将分子大小不同的蛋白质分开(图 7-4)。透析在纯化中极为常用,可除去盐类(脱盐及置换缓冲液)、有机溶剂、低分子量的抑制剂等。透析膜的截留分子量为 5000 左右,如分子量小于 10 000 的酶液就有泄露的危险,在纯化中极为常用,可除去盐类、有机溶剂、低分子量的抑制剂等。

超滤法是利用高压力或离心力,强使水和其他小的溶质分子通过半透膜,而蛋白质留

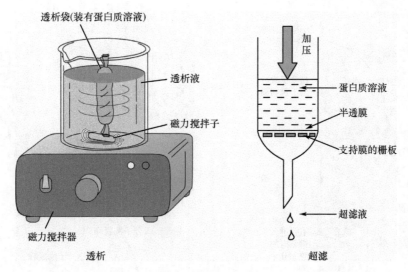

图 7-4　透析与超滤

在膜上,可选择不同孔径的滤膜截留不同分子量的蛋白质。

　　2. 密度梯度离心　亦称平衡密度梯度离心法(图 7-5)。用超离心机对小分子物质溶液,长时间加一个离心力场达到沉降平衡,在沉降池内从液面到底部出现一定的密度梯度。若在该溶液里加入少量大分子溶液,则溶液内比溶剂密度大的部分就产生大分子沉降,比溶剂密度小的部分就会上浮,最后在重力和浮力平衡的位置,集聚形成大分子带状物。利用这种现象,测定核酸或蛋白质等的浮游密度,或根据其差别进行分析的一种沉降平衡法。

　　多数蛋白质的密度在 $1.3 \sim 1.4 \mathrm{g/cm^3}$ 之间,分级分离蛋白质时一般不常用此性质,不过对含有大量磷酸盐或脂质的蛋白质与一般蛋白质在密度上明显不同,可用密度梯度法离心与大部分蛋白质分离。等密度梯度离心常用的离子介质有蔗糖、聚蔗糖、氯化铯、溴化钾、碘化钠等。

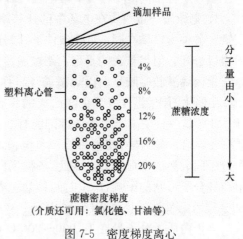

图 7-5　密度梯度离心

　　3. 凝胶过滤　也称分子排阻层析或分子筛层析,这是根据分子大小分离蛋白质混合物最有效的方法之一。柱中最常用的填充材料是葡萄糖凝胶(sephadex gel)和琼脂糖凝胶(agarose gel)。分子筛是具有三维空间网状结构的物质,根据网孔不同可制成不同规格。当带有多种蛋白质成分的样品溶液在凝胶内运动时,由于它们的分子量不同而表现出速度的快慢,在缓冲液洗脱时,分子量大的物质不能进入凝胶孔内,在凝胶间几乎是垂直的向下运动而径直流出;而分子量小的物质则进入凝胶孔内进行“绕道”运行,滞留时间长,这样就可以按分子量的大小先后流出凝胶柱,达到分离的目的(图 7-6)。

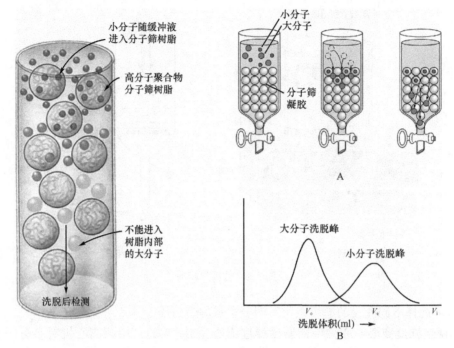

图 7-6　凝胶过滤原理

三、根据蛋白质带电性质进行分离

蛋白质在不同 pH 环境中带电性质和电荷数量不同,可将其分开。

1. 电泳法　蛋白质在电场中的迁移率取决于它所带的净电荷以及分子大小和形状等因素。各种蛋白质在同一 pH 条件下,因分子量和电荷数量不同而在电场中的迁移率不同而得以分开。值得重视的是聚丙烯酰胺凝胶电泳(PAGE)和等电聚焦电泳(IEF)。

聚丙烯酰胺凝胶是由丙烯酰胺(简称 Acr)和交联剂 N, N′-亚甲基双丙烯酰胺(简称 Bis)在催化剂作用下,聚合交联而成的具有网状立体结构的凝胶,并以此为支持物进行电泳。SDS 是一种阴离子表面活性剂能打断蛋白质的氢键和疏水键,并按一定的比例和蛋白质分子结合成复合物,使蛋白质带负电荷的量远远超过其本身原有的电荷,掩盖了各种蛋白分子间天然的电荷差异。因此,各种蛋白质-SDS 复合物在电泳时的迁移率,不再受原有电荷和分子形状的影响,单位时间移动距离仅取决于蛋白质的分子量。这种电泳方法称为 SDS-聚丙烯酰胺凝胶电泳(简称 SDS-PAGE),如图 7-7 所示。

当蛋白质的分子量在 15 000～200 000 之间时,电泳迁移率与分子量的对数值呈直线关系,符合下列方程:

$$\lg Mr = K - bmR$$

式中,Mr 为蛋白质的分子量;K 为常数;b 为斜率;mR 为相对迁移率。在条件一定时,b 和 K 均为常数。若将已知分子量的标准蛋白质的迁移率对分子量的对数作图,可获得一条标准曲线。未知蛋白质在相同条件下进行电泳,根据它的电泳迁移率即可在标准曲线上求得分子量。

由于 SDS-PAGE 可设法将电泳时蛋白质电荷差异这一因素除去或减小到可以略而不计的程度,因此常用来鉴定蛋白质分离样品的纯化程度,如果被鉴定的蛋白质样品很纯,只

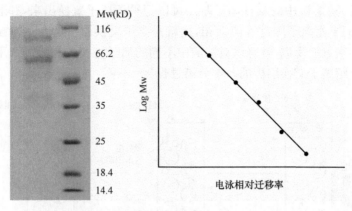

图 7-7　SDS-PAGE

含有一种具有三级结构的蛋白质或含有相同分子量亚基的具有四级结构的蛋白质,那么
SDS-PAGE 后,就只出现一条蛋白质区带。SDS-PAGE 可分为连续系统和不连续系统。所
谓"不连续"是指电泳体系由两种或两种以上的缓冲液、pH 和凝胶孔径等所组成。

等电聚焦电泳(IEF)这是利用一种两性电解质作为载体,电泳时两性电解质形成一个
由正极到负极逐渐增加的 pH 梯度,当带一定电荷的蛋白质在其中泳动时,到达各自等电点
的 pH 位置就停止,此法可用于分析和制备各种蛋白质(图 7-8)。

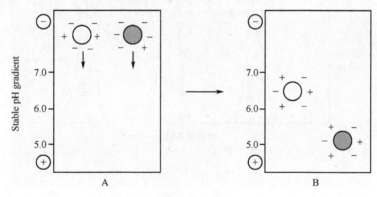

图 7-8　IEF

A. 在外接电源接通之前;B. 在电场作用下,蛋白质到达其等电点(pI)位置,表面净电荷为零

2. 离子交换层析法　离子交换层析是依据各种离子或离子化合物与离子交换剂的结
合力不同而进行分离纯化的。离子交换层析的固定相是离子交换剂,它是由一类不溶于水
的惰性高分子聚合物基质通过一定的化学反应共价结合上某种电荷基团形成的。离子交
换剂可以分为 3 部分:高分子聚合物基质、电荷基团和平衡离子。电荷基团与高分子聚合物
共价结合,形成一个带电的可进行离子交换的基团。平衡离子是结合于电荷基团上的相反
离子,它能与溶液中其他的离子基团发生可逆的交换反应。平衡离子带正电的离子交换剂
能与带正电的离子基团发生交换作用,称为阳离子交换剂;平衡离子带负电的离子交换剂
与带负电的离子基团发生交换作用,称为阴离子交换剂。当被分离的蛋白质溶液流经离子
交换层析柱时,带有与离子交换剂相反电荷的蛋白质被吸附在离子交换剂上,随后用改变
pH 或离子强度办法将吸附的蛋白质洗脱下来(图 7-9)。

在一定条件下,溶液中的某种离子基团可以把平衡离子置换出来,并通过电荷基团结合到固定相上,而平衡离子则进入流动相,这就是离子交换层析的基本置换反应。通过在不同条件下的多次置换反应,就可以对溶液中不同的离子基团进行分离。下面以阴离子交换剂为例简单介绍离子交换层析的基本分离过程。

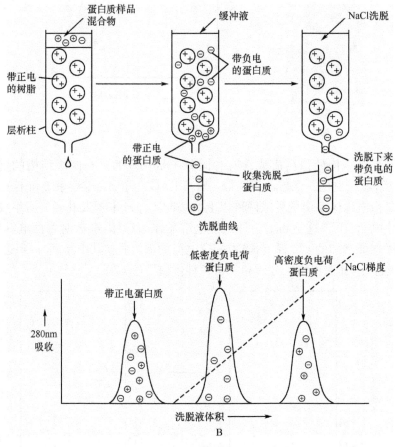

图 7-9　离子交换层析

阴离子交换剂的电荷基团带正电,装柱平衡后,与缓冲溶液中的带负电的平衡离子结合。待分离溶液中可能有正电基团、负电基团和中性基团。加样后,负电基团可以与平衡离子进行可逆的置换反应,而结合到离子交换剂上。而正电基团和中性基团则不能与离子交换剂结合,随流动相流出而被去除。通过选择合适的洗脱方式和洗脱液,如增加离子强度的梯度洗脱。随着洗脱液离子强度的增加,洗脱液中的离子可以逐步与结合在离子交换剂上的各种负电基团进行交换,而将各种负电基团置换出来,随洗脱液流出。与离子交换剂结合力小的负电基团先被置换出来,而与离子交换剂结合力强的需要较高的离子强度才能被置换出来,这样各种负电基团就会按其与离子交换剂结合力从小到大的顺序逐步被洗脱下来,从而达到分离目的。

蛋白质等生物大分子通常呈两性,它们与离子交换剂的结合与它们的性质及 pH 有较大关系。以用阳离子交换剂分离蛋白质为例,在一定的 pH 条件下,等电点 pI<pH 的蛋白带负电,不能与阳离子交换剂结合;等电点 pI>pH 的蛋白带正电,能与阳离子交换剂结合,一般 pI 越大的蛋白与离子交换剂结合力越强。但由于生物样品的复杂性以及其他因素影响,一般生物大分子与离子交换剂的结合情况较难估计,往往要通过实验进行摸索。

四、根据配体特异性的分离方法——亲和色谱法

亲和层析法(afinity chromatography)是分离蛋白质的一种极为有效的方法,根据某些蛋白质与另一种称为配体(Ligand)的分子能特异而非共价地结合。亲和层析固定相的配基与生物分子之间的特殊的生物大分子亲和能力不同来进行相互分离的,依亲和选择性的高低分为:基团性亲和层析,固定相上的配基对一类基团的极强的亲和力。如含有糖基的一类蛋白质或糖蛋白对三嗪染料显示特别强的吸附能力;高选择性(专一性)亲和层析,配基仅对某一种蛋白质有特别强的亲和性。如单克隆抗体对抗原的特异性的吸附。

亲和层析除特异性的吸附外,仍然会因分子的错误识别和分子间非选择性的作用力而吸附一些杂蛋白质,另洗脱过程中的配体不可避免的脱落进入分离体系(图 7-10)。

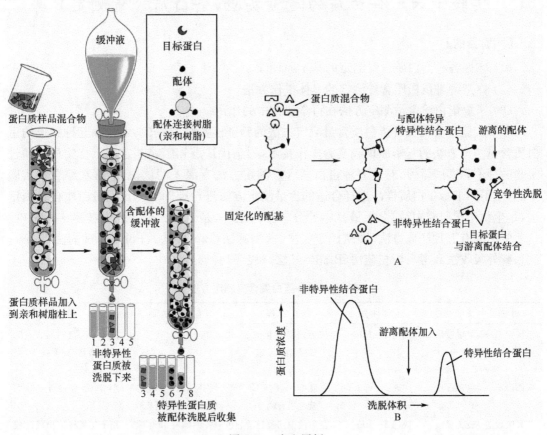

图 7-10 亲和层析

按配基的不同可分为金属螯合介质、小配体亲和介质、抗体亲和介质、颜料亲和介质和外源凝集素亲和介质。

金属螯合介质:过渡金属离子 Cu^{2+}、Zn^{2+} 和 Ni^{2+} 等以亚胺络合物的形式键合到固定相上,由于这些金属离子与色氨酸、组氨酸和半胱氨酸之间形成了配价键,从而形成了亚胺金属-蛋白螯合物,使含有这些氨基酸的蛋白被这种金属螯合亲和色谱的固定相吸附。螯合物的稳定性受单个组氨酸和半胱氨酸解离常数所控制,从而亦受流动相的 pH 和温度的影响,

控制条件可以使不同蛋白质相互分离。

小配体亲和介质：配体有精氨酸、苯甲酰胺、钙调因子、明胶、肝素和赖氨酸等。

抗体亲和介质：即免疫亲和层析，配体有重组蛋白 A 和重组蛋白 G，但蛋白 A 比蛋白 G 专一，蛋白 G 能结合更多不同源的 IgG。

颜料亲和介质：染料层析的效果除主要取决于染料配基与酶的亲和力大小外，还与洗脱缓冲液的种类、离子强度、pH 及待分离的样品的纯度有关。

外源凝集素亲和介质：配体有刀豆球蛋白、扁豆外源凝集素和麦芽外源凝集素，固相外源凝集素能和数种糖类残基发生可逆反应，适合纯化多糖、糖蛋白。

第三节 实 验 内 容

实验十六 蛋白质的定量实验（蛋白质含量测定）

【实验目的】

(1) 掌握各种蛋白质含量测定的基本原理。

(2) 熟悉各种蛋白质含量测定的具体操作方法。

(3) 了解蛋白质含量测定方法在科学研究中的作用。

本节实验主要为五种蛋白质含量测定方法的验证性实验，要求学生掌握五种经典的蛋白质含量测定方法的基本原理和实验操作技术，熟悉优缺点和影响测定的干扰物质。通过实验的理论和实践学习，对这五种蛋白质含量测定方法有深入的认识，能够在综合性实验中，对于不同来源蛋白质样品选择合适的含量测定方法进行准确的测定。蛋白质含量测定法，是生物化学研究中最常用、最基本的分析方法之一，是生物大分子研究技术中的基础。目前常用的有五种经典方法，即凯氏定氮法、双缩脲法（Biuret 法）、Folin-酚试剂法（Lowry 法）、紫外吸收法和考马斯亮蓝法（Bradford 法）（表 7-1）。

表 7-1 五种蛋白质含量测定方法

方法	灵敏度	时间	原理	干扰物质	说明
凯氏定氮法	灵敏度低，0.2~1.0mg	费时 8~10h	将蛋白氮转化为氨，用酸吸收后滴定	非蛋白氮	用于标准蛋白质含量的准确测定；干扰少；费时太长
双缩脲法	灵敏度低 1~20mg	中速 20~30min	多肽键＋碱性 Cu^{2+} → 紫色络合物	硫酸铵；Tris 缓冲液；某些氨基酸	用于快速测定，不太灵敏
紫外吸收法	较为灵敏 50~100μg	快速 5~10min	蛋白质中的酪氨酸和色氨酸残基在 280nm 处的光吸收	各种嘌呤和嘧啶；各种核苷酸	用于层析柱流出液的检测；核酸的吸收可以校正
Folin-酚试剂法（Lowry 法）	灵敏度高 1~5μg	慢速 40min	双缩脲反应；磷钼酸-磷钨酸试剂被 Tyr 和 Phe 还原	硫酸铵；Tris 缓冲液；甘氨酸；各种硫醇	耗费时间长；操作要严格计时
考马斯亮蓝法（Bradford 法）	灵敏度最高 1~5μg	快速 5~15min	染料与蛋白质结合时，其 λmax 由 465nm 变为 595nm	强碱性缓冲液；TritonX-100；SDS	最好的方法；干扰物质少；颜色稳定

一、凯氏定氮法

【实验目的】

(1) 掌握凯氏定氮法蛋白质含量测定的基本原理。

(2) 熟悉定氮法操作的具体操作方法。

(3) 了解定氮法测定在蛋白质含量测定方法中的作用。

【实验原理】

定氮法操作比较复杂,但其测定标准采用的是高纯度无机盐,结果较准确,因此常以定氮法测定的蛋白质作为其他方法的标准蛋白质。Bradford 法和 Lowry 法灵敏度最高,比紫外吸收法灵敏 10～20 倍,比 Biuret 法灵敏 100 倍以上,是目前研究中最常用的蛋白质测定方法。紫外吸收法虽然准确度较低,但是有着快速和不损耗样品的优点,常常用于蛋白质分离纯化等快速测定中。值得注意的是,除凯氏定氮法外,其余四种方法并不能在任何条件下适用于任何形式的蛋白质,因为一种蛋白质溶液用这四种方法测定,有可能得出四种不同的结果。每种测定法都不是完美无缺的,都有其优缺点。在选择方法时应考虑:①实验对测定所要求的灵敏度和精确度;②蛋白质的性质;③溶液中存在的干扰物质;④测定所要花费的时间。

含氮化合物经 H_2SO_4 消化后,化合物中碳氧化成 CO_2 而除去,氮则全部与 H_2SO_4 作用,生成 $(NH_4)_2SO_4$,加钠氏试剂后,产生黄色化合物,可作定量测定。

由胎盘球蛋白的总氮含量与非蛋白氮(NPN)含量的差,可算得蛋白质氮量,通过蛋白质含氮量,可换算蛋白质含量。反应式如下:

$$含氮化合物 + H_2SO_4 \longrightarrow (NH_4)_2SO_4$$

$$(NH_4)_2SO_4 + 2NaOH \longrightarrow 2NH_4OH + Na_2SO_4$$

$$NH_4OH + 2(KI)_2HgI_2 + 3NaOH \longrightarrow 4KI + 3NaI + 3H_2O + \underset{Hg}{\overset{Hg}{O \diamondsuit NH_2I}}$$

【实验试剂与器材】

1. 试剂

胎盘球蛋白稀释液:1ml 胎盘球蛋白注射液用生理盐水稀释至 200ml。

标准 $(NH_4)_2SO_4$:取纯 $(NH_4)_2SO_4$(AR)置于 110℃烤箱中 30min,取出后置于干燥箱内冷却,精确秤量此干燥的 $(NH_4)_2SO_4$ 4.716g,置于 1000ml 容量瓶内,加蒸馏水若干使其溶解,再加入 HCl(浓)1ml(防止生霉),以蒸馏水稀释至刻度,此为储存液,每毫升含 1mg 氮。取上述标准 $(NH_4)_2SO_4$ 储存液 1ml,于 100ml 容量瓶中,加 HCl(浓)0.1ml 以双蒸水稀释至刻度,此为应用液,每毫升含 0.01mg 氮。

2. 器材 可见光分光光度计、大试管、试管夹、酒精灯、漩涡混合器等。

【实验步骤】

1. NPN 滤液制备 取胎盘球蛋白 0.1ml 于事先加好 3.5ml 蒸馏水之中,再加入 0.2ml 的 1.5mol/L H_2SO_4,0.2ml 10％钨酸钠,稍加放置,用干滤纸过滤即得。

2. 氮量测定 见表 7-2。

表 7-2　氮量测定

管号	总氮管	NPN 管	标准管	空
NPN 滤液(ml)	—	0.1	—	—
胎盘球蛋白稀释液(ml)	0.1	—	—	—
亚硒酸消化液(ml)	0.1	0.1	—	—
消化至溶液由黑变澄清				
标准(NH$_4$)$_2$SO$_4$	—	—	1	—
蒸馏水	3.5	3.5	2.5	3
10%酒石酸钾钠(ml)	1	1	1	—
钠氏应用液(ml)	2	2	2	—

各管混匀后,于 460nm 处比色。

$$NPN\ 含量\ mg\% = \frac{样品\ OD}{标准\ OD} \times 0.01 \times 40 \times 100$$

$$总\ N\ 含量\ mg\% = \frac{样品\ OD}{标准\ OD} \times 0.01 \times 800 \times 100$$

蛋白 N% = 总 N%-NPN%

蛋白质含量 = 蛋白 N×6.25

注:蛋白质含量应不低于 5%。

【讨论与思考】

(1) 为什么说凯氏定氮法是五种经典蛋白质含量测定方法的基础?

(2) 硫酸、钨酸钠、亚硒酸在实验中起什么作用?

(3) 酒石酸钾钠的作用是什么?

(4) 实验中最后比色时,实验管中可能会出现大量絮状混浊物质,请解释原因,提出快速解决和根本解决的方法。

二、双 缩 脲 法

【实验原理】

双缩脲(NH$_3$CONHCONH$_3$)是两个分子脲经 180℃左右加热,放出一个分子氨后得到的产物。在强碱性溶液中,双缩脲与 CuSO$_4$ 形成紫色络合物,称为双缩脲反应。凡具有两个酰胺基或两个直接连接的肽键,或能过一个中间碳原子相连的肽键,这类化合物都有双缩脲反应。

紫色络合物在 540nm 处有最大吸收,颜色的深浅与蛋白质浓度成正比,而与蛋白质分子量及氨基酸成分无关,故可用来测定蛋白质含量。测定范围为 1~10mg 蛋白质。干扰这一测定的物质主要有:硫酸铵、Tris 缓冲液和某些氨基酸等。

此法的优点是较快速,不同的蛋白质产生颜色的深浅相近,以及干扰物质少。主要的缺点是灵敏度差。因此双缩脲法常用于需要快速,但并不需要十分精确的蛋白质测定。

【实验试剂与器材】

1. 试剂

(1) 标准蛋白质溶液:用标准的结晶牛血清清蛋白(BSA)或标准酪蛋白,配制成 10mg/ml 的标准蛋白溶液,可用 BSA 浓度 1mg/ml 的 A_{280} 为 0.66 来校正其纯度。如有需要,标准蛋白质还可预先用微量凯氏定氮法测定蛋白氮含量,计算出其纯度,再根据其纯度,秤量配制成标准蛋白质溶液。牛血清清蛋白用 H_2O 或 0.9% NaCl 配制,酪蛋白用 0.05mol/L NaOH 配制。

（2）双缩脲试剂:秤以 1.50g 硫酸铜($CuSO_4 \cdot 5H_2O$)和 6.0g 酒石酸钾钠($KNaC_4H_4O_6 \cdot 4H_2O$),用 500ml 水溶解,在搅拌下加入 300ml 10% NaOH 溶液,用水稀释到 1L,储存于塑料瓶中(或内壁涂以石蜡的瓶中)。此试剂可长期保存。若储存瓶中有黑色沉淀出现,则需要重新配制。

2. 器材　可见光分光光度计、大试管 15 支、漩涡混合器等。

【实验步骤】

1. 标准曲线的测定　取 12 支试管分两组,分别加入 0、0.2ml、0.4ml、0.6ml、0.8ml、1.0ml 的标准蛋白质溶液,用水补足到 1ml,然后加入 4ml 双缩脲试剂。充分摇匀后,在室温(20～25℃)下放置 30min,于 540nm 处进行比色测定。用未加蛋白质溶液的第一支试管作为空白对照液。取两组测定的平均值,以蛋白质的含量为横坐标,光吸收值为纵坐标绘制标准曲线。

2. 样品的测定　取 2～3 个试管,用上述同样的方法,测定未知样品的蛋白质浓度。注意样品浓度不要超过 10mg/ml(表 7-3)。

表 7-3　样品的测定

管号	1	2	3	4	5
标准酪蛋白(ml)	—	1.0	1.0	—	—
样品(ml)	—	—	—	2.0	2.0
$\overline{H}_2O$(ml)	2.0	2.0	1.0	1.0	—
双缩脲试剂(ml)	4	4	4	4	4

室温放置 30min,于 540nm 处比色。

【讨论与思考】

（1）双缩脲法测定蛋白质含量的基本原理是什么?

（2）影响双缩脲法测定的干扰物质有哪些?

（3）双缩脲法的优缺点是什么?

三、Folin-酚试剂法(Lowry 法)

【实验原理】

这种蛋白质测定法是最灵敏的方法之一。过去此法是应用最广泛的一种方法,由于其试剂乙的配制较为困难(现在已可以订购),近年来逐渐被考马斯亮蓝法所取代。此法的显色原理与双缩脲方法是相同的,只是加入了第二种试剂,即 Folin-酚试剂,以增加显色量,从而提高了检测蛋白质的灵敏度。这两种显色反应产生深蓝色的原因是:①在碱性条件下,蛋白质中的肽键与铜结合生成复合物。②Folin-酚试剂中的磷钼酸盐—磷钨酸盐被蛋白质中的酪氨酸和苯丙氨酸残基还原,产生深蓝色(钼蓝和钨蓝的混合物)。在一定的条件下,蓝色深度与蛋白的量成正比。

Folin-酚试剂法最早由 Lowry 确定了蛋白质浓度测定的基本步骤。以后在生物化学领域得到广泛的应用。这个测定法的优点是灵敏度高，比双缩脲法灵敏得多，缺点是费时间较长，要精确控制操作时间，标准曲线也不是严格的直线形式，且专一性较差，干扰物质较多。对双缩脲反应发生干扰的离子，同样容易干扰 Lowry 反应。而且对后者的影响还要大得多。酚类、柠檬酸、硫酸铵、Tris 缓冲液、甘氨酸、糖类、甘油等均有干扰作用。浓度较低的尿素(0.5%)、硫酸钠(1%)、硝酸钠(1%)、三氯乙酸(0.5%)、乙醇(5%)、乙醚(5%)、丙酮(0.5%)等溶液对显色无影响，但这些物质浓度高时，必须作校正曲线。含硫酸铵的溶液，只需加浓碳酸钠-氢氧化钠溶液，即可显色测定。若样品酸度较高，显色后会色浅，则必须提高碳酸钠-氢氧化钠溶液的浓度 1～2 倍。

进行测定时，加 Folin-酚试剂时要特别小心，因为该试剂仅在酸性 pH 条件下稳定，但上述还原反应只在 pH 10 的情况下发生，故当 Folin-酚试剂加到碱性的铜-蛋白质溶液中时，必须立即混匀，以便在磷钼酸-磷钨酸试剂被破坏之前，还原反应即能发生。

此法也适用于酪氨酸和色氨酸的定量测定。此法可检测的最低蛋白质量达 $5\mu g$。通常测定范围是 $20\sim250\mu g$。

【实验试剂与器材】

1. 试剂甲 10g Na_2CO_3，2g NaOH 和 0.25g 酒石酸钾钠($KNaC_4H_4O_6 \cdot 4H_2O$)。溶解于 500ml 蒸馏水中。

0.5g 硫酸铜($CuSO_4 \cdot 5H_2O$)溶解于 100ml 蒸馏水中，每次使用前，将 50 份(A)与 1 份(B)混合，即为试剂甲。

2. 试剂乙 在 2L 磨口回流瓶中，加入 100g 钨酸钠($Na_2WO_4 \cdot 2H_2O$)，25g 钼酸钠($Na_2MoO_4 \cdot 2H_2O$)及 700ml 蒸馏水，再加 50ml 85%磷酸，100ml 浓盐酸，充分混合，接上回流管，以小火回流 10h，回流结束时，加入 150g 硫酸锂(Li_2SO_4)，50ml 蒸馏水及数滴液体溴，开口继续沸腾 15min，以便驱除过量的溴。冷却后溶液呈黄色(如仍呈绿色，须再重复滴加液体溴的步骤)。稀释至 1L，过滤，滤液置于棕色试剂瓶中保存。使用时用标准 NaOH 滴定，酚酞作指示剂，然后适当稀释，约加水 1 倍，使最终的酸浓度为 1mol/L 左右。

3. 标准蛋白质溶液 精确秤取结晶牛血清清蛋白或 γ-球蛋白，溶于蒸馏水，浓度为 $250\mu g/ml$ 左右。牛血清清蛋白溶于水若混浊，可改用 0.9 % NaCl 溶液。

【实验步骤】

1. 标准曲线的测定 取 16 支大试管，1 支作空白，3 支留作未知样品，其余试管分成两组，分别加入 0、0.1ml、0.2ml、0.4ml、0.6ml、0.8ml、1.0ml 标准蛋白质溶液(浓度为 $250\mu g/ml$)。用水补足到 1.0ml，然后每支试管加入 5ml 试剂甲，在旋涡混合器上迅速混合，于室温 20～25℃放置 10min。再逐管加入 0.5ml 试剂乙(Folin-酚试剂)，同样立即混匀。这一步混合速度要快，否则会使显色程度减弱。然后在室温下放置 30min，以未加蛋白质溶液的第一支试管作为空白对照，于 700nm 处测定各管中溶液的吸光度值。以蛋白质的量为横坐标，吸光度值为纵坐标，绘制出标准曲线。

注意：因 Lowry 反应的显色随时间不断加深，因此各项操作必须精确控制时间，即第 1 支试管加入 5ml 试剂甲后，开始计时，1min 后，第 2 支试管加入 5ml 试剂甲，2min 后加第 3 支试管，以此类推。全部试管加完试剂甲后若已超过 10min，则第 1 支试管可立即加入

0.5ml 试剂乙，1min 后第 2 支试管加入 0.5ml 试剂乙，2min 后加第 3 支试管，依此类推。待最后一支试管加完试剂后，再放置 30min，然后开始测定光吸收。每分钟测一个样品。

进行多试管操作时，为了防止出错，每位学生都必须在实验记录本上预先画好下面的表格。表中是每个试管要加入的量(ml)，并按由左至右、由上至下的顺序，逐管加入。最下面两排是计算出的每管中蛋白质的量(μg)和测得的吸光度值。

2. 样品的测定 取 1ml 样品溶液(其中约含蛋白质 20～250μg)，按上述方法进行操作，取 1ml 蒸馏水代替样品作为空白对照。通常样品的测定也可与标准曲线的测定放在一起，同时进行。即在标准曲线测定的各试管后面，再增加 3 个试管。如表 7-4 中的 8、9、10 试管。

表 7-4 Folin-酚试剂法实验表格

管号	1	2	3	4	5	6	7	8	9	10
标准蛋白质(250μg/ml)	0	0.1	0.2	0.4	0.6	0.8	1.0			
未知蛋白质(约 250μg/ml)								0.2	0.4	0.6
蒸馏水(ml)	1.0	0.9	0.8	0.6	0.4	0.2	0	0.8	0.6	0.4
试剂甲(ml)	5.0	5.0	5.0	5.0	5.0	5.0	5.0	5.0	5.0	5.0
试剂乙(ml)	0.5	0.5	0.5	0.5	0.5	0.5	0.5	0.5	0.5	0.5
每管中蛋白质的量(μg)										
吸光度值(A_{700})										

根据所测样品的吸光度值，在标准曲线上查出相应的蛋白质量，从而计算出样品溶液的蛋白质浓度。

注意，由于各种蛋白质含有不同量的酪氨酸和苯丙氨酸，显色的深浅往往随不同的蛋白质而变化。因而本测定法通常只适用于测定蛋白质的相对浓度(相对于标准蛋白质)。

【讨论与思考】

(1) Folin-酚法测定蛋白质含量的基本原理是什么？

(2) 影响 Folin-酚法测定的干扰物质有哪些？

(3) Folin-酚法较双缩脲法的优势是什么？

四、考马斯亮蓝法(Bradford 法)

【实验原理】

双缩脲法(Biuret 法)和 Folin-酚试剂法(Lowry 法)的明显缺点和许多限制，促使科学家们去寻找更好的蛋白质溶液测定的方法。

1976 年由 Bradford 建立的考马斯亮蓝法(Bradford 法)，是根据蛋白质与染料相结合的原理设计的。这种蛋白质测定法具有超过其他几种方法的突出优点，因而正在得到广泛的应用。这一方法是目前灵敏度最高的蛋白质测定法。

考马斯亮蓝 G-250 染料，在酸性溶液中与蛋白质结合，使染料的最大吸收峰的位置(max)，由 465nm 变为 595nm，溶液的颜色也由棕黑色变为蓝色。经研究认为，染料主要是与蛋白质中的碱性氨基酸(特别是精氨酸)和芳香族氨基酸残基相结合。

在 595nm 下测定的吸光度值 A_{595}，与蛋白质浓度成正比。

Bradford 法的突出优点是：

（1）灵敏度高，据估计比 Lowry 法约高 4 倍，其最低蛋白质检测量可达 $1\mu g$。这是因为蛋白质与染料结合后产生的颜色变化很大，蛋白质-染料复合物有更高的消光系数，因而光吸收值随蛋白质浓度的变化比 Lowry 法要大得多。

（2）测定快速、简便，只需加一种试剂。完成一个样品的测定，只需要 5min 左右。由于染料与蛋白质结合的过程，大约只要 2min 即可完成，其颜色可以在 1h 内保持稳定，且在 5～20min，颜色的稳定性最好。因而完全不用像 Lowry 法那样费时和严格地控制时间。

（3）干扰物质少。如干扰 Lowry 法的 K^+、Na^+、Mg^{2+} 离子，Tris 缓冲液，糖和蔗糖，甘油，巯基乙醇，EDTA 等均不干扰此测定法。

Bradford 法的缺点是：

（1）由于各种蛋白质中的精氨酸和芳香族氨基酸的含量不同，因此 Bradford 法用于不同蛋白质测定时有较大的偏差，在制作标准曲线时通常选用 γ-球蛋白为标准蛋白质，以减少这方面的偏差。

（2）仍有一些物质干扰此法的测定，主要的干扰物质有：去污剂、Triton X-100、十二烷基硫酸钠（SDS）和 0.1mol/L 的 NaOH（如同 0.1mol/L 的酸干扰 Lowary 法一样）。

（3）标准曲线也有轻微的非线性，因而不能用 Beer 定律进行计算，而只能用标准曲线来测定未知蛋白质的浓度。

【实验试剂与器材】

标准蛋白质溶液：用 γ-球蛋白或牛血清清蛋白（BSA）配制成 1.0mg/ml 和 0.1mg/ml 的标准蛋白质溶液。

考马斯亮蓝 G-250 染料试剂：秤 100mg 考马斯亮蓝 G-250，溶于 50ml 95％的乙醇后，再加入 120ml 85％的磷酸，用水稀释至 1L。

【实验步骤】

1. 标准方法

（1）取 16 支试管，1 支作空白，3 支留作未知样品，其余试管分为两组按表中顺序，分别加入样品、水和试剂，即用 1.0mg/ml 的标准蛋白质溶液给各试管分别加入：0、0.01ml、0.02ml、0.04ml、0.06ml、0.08ml、0.1ml，然后用无离子水补充到 0.1ml。最后各试管中分别加入 5.0ml 考马斯亮蓝 G-250 试剂，每加完一管，立即在漩涡混合器上混合（注意不要太剧烈，以免产生大量气泡而难于消除）。未知样品的加样量见表 7-5 中的第 8、9、10 管。

（2）加完试剂 2～5min 后，即可开始用比色皿，在分光光度计上测定各样品在 595nm 处的光吸收值 A_{595}，空白对照为第 1 号试管，即 0.1ml H_2O 加 5.0ml G-250 试剂。

注意：不可使用石英比色皿（因不易洗去染色），可用塑料或玻璃比色皿，使用后立即用少量 95％的乙醇荡洗，以洗去染色。塑料比色皿决不可用乙醇或丙酮长时间浸泡。

（3）用标准蛋白质量（μg）为横坐标，用吸光度值 A_{595} 为纵坐标，作图，即得到一条标准曲线。由此标准曲线，根据测出的未知样品的 A_{595} 值，即可查出未知样品的蛋白质含量。

0.5mg 牛血清蛋白/ml 溶液的 A_{595} 约为 0.50。

表 7-5 考马斯亮蓝法实验表格

管号	1	2	3	4	5	6	7	8	9	10
标准蛋白质(1.0mg/ml)	0	0.01	0.02	0.04	0.06	0.08	0.10			
未知蛋白质(约1.0mg/ml)								0.02	0.04	0.06
蒸馏水(ml)	0.1	0.09	0.08	0.06	0.04	0.02	0	0.08	0.06	0.04
考马斯亮蓝 G-250 试剂(ml)	5.0	5.0	5.0	5.0		5.0	5.0		5.0	5.0
每管中的蛋白质量(μg)										
光吸收值(A_{595})										

2. 微量法 当样品中蛋白质浓度较稀时($10\sim100\mu g/ml$),可将取样量(包括补加的水)加大到 0.5ml 或 1.0ml,空白对照则分别为 0.5ml 或 1.0ml H_2O,考马斯亮蓝 G-250 试剂仍加 5.0ml,同时作相应的标准曲线,测定 595nm 的光吸收值。

0.05mg 牛血清蛋白/ml 溶液的 A_{595} 约为 0.29。

【讨论与思考】

(1)考马斯亮蓝法测定蛋白质含量的基本原理是什么?

(2)影响考马斯亮蓝法测定的干扰物质有哪些?

(3)为什么加入考马斯亮蓝后混匀时要避免气泡的产生?

五、紫外吸收法

【实验原理】

蛋白质分子中的酪氨酸、苯丙氨酸和色氨酸在 280nm 处具有最大吸收,且各种蛋白质的这 3 种氨基酸的含量差别不大,因此测定蛋白质溶液在 280nm 处的吸光度值是最常用的紫外吸收法。此外,蛋白质溶液在 238nm 的光吸收值与肽键含量成正比。蛋白质溶液的光吸收值与蛋白质浓度的正比关系,可以进行蛋白质含量的测定。

紫外吸收法简便、灵敏、快速,不消耗样品,测定后仍能回收使用。低浓度的盐,例如生化制备中常用 $(NH_4)_2SO_4$ 等和大多数缓冲液不干扰测定。特别适用于柱层析洗脱液的快速连续检测,因为此时只需测定蛋白质浓度的变化,而不需知道其绝对值。

此法的特点是测定蛋白质含量的准确度较差,干扰物质多,在用标准曲线法测定蛋白质含量时,对那些与标准蛋白质中酪氨酸和色氨酸含量差异大的蛋白质,有一定的误差。故该法适于用测定与标准蛋白质氨基酸组成相似的蛋白质。若样品中含有嘌呤、嘧啶及核酸等吸收紫外光的物质,会出现较大的干扰。核酸的干扰可以通过查校正表,再进行计算的方法,加以适当的校正。但是因为不同的蛋白质和核酸的紫外吸收是不相同的,虽然经过校正,测定的结果还是存在一定的误差。

此外,进行紫外吸收法测定时,由于蛋白质吸收高峰常因 pH 的改变而有变化,因此要注意溶液的 pH,测定样品时的 pH 要与测定标准曲线的 pH 相一致。

测定时,将待测蛋白质溶液倒入石英比色皿中,用配制蛋白质溶液的溶剂(水或缓冲液)作空白对照,在紫外分光度计上直接读取 280nm 的吸光度值 A_{280}。蛋白质浓度可控制在 $0.1\sim1.0mg/ml$。通常用 1cm 光径的标准石英比色皿,盛有浓度为 1mg/ml 的蛋白质溶液时,A_{280} 约为 1.0。由此可立即计算出蛋白质的大致浓度。

许多蛋白质在一定浓度和一定波长下的光吸收值($A_1\%1cm$)有文献数据可查,根据此光吸收值可以较准确地计算蛋白质浓度。下式列出了蛋白质浓度与($A_1\%1cm$)值(即蛋白质溶液浓度为1%,光径为1cm时的光吸收值)的关系。文献值 $A_1\%1cm$,λ 称为百分吸收系数或比吸收系数。

蛋白质浓度=($A_{280}\times10$)/ $A_1\%1cm$ 280nm (mg/ml)(1%浓度≈10mg/ml)

例如,牛血清清蛋白:$A_1\%1cm$=6.3(280nm);

溶菌酶:$A_1\%1cm$ =22.8(280nm)。

若查不到待测蛋白质的 $A_1\%1cm$ 值,则可选用一种与待测蛋白质的酪氨酸和色氨酸含量相近的蛋白质作为标准蛋白质,用标准曲线法进行测定。标准蛋白质溶液配制的浓度为1.0mg/ml。常用的标准蛋白质为牛血清清蛋白(BSA)。

【实验步骤】

标准曲线的测定:取 6 支试管,按表7-6 编号并加入试剂。

表7-6 标准曲线的测定

管号	1	2	3	4	5	6
BSA(1.0mg/ml)	0	1.0	2.0	3.0	4.0	5.0
H_2O(ml)	5.0	4.0	3.0	2.0	1.0	0
A_{280}						

用第1管为空白对照,各管溶液混匀后在紫外分光光度计上测定吸光度 A_{280},以 A_{280} 为纵坐标,各管的蛋白质浓度或蛋白质量(mg)为横坐标作图,标准曲线应为直线,利用此标准曲线,根据测出的未知样品的 A_{280} 值,即可查出未知样品的蛋白质含量,也可以用2～6管 A_{280} 值与相应的试管中的蛋白质浓度计算出该蛋白质的 $A_1\%1cm$,280nm。

【讨论与思考】

(1)紫外法测定蛋白质含量的基本原理是什么?

(2)影响紫外法测定的干扰物质有哪些?

实验十七　蛋白质化学定性实验

一、蛋白质的两性反应和等电点的简易测定

【实验原理】

蛋白质由许多氨基酸组成,虽然绝大多数的氨基与羧基成肽键结合,但仍有一定数量自由的氨基与羧基,以及酚基、巯基、胍基、咪唑基等酸碱基因,因此蛋白质是两性电解质。调节溶液的酸碱度使之达到一定的氢离子浓度时,蛋白质分子所带的正电荷和负电荷相等,以兼性离子状态存在,在电场内该蛋白质分子既不向阴极移动也不向阳极移动,这时溶液的 pH 称为该蛋白质的等电点(pI)。当溶液的 pH 低于蛋白质等电点时,即在 H^+ 较多的条件下,蛋白质分子带正电荷成为阳离子;当溶液的 pH 大于等电点时,即在 OH^- 较多的条件下,蛋白质分子带负电荷成为阴离子。

大多数蛋白质的等电点多接近 pH 7.0,略偏酸性等电点的也很多,如酪蛋白等电点为

pH 4.55～4.7,卵蛋白的等电点为 pH 4。血红蛋白的等电点为 pH 6.79～6.83;也有偏碱性的,如鱼精蛋白的等电点为 pH 12.0～12.4。在等电点时,蛋白质溶解度最小,易沉淀析出。

本实验以酪蛋白为例,观察蛋白质的两性反应和等电点的测定。

【实验试剂与器材】

1. 酪蛋白-0.1mol/L 乙酸钠溶液 秤纯酪蛋白 0.25g,置于 50ml 容量瓶内,加蒸馏水 20ml 及 1.0mol/L NaOH 液 5ml(必须准确),摇荡使酪蛋白溶解,然后加 1.0mol/L 乙酸钠 5ml(必须准确)最后稀释到刻度,混匀。

2. 1.0mol/L 乙酸溶液 取冰乙酸 5.72ml 加蒸馏水至 100ml。用标准 NaOH 液标定。

3. 0.10mol/L 乙酸液溶液。

4. 0.01mol/L 乙酸溶液液。

【实验步骤】

酪蛋白等电点的简易测定(表 7-7)取 5 支粗细相近的干燥试管,编号后按表 7-7 的顺序准确地加入各种试剂,加入每种试剂后应混合均匀。静置约 20min,观察每支试管内溶液的混浊度和沉淀,以 0、+、++、+++符号表示之。根据观察结果,指出哪一个 pH 是酪蛋白的等电点。

表 7-7 酪蛋白等电点的简易测定

试管编号	1	2	3	4	5
蒸馏水(ml)	—	3.2	3.0	1.5	3.38
1.0mol/L 乙酸溶液(ml)	4.0	0.8	—	—	—
0.10mol/L 乙酸溶液 (ml)	—	—	1.0	—	—
0.01mol/L 乙酸溶液 (ml)	—	—	—	2.5	0.62
酪蛋白-乙酸钠溶液(ml)	1.0	1.0	1.0	1.0	1.0
溶液的最终 pH	3.1	3.8	4.7	5.3	5.9

注:各管缓冲液的 pH 按亨德森-哈塞尔巴赫(Henderson-Hasselbach)方程式计算:pH=pK+log[盐]/[酸]。例如,在第 2 管内,乙酸钠溶液与乙酸溶液的浓度之比是 1∶8。因乙酸的 pK 4.7,故此管溶液 pH 是:pH=4.7+log/8=4.7-0.9=3.8

二、蛋白质的沉淀反应

【实验原理】

在水溶液中蛋白质分子的表面由于形成水化层和双电层,而成为稳定的胶体颗粒。这种稳定性是有条件的、相对的。在一定的物理化学因素影响下,蛋白质颗粒失去电荷、脱水,即以固态的形式从溶液中析出,这种作用称为蛋白质的沉淀反应。多种因素可使蛋白质沉淀。

【实验试剂与器材】

1. 试剂

(1)1%蛋白溶液:取鸡蛋,分离出蛋黄,将蛋清置于乳钵中研磨后,加蒸馏水约 9 倍,用棉花过滤，取滤液备用。此滤液中含卵清蛋白。

（2）0.1mol/L HCl 溶液。

（3）0.1mol/L NaOH 溶液。

（4）pH 4.8 乙酸缓冲液：取 0.2mol/L 乙酸溶液 40ml 加 0.2mol/L 乙酸钠溶液 60ml，混合后即成。

（5）固体硫酸铵。

（6）95％乙醇。

（7）0.5％CuSO$_4$ 溶液。

2. 器材　试管及试管架、刻度吸管（5ml）、烧杯（50ml）、玻璃漏斗、玻璃棒、滤纸、沸水浴。

【实验步骤】

1. 蛋白质的盐析作用　取 1％蛋白溶液 5ml 于小烧杯中，加入固体硫酸铵约 3.5g，用玻璃棒搅动片刻，静置 10min。将上述溶液过滤于试管中。若滤液混浊，在原来滤纸上再过滤一次，直至滤液澄清为止。将滤液置于沸水浴中煮沸，观察有无变化。将滤纸上的沉淀物移于另一试管，加蒸馏水 5ml，看能否溶解，然后加热煮沸，观察有无变化。

2. 乙醇沉淀蛋白质

（1）取试管 2 支，编号，加入 1％蛋白溶液 10 滴。

（2）于甲号管加 pH 4.8 缓冲液 10 滴，再加 95％乙醇 3ml，观察有无沉淀发生，并解释原因。

（3）于乙号管加 0.1mol/L 的 NaOH 液 10 滴，再加 95％乙醇 3ml，观察有无沉淀发生，并解释原因。

（4）然后于乙号管再加 0.1mol/L HCl 液 10 滴，观察有无沉淀发生，并解释原因。

3. 重金属离子与生物碱试剂沉淀蛋白质

（1）取试管 2 支，各加 1％蛋白溶液 10 滴，然后按如下操作：

甲管：加入 0.1mol/L NaOH 溶液 4 滴，再加 0.5％CuSO$_4$ 溶液 4 滴。

乙管：加入 0.1mol/L HCl 溶液 4 滴，再加 0.5％CuSO$_4$ 溶液 4 滴。

记录现象并解释。

（注：在碱性条件下，Cu^{2+} 虽可生成 Cu(OH)$_2$ 蓝色絮状沉淀，但因 Cu^{2+} 含量低，并不干扰本实验中对重金属沉淀蛋白质的现象观察。）

（2）取试管 2 支，各加 1％蛋白溶液 10 滴，然后按如下操作。

甲管：加入 0.1mol/L HCl 溶液 4 滴，再加饱和苦味酸溶液 4 滴。

乙管：加入 0.1mol/L NaOH 溶液 10 滴，再加饱和苦味酸溶液 4 滴。

记录现象并解释。

三、蛋白质的热变性

【实验原理】

蛋白质分子在受到一定物理因素，如热、紫外线、超声波、高压、表面张力、剧烈的震荡、搅拌、研磨等，或化学因素，如酸、碱、有机溶剂、重金属盐类、脲、胍、表面活性剂（如十二烷基硫酸钠等）作用时，导致失活。这一类失活还伴随着其他现象的出现，如蛋白质溶解度降低、一些物化常数的变化等。这一些变化都不导致一级结构的破坏。这种现象称为蛋白质的变性。因此,变性作用就是蛋白质在一定的条件处理时,肽键未断裂,特定构象改变,失去了生物活力的过程。

【实验试剂与器材】

1. 试剂 1%蛋白溶液;pH 4.8缓冲液;0.1mol/L HCl溶液;0.1mol/L NaOH溶液。

2. 器材 试管及试管架。

【实验步骤】

(1) 取试管3支,编号,分别加入下列试剂:①1%蛋白液10滴,加pH 4.8缓冲液10滴;②1%蛋白液10滴,加蒸馏水6滴,再加0.1mol/L HCl液4滴;③1%蛋白液10滴,加蒸馏水6滴,再加0.1mol/L NaOH液4滴。

(2) 将以上3管放于沸水浴2min,观察各管有何现象发生?解释其原因。

(3) 取出上述3管,冷却后,向①管加入0.1mol/L HCl液(或0.1mol/L NaOH液)4滴,观察有何现象发生?并解释原因。

(4) 向②管逐滴加入0.1mol/L NaOH液(约4滴);向③管逐滴加入0.1mol/L HCl液(约4滴),观察沉淀的生成。

实验十八　血清蛋白乙酸纤维薄膜电泳

【实验原理】

带电粒子在电场中向与其电性相反的电极方向泳动的现象称为电泳。由于各种蛋白质都有特定的等电点,如将蛋白质置于pH低于其等电点的溶液中,则蛋白质将带正电荷而向负极移动。反之,则向正极移动。因为蛋白质分子在电场中移动的速度与其带电量、分子的形状及大小有关,所以,可用电泳法将不同的蛋白质分离开来。血清中各种蛋白质的等电点在pH 4.0~7.3之间,在pH 8.6的缓冲溶液中均带负电荷,在电场中向正极泳动。血清中各种蛋白质的等电点不同,所以带电荷量也不同。此外各种蛋白质的分子大小各有差异,因此在同一电场中泳动的速度不同。分子小而带电荷多者,泳动较快;反之,则较慢。

采用乙酸纤维素薄膜为支持物的电泳方法,称为乙酸纤维素薄膜电泳。该膜具有均一的泡沫状结构(厚约$120\mu m$),渗透性强,对分子移动的阻力很弱。用其作支持物进行电泳,具有微量、快速、简便、分离清晰、对样品无吸附现象等优点。现已广泛用于血清蛋白、糖蛋白、脂蛋白、血红蛋白、酶的分离和免疫电泳等方面。

经乙酸纤维素薄膜电泳可将血清蛋白按电泳速度分为5条区带,从正极端依次为清蛋白、α_1-球蛋白、α_2-球蛋白、β-球蛋白及γ-球蛋白,经染色可计算出各蛋白质的百分含量。

血清蛋白质的等电点和分子量见表7-8。

表7-8　血清蛋白质的等电点和分子量

蛋白质名称	等电点(pI)	分子量
清蛋白	4.88	69 000
α_1-球蛋白	5.00	200 000
α_2-球蛋白	5.06	300 000
β-球蛋白	5.12	9 000~150 000
γ-球蛋白	6.85~7.50	156 000~300 000

【实验试剂与器材】

1. 试剂

(1) 巴比妥-巴比妥钠缓冲液(pH 8.6,0.07 mol/L,离子强度 0.06):秤取 1.66g 巴比妥(AR)和 12.76g 巴比妥钠(AR),置于三角烧瓶中,加蒸馏水约 600ml,稍加热溶解,冷却后用蒸馏水定溶至 1000ml。置 4℃保存,备用。

(2) 0.5% 氨基黑 10B 染色液:秤取 0.5g 氨基黑 10B,加蒸馏水 40ml,甲醇(AR)50ml,冰乙酸(AR)10ml,混匀溶解后置具塞试剂瓶内储存。

(3) 漂洗液:取 95% 乙醇(AR)45ml,冰乙酸(AR)5ml 和蒸馏水 50ml,混匀置塞试剂瓶内储存。

(4) 健康人血清。

2. 器材

(1) 电泳仪:为电泳提供直流电源。

(2) 电泳槽:为电泳提供场所。多用有机玻璃制成,电极用铂丝。

(3) 乙酸纤维素薄膜:2cm×8cm。

(4) 其他:培养皿(直径 9~10cm)、滤纸、玻璃板、镊子等。

【实验步骤】

1. 乙酸纤维素薄膜的润湿与选择 将乙酸纤维素薄膜完全浸泡于缓冲液中约 10min 后,每组取乙酸纤维素薄膜 1 张,取时镊子夹住薄膜一端,放在折叠的滤纸中,并用它吸干表面液体。

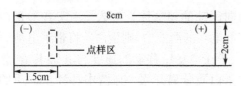

图 7-11 乙酸纤维素薄膜规格及点样位置示意图(虚线处为点样位置)

2. 点样 仔细辨认薄膜的粗糙面与光滑面,在粗糙面距离薄膜一端 1.5cm 处,用铅笔轻轻画一条直线。用盖玻片蘸上血清样品,使样品连续、均匀、适量,将此边缘按压在直线上。注意:样品应点在薄膜的粗糙面一侧。待血清完全渗入薄膜后,将膜面翻转,点样面(粗糙面)朝下,置电泳槽中,薄膜点样端放于负极一侧。此步是实验的关键(图 7-11)。

3. 电泳 将点样端的薄膜平贴在阴极电泳槽支架的滤纸桥上(点样面朝下),另一端平贴在阳极端支架上(图 7-12)。要求薄膜紧贴滤纸桥并绷直,中间不能下垂。连接好电泳仪。在室温下电泳,打开电源开关,调节电流强度 0.3mA/cm 膜宽度(24 片薄膜则为 14.4mA)。通电 5min 后,调节电流强度 0.5mA/cm 膜宽度(24 片薄膜则为 24mA),电泳时间 50min。电泳后,调节旋钮使电流为零,关闭电泳仪切断电源。

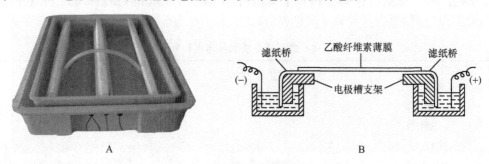

图 7-12 乙酸纤维薄膜电泳装置示意图

4. 染色与漂洗 电泳完毕后将薄膜取下，放在染色液中浸泡 5min。将薄膜从染色液中取出后用水冲洗后，移置漂洗液中漂洗，直至可清晰分辨出 5 条色带（图 7-13）。取出薄膜放在滤纸上。

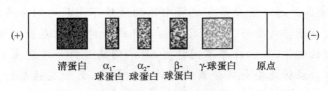

图 7-13 血清蛋白乙酸纤维素薄膜电泳图谱示意图

5. 记录和分析实验结果 漂洗完毕后将薄膜取出，放在滤纸上。将薄膜上的 5 条色带根据其颜色深浅、形状、大小及相对位置进行描述、记录在预习本上，并判断分析其结果。

【注意事项】

（1）薄膜的浸润与选膜是电泳成败的关键之一。

（2）点样时，应将薄膜表面多余的缓冲液用滤纸吸去，吸水量以不干不湿为宜。

（3）点样时动作要轻，用力不能太大，以免损坏膜片或印出凹陷影响电泳区带分离效果。

（4）点样应点在薄膜的毛面上，点样量要适量，不宜过多或过少。

（5）电泳时应将薄膜的点样端置于电泳槽的负极端，且点样面向下。

（6）应控制染色时间。时间长，薄膜底色不易脱去；时间太短，着色不易区分，或造成条带染色不均匀，必要时可进行复染。

【讨论与思考】

（1）电泳时为什么要将点样的一端靠近负极端？根据人血清中各蛋白组分的性质，如何估计它们在 pH 8.6 的巴比妥-巴比妥钠电泳缓冲液中的相对迁移速度？

（2）简述乙酸纤维素薄膜电泳的原理和优点。

小结

蛋白质分子是由氨基酸组成的，其理化性质必然有一部分与氨基酸相同或相关。例如，两性游离及等电点、紫外吸收及呈色反应等。蛋白质分子除两端的氨基和羧基可解离外，侧链中某些基团在一定的溶液 pH 条件下也可解离成为带正或负电荷的基团。当蛋白质溶液处于某一 pH 时，蛋白质解离成正、负离子的趋势相等，即成为兼性离子，净电荷为零，此时溶液的 pH 称为蛋白质的等电点。蛋白质溶液的 pH 大于等电点时，该蛋白质颗粒带负电荷，反之带正电荷。蛋白质又是由氨基酸借肽键构成的高分子化合物，而具有不同于氨基酸的性质，如胶体性质，易沉降，不易透过半透膜，变性、沉淀、凝固等。它可以吸引水分子在其表面形成水化膜。另外，蛋白质胶粒表面可带有电荷，这两种因素对蛋白质胶粒的稳定、防止沉淀，起重要作用。在某些物理和化学因素作用下，蛋白质的空间结构被破坏，从而导致其理化性质的改变和生物活性的丧失，称蛋白质的变性。变性后，疏水侧链暴露，肽链缠绕而聚集，使蛋白质从溶液中析出，称为蛋白质沉淀。变性的蛋白质易于沉淀，而沉淀的蛋白质并非全部变性。若变性因素去除后，有些蛋白质还能恢复其原有的构象和功能，则称为复性。若变性后不能复原者称为不可逆变性。

蛋白质在 280nm 波长处有特征吸收峰,常用于色谱监测和定量测定。为了分析单个蛋白质的结构或功能,势必先要分离纯化蛋白质,常用方法和技术有以下几种:盐析,在蛋白质溶液中加入中性盐破坏蛋白质胶粒的水化层,中和了蛋白质所带电荷,使蛋白质失去这两种因素而沉淀;电泳是通过蛋白质在电场中泳动速度不同而达到分离的一门技术;透析是利用透析袋将大分子蛋白质与小分子化合物分开的一种方法;层析是根据蛋白质的带电性、分子大小、特异性配体、疏水性等不同特点,与不同的层析介质发生不同作用而达到分离纯化的一门技术。层析是蛋白质分离纯化的核心技术,离子交换层析应用最为广泛;超速离心是在强大离心力场作用下,依据蛋白质的沉降系数、质量和形状不同而达到分离、提纯和分析的一项技术。上述方法和技术可以相互组合,以达到分离、纯化蛋白质的目的。

复习题

1. 试总结蛋白质与氨基酸理化性质的异同点?
2. 试总结蛋白质分离纯化的方法有哪些?

第八章　核　酸　分　子

核酸是生命最重要的大分子之一,广泛存在于所有模式生物体中,在细胞内常与蛋白质结合为核蛋白。根据化学组成不同,核酸大分子可分为两类:脱氧核糖核酸(DNA)和核糖核酸(RNA);DNA 是储存、复制和传递遗传信息的主要物质基础,RNA 在蛋白质合成过程中起着重要作用。自从 1958 年 DNA 双螺旋结构发现以来,核酸的研究得到迅速发展,而分子遗传中心法则(central dogma)揭示了核酸与蛋白质间的内在关系,以及 RNA 作为遗传信息传递者的生物学功能,明确了核酸是最本质的生命物质,在生长、遗传、变异等一系列重大生命现象中起决定性的作用。因此,核酸的研究对最终解释生命现象是非常重要的。1975 年 Sanger 发明的 DNA 测序加减法以及由此而发展起来的化学降解法(1977 年)和 Sanger 的末端终止法(1977 年),为核酸测序提供了可行的手段。目前,DNA 测序的部分工作已经实现了仪器的自动化操作,并借此完成了人类基因组图谱的绘制。

第一节　核酸的性质

一、一般理化性质

核酸的分子很大,DNA 的分子量一般为 $10^6 \sim 10^9$。RNA 的分子大小不同,一般 tRNA 分子链最小为 10^4 左右,mRNA 约为 0.5×10^6 或比这个大些,rRNA 则在 0.6×10^6。

DNA 为白色类似石棉样的纤维状固体,RNA、核苷酸、核苷、碱基的纯品都呈白色粉末或结晶。核酸是极性化合物,微溶于水,不溶于一般有机溶剂如乙醇和氯仿;常用乙醇从溶液中沉淀核酸。

大多数 DNA 为线形分子,分子极不对称,其长度可以达到几厘米而分子的直径只有 2nm。因此 DNA 溶液的黏度极高。RNA 溶液的黏度要小得多。核酸可被酸、碱或酶水解成为各种组分,用层析、电泳等方法分离,其水解程度因水解条件而异。RNA 能在室温条件下被稀碱水解成核苷酸而 DNA 对碱较稳定,常利用此性质测定 RNA 的碱基组成或除去溶液中的 RNA 杂质。

二、核酸的紫外吸收性质

核酸中的嘌呤碱和嘧啶碱具有共轭双键,具有吸收紫外光的性能,能强烈吸收 $260 \sim 290nm$ 波段紫外光,其最高的吸收峰接近 260nm。核酸的紫外吸收通常要比蛋白质在 280nm 处的吸收强 $30 \sim 60$ 倍,这是区别于蛋白质的主要特征之一。A_{260}/A_{280} 值可以反映核酸的纯度,故可用紫外分光光度法进行核酸纯度鉴定。

纯 DNA 样品:$A_{260}/A_{280} = 1.8$,若小于 1.8 则样品中含有杂蛋白或酚污染。

纯 RNA 样品:$A_{260}/A_{280} = 2.0$,若大于 2.0 则样品中有异硫氰酸残存。

对纯样品:$A = 1.0$ 相当于 $50\mu g/ml$ 双链 DNA 或 $40\mu g/ml$ 单链 DNA 或 $20\mu g/ml$ 寡核苷酸。

三、核酸和核苷酸的两性性质

核酸和核苷酸分子中既含有酸性的磷酸基团,又含有弱碱性的碱基,故可发生两性解离,其解离状态随溶液的 pH 而变化;因磷酸的酸性强,核酸分子通常表现为酸性。利用核酸的两性解离可以通过调节核酸溶液的 pH 来沉淀核酸,也可通过电泳分离纯化核酸。

四、核酸的变性与复性

(一)变性

变性指 DNA 分子由稳定的双螺旋结构松解为无规则线性结构的现象。变性时维持双螺旋稳定性的氢键断裂,碱基间的堆积力遭到破坏,但不涉及其一级结构的改变。凡能破坏双螺旋稳定性的因素,如加热、极端的 pH、有机试剂甲醇、乙醇、尿素及甲酰胺等,均可引起核酸分子变性。变性只涉及次级键的变化,不涉及磷酸二酯键的断裂,所以核酸的一级结构保持不变。变性 DNA 常发生一些理化及生物学性质的改变。

1. 增色效应(hyperchromic effect) 指变性后 DNA 溶液的紫外吸收作用增强的效应。DNA 分子中碱基间电子的相互作用使 DNA 分子具有吸收 260nm 波长紫外光的特性。在 DNA 双螺旋结构中碱基藏入内侧,变性时 DNA 双螺旋解开,于是碱基外露,碱基中电子的相互作用更有利于紫外吸收,故而产生增色效应。

2. 溶液黏度降低 DNA 双螺旋是紧密的刚性结构,变性后代之以柔软而松散的无规则单股线性结构,DNA 黏度因此而明显下降。

3. 溶液旋光性发生改变 变性后整个 DNA 分子的对称性及分子局部的构性改变,使 DNA 溶液的旋光性发生变化。

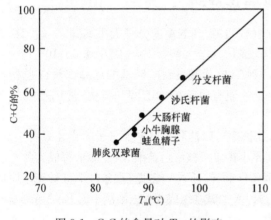

图 8-1 G-C 的含量对 T_m 的影响

DNA 的变性过程是爆发性的,它在很窄的温度区间内完成。因此,通常将 DNA 的变性达到 50% 时,即增色效应达到一半时的温度称为 DNA 的解链温度(melting temperature,T_m),T_m 也称熔解温度或 DNA 的熔点。T_m 与下列因素有关:

(1) DNA 的均一性:均质 DNA 的熔解过程发生在一个较小的温度范围内;异质 DNA 的熔解过程发生在一个较宽的温度范围内。

(2) G-C 的含量:由于 G、C 之间有 3 个氢键,含量越高,T_m 越高,两者之间呈直线关系(图 8-1);经验公式:$(G-C)\% = (T_m - 69.3) \times 2.44$。

(3) 离子强度:离子强度 I 越高,T_m 值越大,熔点范围会变窄,因此 DNA 宜保存在高浓度盐中,一般在 1mol/L NaCl 溶液中较稳定。

(二)复性

变性 DNA 在适当条件下,两条彼此分开的互补链全部或部分恢复到天然双螺旋结构的现象称为复性,它是变性的一种逆转过程。热变性 DNA 一般经缓慢冷却后即可复性,故此过程称之为退火(annealing)。这一术语也用以描述杂交核酸分子的形成。DNA 复性后,一系列物理、化学性质将得到恢复。DNA 的复性不仅受温度影响,还受 DNA 自身特性等其他因素的影响:

1. 温度和时间 一般认为比 T_m 低 25℃ 左右的温度是复性的最佳条件,越远离此温度,复性速度就越慢。复性时温度下降必须是一个缓慢过程,降温时间太短以及温差大均不利于复性。

2. DNA 浓度 溶液中 DNA 分子越多,相互碰撞结合的机会越大,越有利于复性。

3. DNA 一级结构 简单顺序的 DNA 分子,如多聚(A)和多聚(U)这两种单链序列复性时,互补碱基的配对较易实现。而顺序越复杂,则复性越困难。

五、分子杂交(hybridization)

在退火条件下,不同来源的 DNA 互补区形成双链,或 DNA 单链和 RNA 链的互补区形成 DNA-RNA 杂合双链的过程称分子杂交。杂交发生在长于 20 bp 的同源区域内。核酸杂交技术是目前研究核酸结构、功能常用手段之一,不仅可用来检验核酸的缺失、插入,还可用来考察不同生物种类在核酸分子中的共同序列和不同序列以确定它们在进化中的关系。

以分子杂交为基础,利用 DNA 分子的变性、复性以及碱基互补配对的高度精确性,可设计出某一特异性 DNA 序列,并用同位素、生物素或荧光染料进行标记,对待测的非标记单链 DNA(或 RNA)进行探查,即为 DNA 探针技术。这是在核酸杂交的基础上发展起来的一种用于研究和诊断的非常有用的技术,由于可以鉴定核酸分子之间的同源性,已在生物学和医学的研究中,以及遗传性疾病诊断中得到了广泛的应用。

六、显 色 反 应

核酸中含有核糖和磷酸,它们和一定的物质反应能产生一定的颜色,根据核酸的显色反应可以粗略的对核酸进行定量测定。

RNA 与浓盐酸共热时,即发生降解,形成的核糖继而转变为糠醛,后者与 3,5-二羟基甲苯(地衣酚)反应呈鲜绿色,该反应需用三氯化铁或氯化铜作催化剂,反应产物在 670nm 处有最大吸收。

DNA 中嘌呤核苷酸上的脱氧核糖遇酸生成 ω-羟基-γ 酮基戊醛,后者再和二苯胺作用而显蓝色(溶液呈浅蓝色)。

第二节 PCR 技 术

一、PCR 原 理

PCR 技术类似于 DNA 的天然复制过程,其特异性依赖于与靶序列两端互补的寡核苷酸引物。PCR 由变性—退火—延伸 3 个基本反应步骤构成:①模板 DNA 的变性:模板 DNA 经加热至 93℃左右一定时间后,使模板 DNA 双链或经 PCR 扩增形成的双链 DNA 解离,使之成为单链,以便它与引物结合,为下轮反应作准备;②模板 DNA 与引物的退火(复性):模板 DNA 经加热变性成单链后,温度降至 55℃左右,引物与模板 DNA 单链的互补序列配对结合;③引物的延伸:DNA 模板-引物结合物在 Taq DNA 聚合酶的作用下,以 dNTP 为反应原料,靶序列为模板,按碱基配对与半保留复制原理,合成一条新的与模板 DNA 链互补的半保留复制链重复循环变性—退火—延伸 3 个过程,就可获得更多的"半保留复制链",而且这种新链又可成为下次循环的模板。每完成一个循环需 2~4min,2~3h 就能将待扩目的片段富集 $10^6 \sim 10^9$ 倍。所需循环次数取决于样品中模板的拷贝。

PCR 的反应动力学:PCR 的三个反应步骤反复进行,使 DNA 扩增量呈指数上升;反应最终的 DNA 扩增量可用 $Y=(1+X)^n$ 计算。Y 代表 DNA 片段扩增后的拷贝数,X 表示平均每次的扩增效率,n 代表循环次数。平均扩增效率的理论值为 100%,但在实际反应中平均效率达不到理论值。反应初期,靶序列 DNA 片段的增加呈指数形式,随着 PCR 产物的逐渐积累,被扩增的 DNA 片段不再呈指数增加,而进入线性增长期或静止期,即出现"停滞效应",这种效应称平台期数、PCR 扩增效率及 DNA 聚合酶 PCR 的种类和活性及非特异性产物的竞争等因素。大多数情况下,平台期的到来是不可避免的。

二、PCR 过 程

(一) 模板 DNA 的变性

模板 DNA 就是需要复制的 DNA 片段,模板 DNA 加热至 93℃ 左右一定时间后,连接碱基的氢键在高温断裂,使 DNA 双链或经 PCR 扩增形成的双链 DNA 解离,使之成为单链,并成为下步扩增反应的模板。

模板核酸的量与纯化程度,是 PCR 成败与否的关键环节之一,传统的 DNA 纯化方法通常采用 SDS 和蛋白酶 K 来消化处理标本。SDS 的主要功能是:溶解细胞膜上的脂类与蛋白质,因而溶解膜蛋白而破坏细胞膜,并解离细胞中的核蛋白,SDS 还能与蛋白质结合而沉淀;蛋白酶 K 能水解消化蛋白质,特别是与 DNA 结合的组蛋白,再用有机溶剂酚与氯仿抽提蛋白质和其他细胞组分,用乙醇或异丙醇沉淀核酸。提取的核酸即可作为模板用于 PCR 反应。一般临床检测标本,可采用快速简便的方法溶解细胞,裂解病原体,消化除去染色体的蛋白质使靶基因游离,直接用于 PCR 扩增。RNA 模板提取一般采用异硫氰酸胍或蛋白酶 K 法,要防止 RNase 降解 RNA。

(二) 模板 DNA 与引物的退火(复性)

引物是一小段人工合成的 20～30 个碱基单链 DNA 或 RNA,也是聚合酶链式反应(PCR)中人工合成的复制起始点,每一条引物都与待扩增的靶区域是特异互补。PCR 反应体系中需加入一对。一般在 55℃ 左右,引物就会引导模板 DNA 与单链互补序列配对结合。

引物是 PCR 特异性反应的关键,PCR 产物的特异性取决于引物与模板 DNA 互补的程度。理论上,只要知道任何一段模板 DNA 序列,就能按其设计互补的寡核苷酸链做引物,利用 PCR 就可将模板 DNA 在体外大量扩增。

设计引物应遵循以下原则:

1. 引物长度 15～30bp,常用为 20bp 左右。

2. 引物扩增跨度 以 200～500bp 为宜,特定条件下可扩增长至 10kb 的片段。

3. 引物碱基 G+C 含量以 40%～60% 为宜,G+C 太少扩增效果不佳,G+C 过多易出现非特异条带。A、T、G、C 最好随机分布,避免 5 个以上的嘌呤或嘧啶核苷酸的成串排列。

4. 避免引物内部出现二级结构 避免两条引物间互补,特别是 3′ 端的互补,否则会形成引物二聚体,产生非特异的扩增条带。

5. 碱基配对 引物 3′ 端的碱基,特别是最末及倒数第二个碱基,应严格要求配对,以避免因末端碱基不配对而导致 PCR 失败。

6. 酶切位点 引物中有或能加上合适的酶切位点,被扩增的靶序列最好有适宜的酶切位点,这对酶切分析或分子克隆很有好处。

7. 引物的特异性 引物应与核酸序列数据库的其他序列无明显同源性。引物量:每条引物的浓度 0.1～1μmol 或 10～100pmol,以最低引物量产生所需要的结果为好,引物浓度偏高会引起错配和非特异性扩增,且可增加引物之间形成二聚体的机会。

(三) 引物的延伸

DNA 模板与引物结合物在 Taq DNA 聚合酶的作用下,以 dNTP 为反应原料,靶序列为模板,碱基配对原理,合成一条新的 DNA 互补链。新合成的 DNA 链并不是整个 DNA 链,而是由引物界定的、生物体特异的 100～600 个碱基对的靶序列。

Taq DNA 聚合酶是一种来源于嗜热水生菌的重组的热稳定的 DNA 聚合酶,与一般的聚合酶所不同的是在高温状态仍具有活性。催化一个典型的 PCR 反应约需酶量 2.5U(指总反应体积为 100μl 时),浓度过高可引起非特异性扩增,浓度过低则合成产物量减少。

dNTP 的质量与浓度和 PCR 扩增效率有密切关系,dNTP 粉呈颗粒状,如保存不当易变性失去生物学活性。dNTP 溶液呈酸性,使用时应配成高浓度后,以 1mol NaOH 或 1mol Tris·HCl 的缓冲液将其 pH 调节到 7.0～7.5,小量分装,－20℃冰冻保存。多次冻融会使 dNTP 降解。在 PCR 反应中,dNTP 应为 50～200μmol/L,尤其是注意 4 种 dNTP 的浓度要相等(等摩尔配制),如其中任何一种浓度不同于其他几种时(偏高或偏低),就会引起错配。浓度过低又会降低 PCR 产物的产量。dNTP 能与 Mg^{2+} 结合,使游离的 Mg^{2+} 浓度降低。Mg^{2+} 对 PCR 扩增的特异性和产量有显著的影响,在一般的 PCR 反应中,各种 dNTP 浓度为 200μmol/L 时,Mg^{2+} 浓度为 1.5～2.0mmol/L 为宜。Mg^{2+} 浓度过高,反应特异性降低,出现非特异扩增,浓度过低会降低 Taq DNA 聚合酶的活性,使反应产物减少。各种反应物及其用量见表 8-1。

(四) DNA 扩增

重复以上变性、退火、延伸三个过程,就可获得更多的 DNA 链,这一过程中新合成的新链又可成为下次循环的模板,使产物的数量按 24 方式增长。从理论上讲,经过 25～30 个循环后 DNA 可扩增 10^6～10^9 倍。反应过程如图 8-2 所示,高温变性模板;引物与模板退火;引物沿模板延伸三步反应组成一个循环。

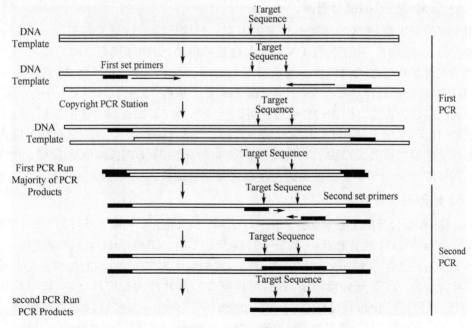

图 8-2　PCR 反应过程

表 8-1 PCR 反应标准体系

反应物质	体积(μl)
两种引物(各)	2
10×PCR 缓冲液(含 Mg^{2+})	10
dNTPs(各 200μmol/L)	5
模板	1
Taq 酶	0.5
去离子水	补至 100

三、PCR 的反应条件

PCR 反应需要控制的条件是反应的温度、每个步骤的时间和循环次数。PCR 仪在使用前需要对每个反应的温度和时间进行设定。

基于 PCR 原理三步骤而设置变性—退火—延伸三个温度点。在标准反应中采用三温度点法,双链 DNA 在 90~95℃变性,再迅速冷却至 40~60℃,引物退火并结合到靶序列上,然后快速升温至 70~75℃,在 Taq DNA 聚合酶的作用下,使引物链沿模板延伸。对于较短靶基因(长度为 100~300bp 时)可采用二温度点法,除变性温度外、退火与延伸温度可合二为一,一般采用 94℃变性,65℃左右退火与延伸(此温度 Taq DNA 酶仍有较高的催化活性)。

(一) 变性温度与时间

变性温度低,解链不完全是导致 PCR 失败的最主要原因。一般情况下,93~94℃ 1min 足以使模板 DNA 变性,若低于 93℃则需延长时间,但温度不能过高,因为高温环境对酶的活性有影响。此步若不能使靶基因模板或 PCR 产物完全变性,就会导致 PCR 失败。

(二) 退火(复性)温度与时间

退火温度是影响 PCR 特异性的较重要因素。变性后温度快速冷却至 40~60℃,可使引物和模板发生结合。由于模板 DNA 比引物复杂得多,引物和模板之间的碰撞结合机会远远高于模板互补链之间的碰撞。退火温度与时间,取决于引物的长度、碱基组成及其浓度,还有靶基序列的长度。对于 20 个核苷酸,G+C 含量约 50%的引物,55℃为选择最适退火温度的起点较为理想。引物的复性温度可通过以下公式帮助选择合适的温度:T_m 值(解链温度)=4(G+C)+2(A+T);复性温度=T_m 值-(5~10℃)。在 T_m 值允许范围内,选择较高的复性温度可大大减少引物和模板间的非特异性结合,提高 PCR 反应的特异性。复性时间一般为 30~60s,足以使引物与模板之间完全结合。

(三) 延伸温度与时间

Taq DNA 聚合酶的生物学活性:70~80℃ 150 核苷酸/(s·酶分子);70℃ 60 核苷酸/(s·酶分子);55℃ 24 核苷酸/(s·酶分子);高于 90℃时,DNA 合成几乎不能进行。

PCR 反应的延伸温度一般选择在 70~75℃,常用温度为 72℃,过高的延伸温度不利于引物和模板的结合。PCR 延伸反应的时间,可根据待扩增片段的长度而定,一般 1kb 以内的 DNA 片段,延伸时间 1min 是足够的。3~4kb 的靶序列需 3~4min;扩增 10kb 需延伸至 15min。延伸时间过长会导致非特异性扩增带的出现。对低浓度模板的扩增,延伸时间要稍长些。

（四）循环次数

循环次数决定 PCR 扩增程度。PCR 循环次数主要取决于模板 DNA 的浓度。一般的循环次数选在 30～40 次,循环次数越多,非特异性产物的量亦随之增多。

四、PCR 的特点

（一）特异性强

PCR 反应的特异性决定因素为引物与模板 DNA 特异正确的结合、碱基配对原则、Taq DNA 聚合酶合成反应的正确度、靶基因的特异性与保守性。

（二）灵敏度高

PCR 产物的生成量是以指数方式增加的。

（三）简便快速

PCR 反应用耐高温的 Taq DNA 聚合酶,一次性地将反应液加好后,即在 DNA 扩增液和水浴锅上进行变性、退火、延伸反应,一般在 2～4h 完成扩增反应。

（四）对标本的纯度要求低

不需要分离病毒或细菌及培养细胞,DNA 粗制品及总 MA 均可作为扩增模板。可直接用临床标本如血液、体腔液、洗漱液、毛发、细胞、活组织等粗制的 DNA 扩增检测。

五、几种常用特殊 PCR 技术

（一）逆转录 PCR（reverse transcription-PCR,RT-PCR）

RNA 经逆转录后可作为 PCR 的模板。逆转录 PCR（RT-PCR）常用于基因表达研究（定量 PCR）和逆病毒检测。设计 RT-PCR 引物时,应使引物分别位于不同的外显子中,以便区别 cDNA 和 gDNA 扩增产物。

（二）多重 PCR（multiple PCR）

在同一 PCR 反应体系中用多对引物（覆盖不同长度的靶序列）同时扩增。例如,用多重 PCR 进行 DNA 缺失筛选。

（三）套式 PCR（nested PCR）

用第一次 PCR 扩增区域内部的第二对（套式）引物对第一次 PCR 产物再次扩增,可以增加特异性和灵敏度。

（四）非对称 PCR（asymmetric PCR）

在 PCR 反应体系中,限制引物之一的浓度（50～100∶1）进行扩增,可得到单链 PCR 产物,可用于制备单链测序模板或单链 DNA 杂交探针。

第三节　DNA　重　组

一、DNA 重组概念

外源 DNA 与载体分子的连接就是 DNA 重组,这样重新组合的 DNA 叫做重组体或重组子。

二、连 接 反 应

重组的 DNA 分子是 DNA 连接酶的作用下,有 Mg^{2+}、ATP 存在的连接缓冲系统中,将分别经酶切的载体分子与外源 DNA 分子进行连接。DNA 连接酶有两种:T4 噬菌体 DNA 连接酶和大肠杆菌 DNA 连接酶。两种 DNA 连接酶都有将两个带有相同黏性末端的 DNA 分子连在一起的功能,而且 T4 噬菌体 DNA 连接酶还有一种大肠杆菌连接酶没有的特性,即能使两个平末端的双链 DNA 分子连接起来。但这种连接的效率比黏性末端的连接效率低,一般可通过提高 T4 噬菌体 DNA 连接酶浓度或增加 DNA 浓度来提高平末端的连接效率。

T4 噬菌体 DNA 连接酶催化 DNA 连接反应分为 3 步:首先,T4 DNA 连接酶与辅助因子 ATP 形成酶-AMP 复合物;然后,酶-AMP 复合物再结合到具有 $5'$ 磷酸基和 $3'$ 羟基切口的 DNA 上,使 DNA 腺苷化;最后,产生一个新的磷酸二酯键,把切口封起来。

DNA 重组的方法主要有黏端连接法和平端连接法,为了防止载体本身的自连,可以通过(牛小肠碱性磷酸酶)CIP 处理克服。

连接反应的温度在 37℃ 时有利于连接酶的活性。但是在这个温度下,黏性末端的氢键结合是不稳定的。因此人们找到了一个折中温度,即 12～16℃,连接 12～16 h(过夜),这样既可最大限度地发挥连接酶的活性,又兼顾到短暂配对结构的稳定。

三、转　　化

自然条件下,很多质粒都可通过细菌接合作用转移到新的宿主内,但在人工构建的质粒载体中,一般缺乏此种转移所必需的 mob 基因,因此不能自行完成从一个细胞到另一个细胞的接合转移。如需将质粒载体转移进受体细菌,需诱导受体细菌产生一种短暂的感受态以摄取外源 DNA。

转化(transformation)是将外源 DNA 分子引入受体细胞,使之获得新的遗传性状的一种手段,它是微生物遗传、分子遗传、基因工程等研究领域的基本实验技术。

转化过程所用的受体细胞一般是限制修饰系统缺陷的变异株,即不含限制性内切酶和甲基化酶的突变体(R-,M-),它可以容忍外源 DNA 分子进入体内并稳定地遗传给后代。受体细胞经过一些特殊方法,如电击法、$CaCl_2$、RbCl(KCl)等化学试剂法的处理后,细胞膜的通透性发生了暂时性的改变,成为能允许外源 DNA 分子进入的感受态细胞(compenent cells)。进入受体细胞的 DNA 分子通过复制,表达实现遗传信息的转移,使受体细胞出现新的遗传性状。将经过转化后的细胞在筛选培养基中培养,即可筛选出转化子(transformant,即带有异源 DNA 分子的受体细胞)。目前常用的感受态细胞制备方法有 $CaCl_2$ 和 RbCl(KCl)法,RbCl(KCl)法制备的感受态细胞转化效率较高,但 $CaCl_2$ 法简便易行,且其转化效率完全可以满足一般实验的要求,制备出的感受态细胞暂时不用时,可加入占总体积 15% 的无菌甘油于 -70℃ 保存(半年),因此 $CaCl_2$ 法为使用更广泛。

四、筛　　选

重组质粒转化宿主细胞后,还需对转化菌落进行筛选鉴定。利用 α 互补现象进行筛选是最常用的一种鉴定方法。现在使用的许多载体都具有一段大肠杆菌 β-半乳糖苷酶的启

动子及其 α 肽链的 DNA 序列,此结构称为 lac Z′ 基因。Lac Z′ 基因编码的 α 肽链是 β-半乳糖苷酶的氨基端的短片段(146 个氨基酸)。宿主和质粒编码的片段各自都不具有酶活性,但它们可以通过片段互补的机制形成具有功能活性的 β-半乳糖苷酶分子。Lac Z′ 基因编码的 α 肽链与失去了正常氨基端的 β-半乳糖苷酶突变体互补,这种现象称为 α 互补。由 α 互补而形成的有功能活性的 β-半乳糖苷酶,可以用 X-gal(5-溴-4-氯-3-吲哚-β-D-半乳糖苷)显色出来,它能将无色的化合物 X-gal 切割成半乳糖和深蓝色的底物 5-溴-4-靛蓝。因此,任何携带着 lac Z′ 基因的质粒载体转化了染色体基因组存在着此种 β-半乳糖苷酶突变的大肠杆菌细胞后,便会产生出有功能活性的 β-半乳糖苷酶,在 IPTG(异丙基硫代 β-D-半乳糖苷)诱导后,在含有 X-gal 的培养基平板上形成蓝色菌落。而当有外源 DNA 片段插入到位于 lac Z′ 中的多克隆位点后,就会破坏 α 肽链的阅读框,从而不能合成与受体菌内突变的 β-半乳糖苷酶相互补的活性 α 肽,而导致不能形成有功能活性的 β-半乳糖苷酶,因此含有重组质粒载体的克隆往往是白色菌落。

第四节 实验内容

实验十九 核酸的提取

【实验原则】

核酸包括 DNA、RNA 两种分子,在细胞中都是以与蛋白质结合的状态存在;DNA 是遗传信息的载体,是最重要的生物信息分子,是分子生物学研究的主要对象,因此 DNA 的提取也应是分子生物学实验技术中最重要、最基本的操作。95% 的真核生物 DNA 主要存在于细胞核内,其他 5% 为细胞器 DNA,如线粒体、叶绿体等。RNA 分子则主要存在于细胞质中,约占 75%,另有 10% 在细胞核内,15% 在细胞器中,RNA 以 rRNA 的数量最多(80%~85%),tRNA 及核内小分子 RNA 占 10%~15%,而 mRNA 分子大小不一,序列各异。总的来说,DNA 分子的总长度一般随着生物的进化程度而增大,而 RNA 的分子量与生物进化无明显关系。核酸分离纯化最基本的原则是保持核酸分子一级结构的完整性和纯度,同时防止核酸的生物降解,因此应达到以下要求:

(1) 尽量简化操作步骤,缩短提取过程,以减少各种有害因素对核酸的破坏。

(2) 减少物理因素对核酸的降解,物理降解因素主要是机械剪切力,其次是高温。机械剪切力包括强力高速的溶液振荡、搅拌,使溶液快速地通过狭长的孔道,细胞突然置于低渗液中,细胞爆炸式破裂以及 DNA 样本的反复冻储。这些操作细节在实验操作中应倍加注意。机械剪切作用的主要危害对象是大分子量的线性 DNA 分子,如真核细胞的染色体 DNA。对分子量小的环状 DNA 分子,如质粒 DNA 及 RNA 分子,威胁相对小些。高温如长时间煮沸,除水沸腾带来的剪切力外,高温本身对核酸分子中的有些化学键也有破坏作用。核酸提取过程中,一般在低温操作,但现在发现在室温快速提取与低温提取,获得核酸的质量没有太大差异。

(3) 减少化学因素对核酸的降解。核酸样品中不存在对酶有抑制作用的有机溶剂和过高浓度的金属离子;为避免过酸、过碱对核酸链中磷酸二酯键的破坏,操作多在 pH 4~10 的条件下进行,防止核酸的生物降解;细胞内或外来的各种核酸酶也会破坏核酸链中的磷酸二酯键,其中 DNA 酶,需要金属二价离子 Mg^{2+}、Ca^{2+} 的激活;可使用 EDTA、柠檬酸盐螯合金属二价离子,基本可以抑制 DNA 酶活性。而 RNA 酶不但分布广泛,极易污染样品,而且耐高温、耐酸、耐碱、不易失活,所以是生物降解 RNA 提取过程的主要危害因素。

(4) 排除其他生物大分子如蛋白质、多糖和脂类分子的污染应降到最低程度;核酸的提取关键是去除蛋白质,通常情况下,先用某些蛋白水解酶消化大部分蛋白质后,再用有机溶剂抽提,在单价阳离子存在下,核酸在乙醇中形成沉淀。同时排除其他核酸分子的污染,如提取 DNA 分子时应去除 RNA,反之亦然。

核酸提取的主要步骤,无外乎破碎细胞,去除与核酸结合的蛋白质以及多糖、脂类等生物大分子,去除其他不需要的核酸分子,沉淀核酸,去除盐类,有机溶剂等杂质,纯化核酸等。核酸提取的方案,应根据具体生物材料和待提取的核酸分子的特点而定,对于某特定细胞器中富集的核酸分子,事先提取该细胞器,然后提取目的核酸分子的方案,可获得完整性和纯度两方面质量均高的核酸分子。

一、动物组织核糖核酸的制备及测定

【实验目的】

(1) 学习和掌握用苯酚法及盐溶液法从动物组织提取核酸的原理及操作技术。
(2) 练习从动物组织提取 RNA,并鉴定纯度。

【实验原理】

利用苯酚法可以直接从动物组织中提取 RNA,组织匀浆用苯酚处理并离心后,RNA 即溶于上层被酚饱和的水层中,DNA 和蛋白质则留在酚层中,向水层加入乙醇后 RNA 即呈白色絮状沉淀析出。

【实验材料】

动物肝脏。

【操作步骤】

(1) 秤取 3g 肝组织,剪成小块,置于研钵中,加 3~4 滴 90% 的苯酚溶液后研磨,匀浆中加入 15ml 水,转移至三角烧瓶中,加 10ml 酚至三角烧瓶中。

(2) 室温下剧烈振荡 45min,于 3000r/min 离心 20min。

(3) 用吸管将上层液吸出,并加入 1/2 体积的氯仿-异戊醇,于低温下振荡 20min,以除去提取液中的蛋白质,以 2000r/min 离心 10min,吸出上层清液,向上清液中加入乙酸钾粉末,使最后浓度大约为 2%,装入小烧杯后,一边搅拌,一边缓慢加入两倍于上清液体积的 95% 乙醇以沉淀 RNA。

(4) 于冰浴中放置半小时后,以 1000r/min 离心 5min,沉淀再用少量 75% 乙醇洗涤 1~2 次,收集沉淀,置于干燥器内干燥,秤重。

(5) 测定 A_{260}/A_{280} 的值,应大于 1.85,若小于 1.85,则说明含杂蛋白和 DNA 高了。

二、质粒 DNA 提取及琼脂糖凝胶电泳检测

(一) 碱变性法提取质粒 DNA

【实验原理】

质粒(plasmid)是细菌染色体外能自身独立复制的双股环状 DNA。带有遗传信息,可

赋予细菌某些新的表型。将质粒指纹图谱分析方法、质粒 DNA 探针技术及检测质粒的 PCR 技术用于临床感染性疾病的诊断和流行病学调查已成为现实。质粒作为载体在基因工程中起着重要的作用。

分离和纯化质粒 DNA 的方法很多，但这些方法基本包括三个步骤：即细菌的培养和质粒 DNA 的扩增；细菌菌体的裂解；质粒 DNA 的提取与纯化。

本实验学习用碱变性方法提取质粒 DNA。细菌培养物加入 SDS 和 NaOH 碱性溶液处理后，菌体裂解，可使细菌的质粒 DNA、染色体 DNA 和 RNA 一起从细胞内释放出来，经琼脂糖凝胶电泳，因各种核酸分子的迁移率不同将上述核酸分成不同的带。用溴化乙锭（EB）染色后，在紫外线灯下可看到各种核酸带发出的荧光。根据荧光的位置，可区分不同的核酸带。

【材料与试剂】

(1) 菌株 *E. coli* JM109(pUC19)，*E. coli* RRI(pBR322)。

(2) 试剂：溶液Ⅰ(50mmol 葡萄糖，25mmol Tris-HCl pH 8.0，10mmol EDTA)；溶液Ⅱ (0.2mol/L NaOH，1% SDS)，用前新配制；溶液Ⅲ(5mmol KAc 溶液，pH 4.8)；TE 缓冲液 (10mmol Tris-HCl，1mmol EDTA，pH 8.0)；LB 液体培养基(胰蛋白胨 10g，酵母粉 5g，NaAc 110g，加蒸馏水溶解，用 NaOH 调 pH 至 7.5，加水至 1000ml，15 磅高压灭菌 15min)。

【操作步骤】

(1) 接种细菌于 5ml LB 液体培养基中，37℃培养过夜。

(2) 3000r/min，离心 15min，弃上清。加入 100μl 溶液Ⅰ悬起细菌沉淀。

(3) 加入 200μl 新配制的溶液Ⅱ，颠倒 EP 管 5 次混合均匀，置冰浴 2min。

(4) 加入 150μl 溶液Ⅲ温和地混匀，12 000r/min，离心 5min。

(5) 吸取上清清亮裂解液放入另一新 EP 管中，加等体积酚-氯仿-异戊醇抽提 2 次，12 000r/min，离心 2min。(若不做酶切，此步可省略)吸取上清放入另一新 EP 管中，加入二倍体积的冷乙醇，12 000r/min，离心 10min。

(6) 弃乙醇，干燥后用 30μl TE 缓冲液洗下核酸，待电泳检测。

(二) 琼脂糖凝胶电泳

【实验原理】

琼脂糖凝胶电泳是一个电场作用。它首先利用琼脂糖的分子筛效应；此外，在弱碱性条件下，DNA 分子带负电荷，从负极向正极移动。根据 DNA 分子大小、结构及所带电荷的不同，它们以不同的速率通过介质运动而相互分离。借助溴化乙锭（EB）能与双链 DNA 结合的作用，利用 EB 染色，并通过紫外线激发即可观察被分离 DNA 片段的位置。琼脂糖凝胶电泳技术 (agarosegelelectroghoresis)是分离、鉴定和提纯 DNA 片断的有效方法。凝胶分辨率决定于使用材料的浓度，并由此决定凝胶的孔径。琼脂糖凝胶可分辨 0.1～6.0kb 的双链 DNA 片段。

【实验试剂】

(1) 琼脂糖、10×TAE 电泳缓冲液(40mmol Tris，20mmol NaAc，1mmol EDTA，pH 8.0)。

(2) 载体缓冲液(0.25% 溴酚蓝，30% 甘油)、溴化乙锭水溶液(10mg/ml)。

(3) 凝胶槽、电泳仪。

【操作步骤】

（1）取琼脂糖 0.9g，加入 100ml 1×TAE 电泳缓冲液于 250ml 烧瓶中，100℃加热溶解。

（2）平衡凝胶槽，放好两侧挡板，调节好梳子与底板的距离（一般高出底板 0.5～1mm）。

（3）铺板：在溶解好的凝胶中加入终浓度为 0.5μg/ml 的溴化乙锭水溶液，轻轻混匀，待冷至 50℃左右倒入凝胶槽，胶厚一般为 5～8mm。

（4）待胶彻底凝固后，去掉两侧挡板，将凝胶放入盛有电泳液的槽中（加样孔朝向负极端，DNA 由负极向正极移动），使液面高出凝胶 2～3mm，小心拔出梳子。

（5）DNA 样品与载体缓冲液 5:1 混合并加入凹孔中（样品不可溢出）。

（6）打开电源，调节所需电压，电压与凝胶的长度有关，一般使用电压不超过 5V/cm。

（7）据指示染料移动的位置，确定电泳是否终止（溴酚蓝的泳动距离在 5sRNA 和 0.3kb DNA 带之间）。

（8）电泳完毕关闭电源。将凝胶放紫外灯下观察并拍照。

三、酚氯仿抽提法提取外周血 DNA

【实验原理】

将分散好的真核生物组织、细胞在含 SDS 和蛋白酶 K 的溶液中消化分解蛋白质。破坏细胞膜、核膜，SDS 可使组织蛋白与 DNA 分子分离，EDTA 能抑制细胞中 DNase 的活性，使 DNA 分子完整地以可溶形式存在于溶液中，再用酚、氯仿/异戊醇抽提除去蛋白质，（氯仿可除去 DNA 溶液中微量酚的污染，异戊醇还可减少蛋白质变性操作过程中产生气泡）得到的 DNA 溶液经乙醇沉淀进一步纯化，为获得高纯度 DNA，操作中常加入 RNase 除去 RNA，此法可获得 100～200kb 的 DNA 片段，适用于构建真核基因组文库，Southern blot 分析。

【实验材料】

新鲜外周静脉血；柠檬酸钠缓冲液（pH 7.2）；蛋白酶 K（100μg/ml）；酚、氯仿、异戊醇，70%乙醇；乙酸钠（3mol/L）。

【操作步骤】

1. 外周静脉血 DNA 的提取

（1）新鲜外周静脉血 3～5ml，以 ACD（柠檬酸钠缓冲液）1/7 体积抗凝。

（2）3500r/min 离心 15min，吸除上层血浆。

（3）加 5 倍体积蒸馏水（灭菌），摇匀，静置 5～10min，3500r/min 离心 15min，去上清，（若沉淀不够，可重复 1～2 次）。

（4）吸取沉淀（少许液体）放入 1.5ml 离心管，STE 清洗 2 次；12 000r/min 离心 7～8min。

（5）去上清后加 0.5ml STE，10%SDS 25～30ml，蛋白酶 K 5μl（100μg/ml）37℃消化过夜，直至沉淀物溶解为止。

（6）等体积饱和酚，倒转摇匀 10min。12 000r/min，离心 5min，吸上层入另一 1.5ml 离心管，勿吸入蛋白层。

（7）上清液加等体积酚:氯仿:异戊醇（25:24:10），倒转混匀 10min。12 000r/min，离心 5min，吸上层入另一 1.5ml 离心管。

（8）上清液加等体积氯仿:异戊醇（24:1），倒转混匀 10min，12 000r/min，离心 5min，取上清入另一管。

(9) 加 1/12 体积 3mol 乙酸钠,混匀后再加 3 倍体积的 4℃无水乙醇,轻柔振摇;应出现白色絮状物(DNA);于−20℃放置 20～30min,12 000r/min 低温(4℃)离心 10min,沉淀DNA,去上清。

(10) 加 1ml 70％乙醇洗涤,12 000r/min 低温(4℃)离心 10min,去上清,重复 1 次。

(11) 自然干燥后,用 pH 8.0 TE 溶解,保存在−20℃备用。

2. DNA 浓度的测定　　取 15μl DNA 标本加 1485μl 双蒸水,充分混匀后,用紫外分光光度计测定波长分别为 260nm、280nm、330nm 时的 OD 值,计为 OD_{260}、OD_{280}、OD_{330},计算浓度和比值,判断 DNA 的浓度和纯度。

$$DNA 浓度(μg/ml)=(OD_{260}-OD_{330})×50μg/ml×稀释倍数(100)$$
$$DNA 纯度=(OD_{260}-OD_{330})/(OD_{280}-OD_{330})$$

若 DNA 纯度<1.6,表明有残存酚或蛋白含量太高,用氯仿抽提纯化。

3. DNA 的纯化

(1) 加等体积氯仿、异戊醇,轻轻振摇 5min,12 000r/min 低温离心 5min,吸取上层水相至另一 EP 管;重复一次。

(2) 加入 1/12 体积的 3mol NaAc,混匀,再加入 2.5 倍体积无水乙醇沉淀 DNA;12 000r/min 低温离心 5min,去除上清。

(3) 加 1ml 70％乙醇洗涤,12 000r/min 低温离心 10min,去上清;重复 1 次。

(4) 真空干燥,加适量 TE 溶解,置 4℃备用。

【思考题】

(1) 根据核酸在细胞内的分布、存在方式及其特性,提取过程中采取了什么相应的措施?

(2) DNA 样品的纯度与哪些因素有关?

(3) 从外周血提取 DNA 尽量用新鲜血,为什么?

(4) 长期保存 DNA 样品时其稳定性受哪些因素影响?

实验二十　核酸含量测定

一、紫外吸收法测定核酸含量

【实验目的】

掌握紫外吸收法测定核酸含量的原理和方法。

【实验原理】

核苷、核苷酸、核酸的组成成分中都有嘌呤、嘧啶碱基,这些碱基都具有共轭双键,在紫外光区的 250～280nm 处有强烈的光吸收作用,最大吸收值在 260nm 左右。常利用核酸的紫外吸收性进行核酸的定量测定。核酸的摩尔消光系数 ε(P)表示为每升溶液中含有 1 摩尔原子磷的光吸收值。RNA 的 ε(P)260nm(pH 7.0)为 7700～7800,RNA 的含磷量约9.5％,因此每毫升溶液含 1μg RNA 的光吸收值相当于 0.022～0.024。小牛胸腺 DNA 钠盐的 ε(P)260nm(pH 7.0)为 6600,含磷量为 9.2％,因此每毫升溶液含 1μg DNA 钠盐的光吸收值相当于 0.020。测出 260nm 处的光吸收值,可计算出核酸的含量。当核酸变性降解时,其紫外吸收强度显著增加,称为增色效应。

蛋白质也有紫外吸收,通常蛋白质的吸收高峰在 280nm 波长处,在 260nm 处的吸收值仅为核酸的 1/10 或更低,因此对于含有微量蛋白质的核酸样品,测定误差较小。若待测的核酸制品中混有大量的具有紫外吸收的杂质,则测定误差较大,应设法除去。不纯的样品不能用紫外吸收值作定量测定。

从 A_{260}/A_{280} 的比值可判断样品的纯度。纯 RNA 的 $A_{260}/A_{280} \geqslant 2.0$;DNA 的 $A_{260}/A_{280} \geqslant 1.8$。当样品中蛋白质含量较高时,则比值下降。RNA 和 DNA 的比值分别低于 2.0 和 1.8 时,表示此样品不纯。pH 对核酸紫外吸收性有影响,所以在测定时要固定溶液的 pH。

本实验采用常用的比消光系数法来测定核酸含量。

【操作步骤】

1. 测定 取洁净离心管甲乙两支,分别准确加入 1.0ml DNA/RNA 样液,然后向甲管加入 1.0ml 蒸馏水,向乙管加入 1.0ml 过氯酸-钼酸铵沉淀剂,摇匀后置冰箱内 30min,使沉淀完全。3000r/min 离心 10min,各吸取上清液 0.5ml 转入相应的甲乙两容量瓶内,定容至 50ml。以蒸馏水作空白对照,使用紫外光度计分别测定上述甲乙两稀释 A_{260} 值。

2. 计算

试液中 DNA / RNA 总含量按下式计算:

$$DNA(\mu g) = \frac{甲 A_{260} - 乙 A_{260}}{0.020} \times V_B \times D$$

$$RNA(\mu g) = \frac{甲 A_{260} - 乙 A_{260}}{0.022} \times V_B \times D$$

式中,甲 A_{260} 为被测稀释液在 260nm 处的总光密度值;乙 A_{260} 为加沉淀剂除去大分子核酸后被测稀释液在 260nm 处的光密度值;两者之差(甲 A_{260} - 乙 A_{260})为被测稀释液的光密度值;V_B 为被测试液总体积(ml);D 为样液的稀释倍数;0.020 为脱氧核糖核酸的比消光系数,即每毫升含 $1\mu g$ DNA 钠盐的水溶液(pH 为中性)在 260nm 波长处,通过光径为 1cm 时的光密度值;0.022 为核糖核酸的比消光系数,是浓度为 1mg/L 的核糖核酸水溶液(pH 为中性)在 260nm 波长处,通过光径为 1cm 时的光密度值。

由于大分子核酸易发生变性,此值也随变性程度不同而异,因此一般采用比消光系数计算得到 DNA 或 RNA 量是一个近似值。

二、定磷法测定核酸含量

【实验目的】

掌握定磷法测定核酸含量的原理和方法。

【实验原理】

核酸分子结构中含有一定比例的磷(RNA 含磷量约为 8.5%~9.0%,DNA 含磷量约为 9.2%),测定其含磷量即可求出核酸的量。核酸分子中的有机磷经强酸消化后形成无机磷,在酸性条件下,无机磷与钼酸铵结合形成黄色磷钼酸铵沉淀,其反应为:

$$PO_4^{3-} + 3NH_4^+ + 12MoO_4 + 24H^+ \longrightarrow (NH_4)_3PO_4 - + 12MoO_3 \cdot 6H_2O + 6H_2O$$

在还原剂存在的情况下,黄色物质变成蓝黑色,称为钼蓝。在一定浓度范围内,蓝色的深浅与磷含量成正比,可用比色法测定。若样品中尚含有无机磷,需作对照测定,消除无机磷的影响,以提高准确性。

【实验材料】

1. 实验器材 恒温水浴,721 分光光度计。

2. 实验试剂

(1) 标准磷溶液:将磷酸二氢钾于 110℃烘至恒重,准确秤取 0.8775g 溶于少量蒸馏水中,转移至 500ml 容量瓶中,加入 5ml 5mol/L 硫酸溶液及氯仿数滴,用蒸馏水稀释至刻度。此溶液每 1ml 含磷 400μg,临用时准确稀释 20 倍(20μg/ml)。

(2) 定磷试剂:①17%硫酸:17ml 浓硫酸(相对密度 1.84)缓缓加入到 83ml 水中。②2.5% 钼酸铵溶液:2.5g 钼酸铵溶于 100ml 水。③10%抗坏血酸溶液:10g 抗坏血酸溶于 100ml 水,并储存于棕色瓶中,溶液呈淡黄色尚可使用,呈深黄甚至棕色即失效。临用时将上述 3 种溶液与水按如下比例混合:溶液(1):溶液(2):溶液(3):水=1:1:1:2(V:V)。

(3) 5%氨水,27%硫酸。

【操作步骤】

1. 磷标准曲线的绘制 取干燥试管 7 支编号,按表 8-2 所示加入试剂。

表 8-2 制作磷标准曲线的操作方法

试剂	管号						
	0	1	2	3	4	5	6
磷标准溶液(ml)	0.0	0.05	0.1	0.2	0.3	0.4	0.5
蒸馏水(ml)	3.0	2.95	0.9	2.8	0.7	2.6	2.5
定磷试剂(ml)	3.0	3.0	3.0	3.0	3.0	3.0	3.0
A_{660}							

加毕摇匀,在 45℃水浴中保温 10min,冷却,以零号管调零点,于 660nm 处测吸光度。以磷含量为横坐标,吸光度为纵坐标作图。

2. 总磷的测定 秤粗核酸 0.1g,用少量水溶解(若不溶,可滴加 5%氨水至 pH 7.0),待全部溶解后,移至 50ml 容量瓶中,加水至刻度(此溶液含样品 2mg/ml),即配成核酸溶液。

吸取上述核酸溶液 1.0ml,置大试管中,加入 2.5ml 27%硫酸及一粒玻璃珠,于通风橱内直火加热至溶液透明(切勿烧干),表示消化完成。冷却后取下,将消化液移入 100ml 容量瓶中,以少量蒸馏水洗涤试管两次,洗涤液一并倒入容量瓶,再加蒸馏水至刻度,混匀后吸取 3ml 溶液置试管中,加 3ml 定磷试剂,45℃水浴保温 10min 后取出,测 A_{660}。

3. 无机磷的测定 吸取核酸溶液 1ml,置于 100ml 容量瓶中,加水至刻度,混匀后吸取 3.0ml 置试管中,加定磷试剂 3.0ml,45℃水浴中保温 10min 后取出,测 A_{660}。

4. 结果处理 总磷 A_{660}－无机磷 A_{660}＝有机磷 A_{660}。

从标准曲线上查出有机磷微克数(X),按下式计算样品中核酸百分含量。

$$核酸(\%)=\frac{\dfrac{X}{测定时取样毫升数}\times 稀释倍数 \times 11}{样品重量(\mu g)}\times 100\%$$

【结果讨论】

定磷法即可以测定 DNA 的含量又可以测定 RNA 的含量,若 DNA 中混有 RNA 或 RNA 中混有 DNA,都会影响结果的准确性。

三、二苯胺法测定核酸的定量

【实验目的】

学习并掌握二苯胺法定量测定 DNA 含量的原理与方法。

【实验原理】

脱氧核糖核酸中的 2-脱氧核糖在酸性环境中与二苯胺试剂一起加热产生蓝色反应,在 595nm 处有最大吸收。DNA 在 40~400μg 范围内,光密度与 DNA 的浓度成正比。在反应液中加入少量乙醛,可以提高反应灵敏度。除 DNA 外,脱氧木糖、阿拉伯糖也有同样反应。其他多数糖类,包括核糖在内,一般无此反应。

DNA 分子中的脱氧核糖基,在酸性溶液中变成 ω-羟基-γ-酮基戊醛,与二苯胺试剂作用生成蓝色化合物(λmax＝595nm)。可用比色法测定。

$$DNA(脱氧戊糖基) \xrightarrow{[H^+]} HO-CH_2-\underset{\underset{O}{\|}}{C}-CH_2-CH_2-CHO \xrightarrow{二苯胺} 蓝色化合物$$

【器材与试剂】

1. 器材　分析天平;恒温水浴锅;试管;吸量管(2ml 和 5ml);分光光度计。

2. 试剂

(1) DNA 标准溶液(须经定磷确定其纯度):取小牛胸腺 DNA 钠盐以 5mmol/L 氢氧化钠溶液配成 200μg/ml 的溶液。

(2) 样品待测液:准确秤取 DNA 干燥制品以 5mmol/L 氢氧化钠溶液配成 50~200μg/ml 的溶液。在测定 RNA 制品中的 DNA 含量时,要求 RNA 制品的每毫升待测液中至少含有 20μg DNA,才能进行测定。

(3) 二苯胺试剂

A 液:秤取 1g 重结晶二苯胺,溶于 100ml 分析纯的冰乙酸中,再加入 10ml 过氯酸 (60％以上),混匀储于棕色瓶中待用。

B 液:配制 1.6％的乙醛液,临用前配制。

临用时将 A 液 20ml 与 B 液 0.1ml 混合即得二苯胺试剂。

【操作步骤】

1. 标准曲线绘制　取干燥试管 7 支,按表 8-3 中 0~6 号管操作。

2. 样液测定　取 2 支试管按表 8-3 中 7、8 号管操作。

表 8-3　二苯胺法测定核酸的定量的操作步骤

试剂(ml) ＼ 管号	0	1	2	3	4	5	6	7	8
DNA 标准液(200μg/ml)	0	0.4	0.8	1.0	1.2	1.6	2.0	0	0
蒸馏水	2.0	1.6	1.2	1.0	0.8	0.4	0	0	0
二苯胺试剂	4.0	4.0	4.0	4.0	4.0	4.0	4.0	4.0	4.0
DNA 待测液	0	0	0	0	0	0	0	2.0	2.0
摇匀,70℃水浴保温 1h,在 595nm 处测吸光度(OD 值或 A 值)									
OD_{595}									
DNA 含量(μg)	0	80	160	200	240	320	400		

【结果与讨论】

1. DNA 标准曲线绘制 根据测定数据,以 DNA 含量(μg)为横坐标,OD_{595} 值为纵坐标,绘制出标准曲线。

2. DNA 含量的计算 按下式计算样品中 DNA 的百分含量:DNA% = 样液中测得的 DNA 量(ug)×100/样液中的所含样品量(ug)。

四、核酸的定量测定——地衣酚(苔黑酚)法

【实验目的】

了解并掌握地衣酚法测定 RNA 含量的基本原理和具体方法。

【实验原理】

RNA 含量测定,除可用紫外吸收法及定磷法外,常用地衣酚法测定。其反应原理是:当 RNA 与浓盐酸共热时,即发生降解,形成的核糖继而转变成糠醛,后者与 3,5-二羟基甲苯(地衣酚 orcinol)反应,在 Fe^{3+} 或 Cu^{2+} 催化下,生成鲜绿色复合物。反应产物在 670nm 处有最大吸收。RNA 浓度在 20~250μg/ml 范围内,光吸收与 RNA 浓度成正比。地衣酚法特异性差,凡戊糖均有此反应,DNA 和其他杂质也能与地衣酚反应产生类似颜色。因此,测定 PNA 时可先测得 DNA 含量再计算 RNA 含量。

【器材与试剂】

1. 器材 分析天平;沸水浴锅;试管;吸量管;分光光度计。

2. 试剂

(1) RNA 标准溶液(须经定磷确定其纯度):取酵母 RNA 配成 100μg/ml 的溶液。

(2) 样品待测液:配成每毫升溶液含 RNA 干燥制品 50~100μg。

(3) 地衣酚试剂:先配 0.1%三氯化铁的浓盐酸(分析纯)溶液,实验前用此溶液作为溶剂配成 0.1%地衣酚溶液。

【操作步骤】

1. 标准曲线的制作 取 12 支干净烘干试管,按表 8-4 编号及加入试剂。平等作两份。加毕置沸水浴加热 25min,取出冷却,以零号管作对照,于 670nm 波长处测定光吸收值。取两管平均值,以 RNA 浓度为横坐标,光吸收为纵坐标作图,绘制标准曲线。

表 8-4 地衣酚法的操作步骤

试管编组 (×2)试剂	0	1	2	3	4	5
标准 RNA 溶液(ml)	0	0.4	0.8	1.2	1.6	2.0
蒸馏水(ml)	2.0	1.6	1.2	0.8	0.4	0.0
地衣酚-Cu^{2+}(ml)	2.0	2.0	2.0	2.0	2.0	2.0

2. 样品的测定 取两支试管,各加入 2.0ml 样品液,再加 2.0ml 地衣酚-Cu^{2+}试剂。如前述进行测定。

【结果与讨论】

1. 绘制出标准曲线。

2. RNA 含量的计算 根据测得的光吸收值,从标准曲线上查出相当该光吸收的 RNA

含量,按下式计算出制品中 RNA 的百分含量:RNA ％＝待测样液中测得的 RNA 量（μg）×100/待测样液中的所含样品量（μg）。

【注意事项】

（1）样品中蛋白质含量较高时,应先用 5％三氯乙酸溶液沉淀蛋白质后再测定。

（2）本法特异性较差,凡属戊糖均有反应。微量 DNA 无影响,较多 DNA 存在时,亦有干扰作用。如在试剂中加入适量 $CuCl_2 \cdot 2H_2O$ 可减少 DNA 的干扰,甚至某些己糖在持续加热后生成的羟甲基糖醛也能与地衣酚反应,产生显色复合物。此外,利用 RNA 和 DNA 显色复合物的最大光吸收不同,且在不同时间显示最大色度加以区分。反应 2min 后,DNA 在 600nm 呈现最大光吸收,而 RNA 则在反应 15min 后,在 670nm 下呈现最大光吸收。

【讨论与思考】

（1）定磷法操作中有哪些关键环节?

（2）利用二苯胺法测定 DNA 含量时,若 DNA 样品中混有 DNA 或蛋白质、糖类时,是否会有干扰?

（3）利用地衣酚(苔黑酚)法测定 RNA 的含量,灵敏度较高,但特异性较差,有哪些干扰因素? 如何排除干扰?

小结

核酸是由核苷酸聚合而成的生物大分子,是细胞最基本和最重要的成分。DNA 和 RNA 都是极性化合物,一般都溶于水而不溶于有机溶剂,其钠盐比游离核酸更易溶于水。酸性溶液中两者都易水解,而在中性和弱碱性溶液中较稳定。由于天然 DNA 往往与蛋白质结合为脱氧核糖核蛋白(DNP)形式存在于细胞核中,分离 DNA 时往往先抽提出 DNP,之后除掉蛋白质,再除去糖、RNA 等。

核酸抽提包含样品的裂解和纯化两大步骤。裂解是使样品中的核酸游离在裂解体系中的过程,纯化则是使核酸与裂解体系中的其他成分,如蛋白质、盐及其他杂质彻底分离的过程。盐的作用,除了提供一个合适的裂解环境(如 Tris),还包括抑制样品中的核酸酶在裂解过程中对核酸的破坏(如 EDTA)、维持核酸结构的稳定(如 NaCl)等。去污剂则是通过使蛋白质变性,破坏膜结构及解开与核酸相连接的蛋白质。

复习题

1. 如何防止核酸在提取过程中结构被破坏? 提取 DNA 和 RNA 操作上有何不同?

2. 核酸的定量测定有哪些方法,分别依据什么原理?

3. 如何检验核酸的纯度? 如果有杂质,如何判断混入何种杂质?

4. PCR 技术的基本原理是什么? 操作步骤中应注意哪些事项?

第二篇　综合性、探索性实验

第九章　探索性实验设计

实验设计是科学研究计划内关于研究方法与步骤的一项内容。在分子医学科研工作中，无论实验室研究、临床疗效观察或现场调查，在制订研究计划时，都应根据实验的目的和条例，结合统计学的要求，针对实验的全过程，认真考虑实验设计问题。一个周密而完善的实验设计，能合理地安排各种实验因素，严格地控制实验误差，从而用较少的人力、物力和时间，最大限度地获得丰富而可靠的资料。反之，如果实验设计存在着缺点，就可能造成不应有的浪费，且足以减损研究结果的价值。总之，实验设计是实验过程的依据，是实验数据处理的前提，也是提高科研成果质量的一个重要保证。

第一节　实验设计的选题

一、选题的基本原则

探索性实验设计应着重于学生综合运用知识与技能的培养，培养学生独立分析与解决问题的能力。探索性实验设计的选题过小或过于简单会失去设计性实验的意义，难以达到培养学生综合能力的目的；反之，题目选择的过大或实验指标过高，会使学生无从下手、望而生畏，从而丧失信心和勇气，也不能达到探索性实验的目的。选题的一般原则是根据教学大纲要求，结合理论教学内容，兼顾学科发展现状与趋势，选择适当的题目，具体讲要考虑以下几个方面的原则。

（一）难易适中性原则

设计性实验题目的难易程度要适中，大多数学生运用所学知识和实验技能，通过查阅资料和教师的启发性指导能在规定的时间内完成，同时要考虑实验题目的层次性，使不同水平的学生在实验题目的选择上有一定的余地。

（二）可行性原则

确定实验题目不仅要考虑理论上的可行性，还要考虑实验条件的可行性，尽量选用实验室已有的仪器设备和通用性的仪器设备。

（三）探索性原则

选题应具有一定的探索性，进一步为学生提供思考和创造的空间，调动学生学习的主观能动性，通过查阅资料和动手、动脑而有所创新。

（四）综合性原则

题目的选择要注重学生已有的基础知识和基本技能的综合应用，达到进一步巩固和掌握的目的，同时要理论联系实际，提高学生分析和解决问题的综合能力。

(五) 安全性原则

不仅要考虑实验人员人身的安全,还要考虑仪器设备的安全,同时要尽量减少对周围环境的污染和破坏。

二、选题的一般过程

选题的步骤一般包括:原始想法或问题的提出,查阅相关文献和批判性的文献综述,形成假说,选题的陈述4个过程。

(一) 原始想法或问题的提出

在实际工作中,常常很难准确地解释一个详细的研究计划是如何产生的。通常,原始想法或问题的形成有3种情况。①对一特定课题的现有知识做出评价之后提出的某个或某些问题,而这些问题只有经过仔细的、有计划的科学研究才能回答。②观察到一种现象,这些现象不能用当代已有的知识去解释,但可以提出一种假说去解释。这样常常要设计一个实验以验证这种假说正确与否,从而提出间接的证据去支持或否定这个假说。③进行实验是为了检验别人的假说,这就需要重复别人的实验。这一工作之所以必要,是因为原来的工作只不过是启发性,而不是结论性的,或者是因为所得结果具有重要的实际意义需要进一步的证明或扩展。因此,新的更好的分析方法的出现,常常用来重复过去的研究过程。

(二) 查阅文献和批判性的文献综述

有了原始的想法或问题,并没有构成一个科研题目,为了形成一个好的科研题目必须查阅文献。与主题相关的文献可以帮助你了解有关此问题的背景,并在此基础上对有关主题的文献资料作批判性的评价,以寻求选题的依据和价值,同时获得当今所能够采用的最佳研究方法及可靠性的细节,形成一个新的、更高水平的研究题目。获得文献综述的一个好方法是阅读与主题有关、内容丰富的教科书、专著和杂志。

(三) 假说形成的过程及其内容

所谓假说就是对科学上某一领域提出的某一新问题,预先提出未被证实的、或未被完全证实的答案和解释。一个假说的形成,应当以公认的和已证明的知识为基础,它为实际上已经证明的事实提出一个合乎逻辑的发展。此外,它必须是一种明确的,而不是含糊不清的叙述,同时必须能用适当的实验技术加以可能的解释。

达尔文说过:"没有假说,也就没有有用的观察"。巴斯德也说过:"在实验的领域里,运气只光顾有准备的思想"。假说的提出是基于过去的研究结果和对文献材料的熟悉,是建立在原始的想法或对问题批判性的文献综述的基础上的。

假说形成以后再对其内容进行高度概括便是我们的研究题目。研究题目一般应体现受试对象(或调查对象)、处理因素(施加的因素)和实验效应(观察指标)三者之间的关系。

(四) 选题的陈述

研究题目确定以后,要对自己所选的题目进行必要的、全面的陈述。陈述的内容应包括:①选题依据,包括该选题的历史概况及现代进展,本题目与前人不同之处以及创新之处;②假说形成的过程及其内容;③准备采取的实验技术路线和水平;④研究的工作程序;⑤预期结果和学术价值及应用前景。

陈述的水平反映研究者的科学思维、理论认识、实践能力和工作的科学性、可靠性及预期结果的可信程度。一个好的选题陈述,可以说是没有实验的论文雏形,这一程序是科研选题过程必不可少的,而且相当重要,也是评价科研课题价值的重要内容之一。

(五) 选题报告书写内容

选题报告书写内容包括:①摘要;②选题依据(国内外研究进展);③内容、目标、拟解决的关键问题;④研究方案及可行性分析(方法、路线、手段和技术等);⑤预期结果;⑥研究基础与工作条件。

第二节　医学分子实验设计的原理与方法

一、实验设计的方法

一个比较完整的实验设计方案,一般包括这样几方面的内容:①实验题目的确定;②提出假说;③设计实验方法和步骤;④提出实验的预期结果;⑤要观察和搜集的数据及方法。

因此在实验设计中可以从以下几个方面去考虑:①明确实验目的,即需要验证的分子生物学事实;②严格遵守实验原理,实验所依据的科学原理,涉及分子生物学及相关学科的方法和原理;③恰当选择实验对象,选择最能体现此生物学事实的具体对象,如细胞、组织、器官或生物个体;④细心注意对实验条件、材料用具和装置的理化条件和生物学方法处理后,认真研究实验装置设计的严密性和合理性;⑤合理设计实验步骤,要注意实验步骤的关联性和延续性,实验操作的程序性;⑥精心设置对照组实验,控制和消除无关变量对实验结果的影响;⑦提出假设条件,预测结果,假设是对可见现象作出可以检测的解释,假设的成立与否依赖证据(预测结果符合事实或实现则假设成立,反之则假设不成立);⑧仔细观察实验现象,详细记录实验结果,只考虑单一实验变量对结果的影响;⑨认真分析原因,全面讨论结果,无论实验成功与否都要分析原因,对实验要进行多角度、全方位的分析讨论。

二、实验设计的实施

一般安排 16 学时为设计性实验项目,由教师提出任务和要求,让学生以 6 人为一小组共同探讨选题内容。接着学生们通过查阅资料共同探讨自行设计实验方法、操作步骤,并写成初稿。然后在老师指导、点评与讨论中共同完成实验设计方案。待实验方案通过后,学生自行准备实验所用的试剂、耗材及仪器设备等,最后在教师指导下利用本实验室的条件完成设计性实验。

学生根据自己的实验方案进行实验时,教师要给予必要的指导和帮助。实验结束后学生在两周内上交实验报告,教师批改学生的实验报告,给出成绩。待所有实验完成后组织学生进行探索性设计实验后的经验总结和心得交流,教师指导其撰写实验论文。

三、探索性实验选题示例

在本部分实验中,由教师确定题目,提出要求并给予必要的提示,然后由学生利用手头的实验资料及查阅文献资料自行设计实验方案,经教师审阅后实施。实验中所需的试剂全部或部分由学生动手配制。

【实验设计 1】

题目:黄豆中蛋白质含量测定。

要求:确定黄豆中蛋白质的百分含量。

提示:黄豆中蛋白质含量极为丰富。

【实验设计 2】

题目:清蛋白、球蛋白的制备。

要求:从卵清蛋白中分离提纯清蛋白、球蛋白,并分别计算得率(g 蛋白质/ml 卵清)。

提示:球蛋白和清蛋白分别可在 50% 和 100% 饱和硫酸铵溶液中沉淀。球蛋白不溶于纯水。

【实验设计 3】

题目:脲酶的动力学研究。

要求:提取脲酶,对脲酶进行动力学研究。

提示:黄豆中可提取脲酶。酶促反应动力学研究酶促反应的速度以及底物浓度、酶浓度、pH、温度、激活剂、抑制剂等各种因素改变对酶促反应速度的影响。

第三节　数据的记录与处理

一、实验误差

在进行定量分析实验的测定过程中,由于受分析方法、测量仪器、所用试剂和其他人为因素的影响,不可能使测出的数据与客观存在的真实值完全相同。真实值与测试值之间的差别就叫做误差。通常用准确度和精密度来评价测量误差的大小。

准确度是实验分析结果与真实值相接近的程度,通常以绝对误差 ΔN 的大小来表示,ΔN 值越小,准确度越高。误差还可以用相对误差来表示,其表示式为:

绝对误差
$$\Delta N = N - N'$$

$$相对误差(\%) = \frac{\Delta N}{N'} \times 100\%$$

式中,N 为测定值;N' 为真实值。

从以上两式可以看出,用相对误差来表示分析结果的准确度是比较合理的,因为它反映了误差值在整个结果的真实值中所占的比例。

然而在实际工作中,真实值是不可能知道的,因此分析的准确度就无法求出,而只能用精确度来评价分析结果。精确度是指在相同条件下,进行多次测定后所得数据相近的程度。精确度一般用偏差来表示,偏差也分绝对偏差和相对偏差:

$$绝对偏差 = 个别测定值 - 算术平均值(不计正负)$$

$$相对偏差 = \frac{绝对偏差}{算术平均值} \times 100\%$$

当然,和误差的表示方法一样,用相对偏差来表示实验的精确度比用绝对偏差更有意义。在实验中,对某一样品常进行多次平行测定,求得其算术平均值作为该样品的分析结果。而该结果的精确度则用平均绝对偏差和平均相对偏差来表示。

$$平均绝对偏差 = \frac{个别测定值的绝对偏差之和}{测定次数}$$

$$平均相对偏差 = \frac{平均绝对偏差}{算术平均值}$$

在分析实验中,有时只作两次平行测定,此时结果的精确度表示方法如下:

$$相对偏差 = \frac{二次分析结果的差值}{二次分析结果的平均值} \times 100\%$$

应该指出,误差和偏差具有不同的含义。前者以真实值为标准,后者以平均值为标准。由于物质的真实值不能知道,我们在实际工作中得到的结果只能是多次分析后得到的相对正确的平均值,而其精确度则只能以偏差来表示。分析结果表示为:

算术平均值 ± 平均绝对偏差

还应指出,用精确度来评价分析的结果是有一定的局限性的。分析结果的精确度很高(即平均相对偏差很小),并不一定说明实验的准确度也很高。如果分析过程中存在系统误差,可能并不影响每次测得数值之间的重合程度,即不影响精确度;但此分析结果却必然偏离真实值,也就是分析的准确度不高。

二、产生误差的原因及其校正

产生误差的原因很多。一般根据误差的性质和来源,可将误差分为系统误差与偶然误差。

(一) 系统误差

系统误差与分析结果的准确度有关,由分析过程中某些经常发生的原因所造成,对分析的结果影响比较稳定,在重复测定时常常重复出现。这种误差的大小与正负往往可以估计出来,因而可以设法减少或校正。系统误差的来源主要有:

1. 方法误差　由于分析方法本身所造成,如重量分析中沉淀物少量溶解或吸附杂质;滴定分析中,等摩尔反应终点与滴定终点不完全符合等。

2. 仪器误差　因仪器本身不够精密所造成,如天平、量器、比色杯不符合要求。

3. 试剂误差　来源于试剂或蒸馏水的不纯。

4. 操作误差　由于每个人掌握的操作规程与控制条件常有出入而造成,如不同的操作者对滴定终点颜色变化的判断常会有差别等。为了减少系统误差常采取下列措施:

(1) 空白实验:为了消除由试剂等原因引起的误差,可在不加样品的情况下,按与样品测定完全相同的操作手续,在完全相同的条件下进行分析,所得的结果为空白值。将样品分析的结果扣除空白值,可以得到比较准确的结果。

(2) 回收率测定:取一标准物质(其中组分含量都已精确地知道)与待测的未知样品同时作平行测定。测得的标准物质量与所取之量之比的百分率就为回收率,可以用来表达某些分析过程的系统误差(系统误差越大,回收率就越低)。通过下式则可对样品测量值进行校正:

$$被测样品的实际含量 = \frac{样品的分析结果}{回收率}$$

(3) 仪器校正:对测量仪器校正以减少误差。

(二) 偶然误差

偶然误差与分析结果的精确度有关,来源于难以预料的因素,或是由于取样不均匀,或

是由于测定过程中某些不易控制的外界因素的影响。为了减少偶然误差,一般采取的措施是:

1. 平均取样 动植物新鲜组织制成匀浆;细菌制成悬液并打散摇匀后量取一定体积菌液;极不均匀的固体样品,则在取样以前先粉碎、混匀。

2. 多次测定 根据偶然误差的规律,多次取样平行测定,然后取其算术平均值,就可以减少偶然误差。

除以上两大类误差外,还有因操作事故引起的"过失误差",如读错刻度,溶液溅出,加错试剂等。这时可能出现一个很大的"误差值",在计算算术平均值时,此数值应予弃去。

三、有 效 数 字

在生化定量分析中应在记录数据和进行计算时注意有效数字的取舍。

有效数字应是实际可能测量到的数字;应该取几位有效数字,取决于实验方法与所用的仪器的精确度。所谓有效数字,即在一个数值中,除最后一位是可疑数外,其他各数都是确定的。

数字 1~9 都可作为有效数字,而 0 特殊,它在数值中间或后面是一般有效数字,但在数字前面时,它只是定位数字,用以表示小数点的位置。

在加减乘除等运算中,要特别注意有效数字的取舍,否则会使计算结果不准确。运算规则大致可归结如下:

1. 加减法 几个数值相加之和或者相减之差,只保留一位可疑数。在弃去过多的可疑数时,按四舍五入的规则取舍。因此,几个数相加或相减时,有效数字的保留应以小数量少的数字为准。

2. 乘除法 几个数值相乘除时,其积或商的相对误差接近于这几个数之中相对误差最大值。因此积或商保留有效数位数与各运算数字中有效数位最少的相同。还应指出,有效数字最后一位是可疑数,若一个数值没有可疑数,则可视为无限有效。

3. 数据处理 对实验中所取得的一系列数值,采取适当的处理方法进行整理、分析,才能准确地反映出被研究对象的数量关系。在生化实验中通常采用列表法或者作图法表示实验结果,可使结果表达得清晰、明了,而且还可以减少和弥补某些测定的误差。根据对标准样品的一系列测定,可以列出表格或绘制标准曲线,然后由测定数值直接查出结果。

(1)列表法:将实验所得的各数据用适当的表格列出,并表示出它们之间的关系。通常数据的名称与单位写在标题栏中,表内只填写数字。数据应正确反映测定的有效数字,必要时应计算出误差值。

(2)作图法:实验所得的一系列数据之间关系及其变化情况,可用图线直观地表现出来。作图时通常先在坐标纸上确定坐标轴,标明轴的名称和单位,然后将各数值点用"＋"或"×"等标记标注在图纸上,再用直线或曲线把各点连接起来。图形必须平滑,可不通过所有的点,但要求线两旁偏离的点分布较均匀。画线时,个别偏离较大的点应当舍去,或重复试验校正。采用作图法时至少要有 5 个以上的点,否则就没有实际意义。

第四节　设计性实验的指导与考核

科学、公正、客观地全面评价学习效果,对于调动学生学习的积极性起到相当重要的作用。因此,探索性实验注重全面考查学生的素质,而不是仅仅考查学生所掌握的知识。考查的内容不仅有所学的知识和技能,还有运用知识的能力及实验中表现出的合作精神、认真与实事求是的科学态度等。考核包括以下几方面:

(一) 平时成绩

包括实验技能、实验态度、实验室常识等的掌握。

(二) 实验设计和实施

1. 实验报告　包括选题报告及实验报告。

2. 实验设计　考核学生的独立实验设计和实践过程,注重考查学生的创新性思维及独立分析问题、解决问题能力。

3. 实验论文　让学生整理最满意的实验报告为课程小论文的方式,着重考查学生的再获取知识的能力和书面表达的能力,考查学生如何检索、收集知识,如何总结实验结果并撰写科研论文(表 9-1)。

表 9-1　考核性设计实验的成绩评定标准

项目	要求	分值
查阅文献	完整、全面	10
方案设计	合理、有创意	15
基本操作	规范	15
实验能力	观察仔细、分析和解决问题	15
实验结果	数据记录及时、结果准确	10
书面报告	格式规范、条理清楚、表达准确	15
总结讨论	结合实际、抓住要点、总结经验	20

第五节　实验报告和论文的撰写

一、实验记录

实验课前应认真预习,将实验名称、目的和要求、原理、实验内容、操作方法与步骤等简单扼要地写在记录本上。实验记录本应标上页数,不要撕去任何一页。

实验记录不能用铅笔书写,须用钢笔或圆珠笔书写。记录不要擦抹及涂改,写错时可划去重写。

实验中观察到的现象、结果和数据,应及时直接记录在记录本上,绝对不可用单片纸做记录或草稿。原始记录必须准确、简练、详尽和清楚。

记录时,应做到正确记录实验结果,切忌夹杂主观因素。在实验条件下观察到的现象,应如实仔细地记录下来。在定量实验中观测的数据,都应设计一定的表格(简易形式)准确记录下正确的数据,并根据仪器的精确度准确记录有效数字。每一结果至少重复观察两次,当符合实验要求并确定仪器正常工作后再写在记录本上。实验记录上的每一个数字,都反映每一次的测量结果。所以,重复观测时即使数据完全与前一次相同也应如实记录下来。数据做好记录。

实验中使用仪器的类型、编号以及试剂的规格、化学式、相对分子质量、准确的浓度等,都应该记录清楚,以便总结实验时进行核对和作为查找成败原因的参考依据。

如发现实验记录的结果有怀疑、遗漏、丢失等,都必须重做实验。因为将不可靠的结果当做正确的记录,在实际工作中可能造成难于估计的损失。

二、实 验 报 告

实验结束时,应及时整理和总结实验结果,写出实验报告。按照实验内容可将实验分为定性实验和定量实验两大类,下面分别列举这两类实验报告的参考格式:

(一)定性实验报告

实验(编号)(实验名称)

1. 目的要求
2. 内容
3. 原理
4. 试剂和器材
5. 操作方法
6. 结果和讨论
7. 参考文献

一般一次实验课做数个有关的定性实验,报告中的实验名称及目的要求应是针对整个实验课的全部内容。原理、操作方法与步骤,结果与讨论则按实验各自的内容而不同。原理部分应简述基本原理;操作方法与步骤可采用工艺流程图方式或自行设计的表格来表示。某些实验的操作部分可以与结果和讨论部分结合并成自行设计的综合表格。结果与讨论包括实验结果及观察现象的小结,对实验课遇到的问题和思考题进行探讨以及对实验的改进意见等。

(二)定量实验报告

实验(编号)(实验名称)

1. 目的要求
2. 内容
3. 原理
4. 试剂和器材
5. 操作方法
6. 结果和讨论
7. 参考文献

通常定量实验每次只能做一个。在实验报告中,目的和要求,原理及操作部分应简单扼要地叙述,但是对于实验条件即试剂配制及仪器部分或操作的关键环节必须表达清楚。实验结果部分应将一定实验条件下获得的实验结果和数据进行整理、归纳、分析和对比,并尽量总结成各种图表,如原始数据及其处理的表格,标准曲线图以及比较实验组与对照组实验结果的图表等。另外,还应针对实验结果进行必要的说明和分析,讨论部分则包括关于验方法,操作技术及其他有关实验的一些问题,如实验的正常结果和异常结果以及思考题等。另外,也包括对于实验设计的认识、体会和建议,对实验课的改进意见等。

三、科学研究论文的格式与写法

研究论文的结构可分为 3 部分:前置部分,主体部分(正文)及附录部分。

(一) 前置部分

1. 文题(title)　文题是全文的高度概括与总结。读者检索文献的第一步就是浏览文题以决定是否进一步查阅(精读或泛读)。好的文题如"一句话新闻",以最精炼的文字鲜明而醒目,能吸引读者阅读,凝集全文关键信息。

2. 作者与作者单位(authors and institute)　作者是完成该项研究工作并对论文负责的主要参加者。医学刊物编辑国际委员会规定,作者必须同时具备以下 3 个条件:①课题的构思与设计,资料的分析与解释;②起草文稿或对论文要内容做了认真严格的修改;③最终审定、完成发表重的文本。具备以上条件视为对该项研究有实质性贡献,有资格署名。作者姓名排序通常意味着实际贡献大小,第一作者通常为主要完成人及论文起草人,第二作者往往是与第一作者起同样重要作用的人。贡献大小首推课题设计而非参与具体工作(执行人)欧美期刊所列最后一位作者一般为该课题负责人,并标以星号,注释为通讯联系人。论文中一般不宜另列"指导者"。

作者单位与地址(包括邮政编码)应署论文研究工作完成期间的学术单位,通常指课题负责人所在单位。合作单位或第一作者现任工作单位可加注星号并在注释中说明。

3. 摘要与关键词(abstract and key words)　为了帮助读者浏览杂志文献时迅速了解全文大意,并决定到此为止,还是进一步全文阅读或选择性阅读某一部分(如背景、方法与思路、主要发现或观点等),一篇完整的论文均应在正文前附一篇全文内容的摘要。

研究论文的摘要可分为信息性摘要及结构式摘要两种。①摘要的重点是结果与结论,主要数据应附以统计学显著性检测值。目的与方法要简洁明快,摘要不应包括讨论内容,尽可能删去解释、补充、自我评价等虚话。②摘要一定要反映论文的特色,即新方法、新发现和新观点,切忌"摘而不要"甚至"摘而无要"。③摘要应独立成文并能独立应用。不宜用图表、公式,众所周知的专业术语尽量用缩写。

关键词是能表达论文主题的最关键、最重要的词或短语,而主题词是规范化的关键词,即《医学主题词表》中的词。关键词可直接从文题和正文中抽取,但应尽可能使用规范化形式(主题词)。一般在摘要之后另起一段,注明关键词,其后列出 3~10 个关键词,其间以分号隔开。

论文首页的最下方一般可对下列需要说明的内容加以注释:课题经费资助者(如基金);合作者或第一作者(变动后)所在单位;国外期刊通常将作者单位置于首页最下方(以左下角居多);国外期刊通常注以论文的通讯联系人地址或负责索取单行本的作者的姓名和地址。

(二) 正文(text)

论著正文一般按国际医学(IMJE)倡导的 IMRAD 形式撰写。IMRAD 即引言(introduction)、方法(methods)、结果(results)和讨论(discussion)。

1. 引言(导言或前言)　引言是正文最前面一段纲领性、序幕性及引导性的短文。目的是概述本文的缘起并给读者提供预备(背景)知识。主要回答"拟研究解决什么问题"和"为什么要研究这个课题",以点出本文主题,体现在思路上的创新,引起读者继续阅读下去的兴趣。

2. 材料与方法　这一部分是体现论文实验设计科学性及创新性的基础部分,主要回答"本研究是如何进行的"。以便让读者了解论文的结果是在何种观察(实验)对象、用什么研究(实验)方法得出的。

3. 统计学处理 说明统计设计方法(如荟萃分析、队列研究、双盲临床随机试验、析因设计等);数据分析所选择的统计方法(如两样本 t 检验、卡方检验、配对秩和检验、双因素方差分析等)或统计软件;数据的统计学表达;统计学差异的选择标准。以上内容可分段叙述或加用阿拉伯数字标注标题层次。

4. 结果 作为全文的中心内容,结果部分要求以 3 种形式(文字、统计图表、插图)如实、具体,准确地表达经过处理、剪裁与筛选过的实验数据和图像资料。结果必须是作者自己的实验或观察所得,不宜引用文献,也不必展开分析与议论,而是有针对性与逻辑性地为后面的讨论部分提供翔实的材料和充分的依据。如内容较少或受杂志篇幅所限,结果和讨论可以合并。

5. 讨论 讨论是对实验结果做出理论性分析、综合、推理及概括,从而回答引言中所提出的问题,将论文推向"高峰"的部分。是论文中内容组织与写作方式最为灵活多样,也是较难写好的部分。正因如此,讨论是充分展示作者科学素养、学术思想与才华以及文字功底的部分。遵循和体现科学研究的 5 个基本特点(探索性、创造性、继承性、连续性、集体性与个人独立思考),写好讨论部分应着重解决好"讨论什么"和"如何讨论"两个主题。

讨论的主要内容有以下几类:①本研究有哪些新的、重要的或非预期的发现(结果)。②研究结果之间(中)有何内在联系;与其他作者的结果或作者以往的研究有哪些异同。不同或非预期(与多数人认同的理论有悖)结果如何解释;可以得出哪些结论。③对本研究工作的评价、推广与引申:包括本研究结果有何缺点、教训及局限性,本研究未能解决或有待解决的问题;本研究对医学实践有何指导、应用或推广价值;在理论上有何意义,能否证实有关假说(包括作者自己提出的新假说);对今后研究方向有何启示或能否提出一个待解决并有生命力的新课题。

6. 结论(conclusion)**或小结**(summary) 多数期刊规定的格式中结论部分已不单独列在正文中。但在讨论末尾可以回归主题对全文作高度概括与抽象,并得出一判断。结论必须严谨恰当、前提明确、且留有余地,一般多用:看来、可能、提示、建议等词代替证明、发现之类的字眼。

(三) 附录部分

1. 致谢 在正文后、参考文献之前,可单列一段,由作者对在本研究工作和论文写作中给予指导和帮助的单位和个人表示感谢。国内期刊此部分用括号括起来,此与国外不同。应致谢的对象主要是:①不符合署名作者条件的参与者,包括完成部分实验技术工作、参加数据收集及临床试验的人员。②提供物质支持(基金、试剂、药品、实验动物、质粒或细胞株等)的单位或个人。③在基金申请、研究工作、论文撰写中提供过帮助与支持的其他人员。

2. 参考文献 论文的最后部分是本科研工所参考过的主要文献的目录,反映作者对前人科研工作的尊重及科研工作的继承性,同时也为读者提供更详细的资料来源。许多期刊对参考文献的数量有限定,因此必须精选与本研究关系密切,且学术思想、理论、研究方法或结果在文中明确引用了的文献。

(1) 参考文献的引用:①公开性,即所引用的文献应为在国内外公开发行的报刊或正式出版的图书发表了的。内部资料、不宜公开的资料以及在学术会议上交流而尚未正式发表的论文,不要引用。已被采用但尚未出版的文献,要指明拟出版的期刊名、出版年代,注明印刷中。②权威性,应注重引用各研究领域中有一定权威的论文或资料。③时效性,除研究历史中里程碑式的文献外,一般应注重引用最新的文献。④规范性,采用规范化标注及著录格式。

(2) 标注方法:参考文献标注法及著录格式大致有两种,即顺序编码体系(温哥华制)及著者出版年体系(哈佛制)。目前国内生物医学期刊多要求用温哥华制。

（3）著录格式：顺序编码制和著者出版年制两大类。顺序编码制举例如下。

1. 芮耀诚，曾国钱．细胞因子与心血管病．见：陈修，陈洲，曾贵云．心血管药理．北京：人民学卫生出版社，1997

2. 罗志军，杜传书．中国广州人备解素因子 B 的遗传多态性检测．上海免疫学杂志，1986，6（4）．241

论文的末尾要写上投稿日期，以便判明发表论文的先后。

以上是科研论文的一般格式与写法，不同的期刊对格式还有具体规定（如标体层次等），可参阅拟投稿的杂志的"稿约"。此外还要注意法定计量单位、数字用法、标点符号及使用规范化词等。

第六节　实　验　内　容

实验二十一　酵母蔗糖酶的提取及其性质的研究

蔗糖酶（sucrase）（β-D-呋喃果糖苷果糖水解酶，fructofuranoside fructohydrolase）（EC.3.2.1.26）特异地催化非还原糖中的 α-呋喃果糖苷键水解，将蔗糖水解成 D-果糖和 D-葡萄糖的 β-D-果糖苷酶的一种，又称为转化酶（invertase）。具有相对专一性。不仅能催化蔗糖水解生成葡萄糖和果糖，也能催化棉子糖水解，生成密二糖和果糖。蔗糖酶主要存在于酵母中，如啤酒酵母、面包酵母，也存在于曲霉、青霉、毛霉等霉菌和细菌、植物中，但工业上通常从酵母中制取。酵母蔗糖酶系胞内酶，提取时细胞破碎或菌体自溶。常用的提纯方法有盐析、有机溶剂沉淀、离子交换和凝胶柱层析。

本实验提取啤酒酵母中的蔗糖酶。该酶以两种形式存在于酵母细胞膜的外侧和内侧，在细胞膜外细胞壁中的称之为外蔗糖酶（external yeast invertase），其活力占蔗糖酶活力的大部分，是含有 50% 糖成分的糖蛋白。在细胞膜内侧细胞质中的称之为内蔗糖酶（internal yeast invertase），含有少量的糖。两种酶的蛋白质部分均为双亚基、二聚体，两种形式的酶的氨基酸组成不同，外酶每个亚基比内酶多两个氨基酸，Ser 和 Met，它们的分子量也不同，外酶约为 27 万（或 22 万，与酵母的来源有关），内酶约为 13.5 万。尽管这两种酶在组成上有较大的差别，但其底物专一性和动力学性质仍十分相似，因此，本实验未区分内酶与外酶，而且由于内酶含量很少，极难提取，本实验提取纯化的主要是外酶（表 9-2）。

表 9-2　两种酶的性质对照

名称	外酶	内酶
分子量	27 万（22 万）	13.5 万
糖含量	50%	<3%
亚基	双	双
底物为蔗糖的 K_m	26mmol	25mmol
底物为棉子糖的 K_m	150mmol	150mmol
pI	5.0	
最适 pH	4.9（3.5~5.5）	4.5（3.5~5.5）
稳定 pH 范围	3.0~7.5	6.0~9.0
最适温度	60℃	

实验中,用测定生成还原糖(葡萄糖和果糖)的量来测定蔗糖水解的速度,在给定的实验条件下,每分钟水解底物的量定为蔗糖酶的活力单位。比活力为每毫克蛋白质的活力单位数。

本实验共有七个分实验:①蔗糖酶的提取与部分纯化;②离子交换柱层析纯化蔗糖酶;③蔗糖酶各级分活性及蛋白质含量的测定;④反应时间对产物形成的影响;⑤pH 对酶活性的影响和最适 pH 的测定;⑥温度对酶活性的影响和反应活化能的测定;⑦米氏常数 K_m 和最大反应速度 V_{max} 的测定。

一、蔗糖酶的提取与部分纯化

【实验目的】

学习酶的纯化方法,并为动力学实验提供一定量的蔗糖酶。

【实验原理】

从酵母中提取蔗糖酶,该酶以两种形式存在于酵母细胞中,分外蔗糖酶和内蔗糖酶。外蔗糖酶其活力占蔗糖酶活力的大部分且内酶含量很少,极难提取,因此本实验提取纯化的主要是外酶。

酵母中含有大量的蔗糖酶,通过研磨破细胞壁,使酶游离出来,用水萃取酶,然后用有机溶剂沉淀酶蛋白得到粗制品,还可用柱层析进一步纯化得到精制品。

【试剂和器材】

啤酒酵母;二氧化硅;甲苯(使用前预冷到 0℃以下);去离子水(使用前冷至 4℃左右);冰块、食盐;1mol/L 乙酸;7.95%乙醇。

【实验步骤】

1. 提取

(1)准备一个冰浴,将研钵稳妥放入冰浴中。

(2)秤取 5g 干啤酒酵母和 20g 湿啤酒酵母,秤 20mg 蜗牛酶及适量(约 10g)二氧化硅,放入研钵中。二氧化硅要预先研细。

(3)量取预冷的甲苯 30ml 缓慢加入酵母中,边加边研磨成糊状,约需 60min。研磨时用显微镜检查研磨的效果,至酵母细胞大部分研碎。

(4)缓慢加入预冷的 40ml 去离子水,每次加 2ml 左右,边加边研磨,至少用 30min。以便将蔗糖酶充分转入水相。

(5)将混合物转入两个离心管中,平衡后,用高速冷离心机离心,4℃,10 000r/min,10min。如果中间白色的脂肪层厚,说明研磨效果良好。用滴管吸出上层有机相。

(6)用滴管小心地取出脂肪层下面的水相,转入另一个清洁的离心管中,4℃,10 000r/min,离心 10min。

(7)将清液转入量筒,量出体积,留出 1.5ml 测定酶活力及蛋白含量。剩余部分转入清洁离心管中。

(8)用广泛 pH 试纸检查清液 pH,用 1mol/L 乙酸将 pH 调至 5.0,称为"粗级分Ⅰ"。

2. 热处理

(1)预先将恒温水浴调到 50℃,将盛有粗级分Ⅰ的离心管稳妥地放入水浴中,50℃下保温 30min,在保温过程中不断轻摇离心管。

(2) 取出离心管,于冰浴中迅速冷却,用 4℃,10 000r/min,离心 10min。

(3) 将上清液转入量筒,量出体积,留出 1.5ml 测定酶活力及蛋白质含量(称为"热级分Ⅱ")。

3. 乙醇沉淀 将热级分Ⅱ转入小烧杯中,放入冰盐浴(没有水的碎冰撒入少量食盐),逐滴加入等体积预冷至 -20℃的 95% 乙醇,同时轻轻搅拌,共需 30min,再在冰盐浴中放置 10min,以沉淀完全。于 4℃,10 000r/min,离心 10min,倾去上清,并滴干,沉淀保存于离心管中,盖上盖子或薄膜封口,然后将其放入冰箱中冷冻保存(称为"醇级分Ⅲ")。

废弃上清液之前,要用尿糖试纸检查其酶活性(于下一个实验一起做)。

二、离子交换柱层析纯化蔗糖酶

【实验目的】

学习离子交换柱层析法分离纯化蔗糖酶的原理和方法,掌握离子交换柱层析法的基本技术。

【实验原理】

离子交换柱层析是根据物质的解离性质的差异,而选用不同的离子交换剂进行分离、纯化混合物的液-固相层析分离法。样品加入后,被分离物质的离子与离子交换剂上的活性基团进行交换(未被结合的物质会被缓冲液从交换剂上洗掉)。当改变洗脱液的离子强度和 pH 时,基于不同分离物的离子对活性基团的亲和程度不同,而使之按亲和力大小顺序依次从层析柱中洗脱下来。

【试剂和器材】

DEAE 纤维素:① DE-23 1.5g;② 0.5mol/L NaOH 100ml;③ 0.5mol/L HCl 50ml;④0.02 mol/L pH 7.3 Tris-HCl 缓冲液 250ml;⑤0.02 mol/L pH 7.3(含 0.2 mol/L 浓度 NaCl)的 Tris-HCl 缓冲液 50ml。

【实验步骤】

1. 离子交换剂的处理 秤取 1.5g DEAE 纤维素(DE-23)干粉,加入 0.5mol/L NaOH 溶液(约 50ml),轻轻搅拌,浸泡至少 0.5h(不超过 1h),用玻璃砂漏斗抽滤,并用去离子水洗至近中性,抽干后,放入小烧杯中,加 50ml 0.5 mol/L HCl,搅匀,浸泡 0.5h,同上,用去离子水洗至近中性,再用 0.5 mol/L NaOH 重复处理一次,用去离子水洗至近中性后,抽干备用(因 DEAE 纤维素昂贵,用后务必回收)。实际操作时,通常纤维素是已浸泡过回收的,按"碱→酸"的顺序洗即可,因为酸洗后较容易用水洗至中性。碱洗时因过滤困难,可以先浮选除去细颗粒,抽干后用 0.5 mol/L NaOH-0.5 mol/L NaCl 溶液处理,然后水洗至中性。

2. 装柱与平衡 先将层析柱垂直装好,在烧杯内用 0.02 mol/L pH 7.3 Tris-HCl 缓冲液洗纤维素几次,用滴管吸取烧杯底部大颗粒的纤维素装柱,然后用此缓冲液洗柱至流出液的电导率与缓冲液相同或接近时即可上样。

3. 上样与洗脱 上样前先准备好梯度洗脱液,本实验采用 20ml 0.02mol pH 7.3 的 Tris-HCl 缓冲液和 20ml 含 0.2mol 浓度 NaCl 的 0.02mol/L pH 7.3 的 Tris-HCl 缓冲液,进行线性梯度洗脱。取两个相同直径的 50ml 小烧杯,一个装 20ml 含 NaCl 的高离子强度溶液,另一个装入 20ml 低离子强度溶液,放在磁力搅拌器上,在低离子强度溶液的烧杯内放入一个小搅拌子(在细塑料管内放入一小段铁丝,两端用酒精灯加热封口),将此烧杯置于搅拌器旋转磁铁的上方。将玻璃三通插入两个烧杯中,上端接一段乳胶管,夹上止水夹,用吸耳球小心地将溶液吸入三通(轻轻松一下止水夹),立即夹紧乳胶管,使两烧杯溶液形成连通,注意两个烧杯要放妥善,切勿使一杯高、一杯低。

用 5ml 0.02mol/L pH 7.3 的 Tris-HCl 缓冲液充分溶解醇级分Ⅲ(注意玻璃搅棒头必须烧圆、搅拌溶解时不可将离心管划伤),若溶液混浊,则用小试管,4000r/min 离心除去不溶物。取 1.5ml 上清液(即醇级分Ⅲ样品,留待下一个实验测酶活力及蛋白含量),将剩余的 3.5ml 清液小心地加到层析柱上,不要扰动柱床,注意要从上样开始使用部分收集器收集,每管 2.5～3.0ml/10min。上样后用缓冲液洗两次,然后再用约 20ml 缓冲液洗去柱中未吸附的蛋白质,至 A_{280} 降到 0.1 以下,夹住层析柱出口,将恒流泵入口的细塑料导管放入不含 NaCl 的低离子强度溶液的小烧杯中,用胶布固定塑料管,接好层析柱,打开磁力搅拌器,放开层析柱出口,开始梯度洗脱,连续收集洗脱液,两个小烧杯中的洗脱液用尽后,为洗脱充分,也可将所配制的剩余 30ml 高离子强度洗脱液倒入小烧杯继续洗脱,控制流速 2.5～3.0ml/10min。

4. 测定每管洗脱液的 A_{280} 光吸收值和电导率(使用 DJS-10 电导电极) 测定不含 NaCl 的 0.02mol/L pH 7.3 Tris-HCl 缓冲液和含 0.2mol/L 浓度 NaCl 的 0.02mol/L pH 7.3 Tris-HCl 缓冲液的电导率,用电导率与 NaCl 浓度作图,利用此图将每管所测电导率换算成 NaCl 浓度,并利用此曲线估计出蔗糖酶活性峰洗出时的 NaCl 浓度。

5. 各管洗脱液酶活力的定性测定 在点滴板上每一孔内,加一滴 0.2mol/L pH 4.9 的乙酸缓冲液,一滴 0.5mol/L 蔗糖和一滴洗脱液,反应 5min,在每一孔内同时插入一小条尿糖试纸,10～20min 后观察试纸颜色的变化。用"＋"号的数目,表示颜色的深浅,即各管酶活力的大小。合并活性最高的 2～3 管,量出总体积,并将其分成 10 份,分别倒入 10 个小试管,用保鲜膜封口,冰冻保存,使用时取出一管,此即"柱级分Ⅳ"。

注意:从上样开始收集,可能有两个活性峰,梯度洗脱开始前的第一个峰是未吸附物,本实验取用梯度洗脱开始后洗下来的活性峰。

在同一张图上画出所有管的酶活力,NaCl 浓度(可用电导率代替)和光吸收值 A_{280} 的曲线和洗脱梯度线。

三、蔗糖酶各级分活性及蛋白质含量的测定

【实验目的】

掌握蔗糖酶活性测定方法,了解各级分酶的纯化情况。

【实验原理】

为了评价酶的纯化步骤和方法,必须测定各级分酶活性和比活。

测定蔗糖酶活性的方法有许多种,如费林试剂法、Nelson's 试剂法、水杨酸试剂法等,本实验先使用费林试剂法,以后测米氏常数 K_m 和最大反应速度 V_{max} 时再用 Nelson's 试剂法。

费林试剂法灵敏度较高,但数据波动较大,因为反应后溶液的颜色随时间会有变化,因此加样和测定光吸收值时最好能计时。其原理是在酸性条件下,蔗糖酶催化蔗糖水解,生

成一分子葡萄糖和一分子果糖。这些具有还原性的糖与碱性铜试剂混合加热后被氧化,二价铜被还原成棕红色氧化亚铜沉淀,氧化亚铜与磷钼酸作用,生成蓝色溶液,其蓝色深度与还原糖的量成正比,于650nm测定光吸收值。

【试剂和器材】

(1) 碱性铜试剂(用毕回收):秤10g无水$NaCO_3$,加入100ml去离子水溶解,另秤1.88g酒石酸,用100ml去离子水溶解,混合两个溶液,再加入1.13g结晶$CuSO_4$,溶解后定容到250ml。

(2) 磷钼酸试剂(用毕回收):在烧杯内加入钼酸17.5g,钨酸钠2.5g,10% NaOH 100ml,去离子水100ml,混合后煮沸约30min(小心不要蒸干),除去钼酸中存在的氨,直到无氨味为止,冷却后加85%磷酸63ml,混合并稀释到250ml。

(3) 0.25%苯甲酸200ml,配葡萄糖用,防止时间长溶液长菌,也可以用去离子水代替。

(4) 葡萄糖标准溶液

1) 储液:精确秤取无水葡萄糖(应在105℃恒重过)0.1802g,以0.25%苯甲酸溶液溶解后,定容到100ml容量瓶中(浓度10mmol/L)。

2) 操作溶液:用移液管取储液10ml,置于50ml容量瓶中,以用0.25%苯甲酸或去离子水稀释至刻度(浓度为2mmol/L)。

(5) 0.2mol/L蔗糖溶液50ml,分装于小试管中冰冻保存,因蔗糖极易水解,用时取出一管化冻后摇匀。

(6) 0.2mol/L乙酸缓冲液,pH 4.9,200ml。

(7) 牛血清清蛋白标准蛋白质溶液(浓度范围:200~500μg/ml,精确配制50ml)。

(8) 考马斯亮蓝G-250染料试剂,100mg考马斯亮蓝G-250全溶于50ml 95%乙醇后,加入120ml 85%磷酸,用去离子水稀释到1L(公用)。

【实验步骤】

1. 各级分蛋白质含量的测定　采用考马斯亮蓝染料法(Bradford法)的微量法测定蛋白质含量,参见"蛋白质含量的测定法"(因Tris会干扰Lowry法的测定)。标准蛋白的取样量为0.1ml、0.2ml、0.3ml、0.4ml、0.5ml、0.6ml、0.8ml、1.0ml,用去离子水补足到1.0ml。

各级分先要仔细寻找和试测出合适的稀释倍数,并详细记录稀释倍数的计算(使用移液管和量筒稀释)。下列稀释倍数仅供参考:

粗级分Ⅰ:10~50倍;热级分Ⅱ:10~50倍;醇级分Ⅲ:10~50倍;柱级分Ⅳ:不稀释。

确定了稀释倍数后,每个级分取3个不同体积的样进行测定,然后取平均值,计算出各级分蛋白质浓度。

2. 级分Ⅰ、Ⅱ、Ⅲ蔗糖酶活性测定　用0.02mol/L pH 4.9乙酸缓冲液(也可以用pH 5~6的去离子水代替)稀释各级分酶液,试测出测酶活合适的稀释倍数:Ⅰ,1000~10 000倍;Ⅱ,1000~10 000倍;Ⅲ,1000~10 000倍。以上稀释倍数仅供参考。

按表9-3的顺序在试管中加入各试剂,进行测定,为简化操作可取消保鲜膜封口,沸水浴加热改为用90~95℃水浴加热8~10min。

3. 柱级分 Ⅳ 酶活力的测定

（1）酶活力的测定参照"表 9-3"设计一个表格，反应混合物仍为 1ml。

（2）第 1 管仍为蔗糖对照，9、10 管为葡萄糖的空白与标准，与表 9-3 中的 11、12 管相同。

（3）2~7 管加入柱级分 Ⅳ（取样前先试测出合适的稀释倍数），分别为 0.02ml、0.05ml、0.1ml、0.2ml、0.4ml 和 0.6ml，然后各加 0.2ml 乙酸缓冲液（0.2mol/L pH 4.9），每管用去离子水补充到 0.8ml。

（4）1~7 管各加入 0.2ml 0.2mol/L 的蔗糖，每管由加入蔗糖开始计时，室温下准确反应 10min，立即加入 1ml 碱性铜试剂中止反应，然后按表 9-3 中的步骤进行测定。

（5）第 8 管为 0 时间对照，与第 7 管相同，只是在加入 0.2ml 蔗糖之前，先加入碱性铜试剂，防止酶解作用。此管只用于观察，不进行计算。

（6）计算柱级分 Ⅳ 的酶活力：Units/ml 原始溶液。

（7）以每分钟生成的还原糖的 μmol 数为纵坐标，以试管中 1ml 反应混合物中的酶浓度（mg 蛋白/ml）为横坐标，画出反应速度与酶浓度的关系曲线。

表 9-3　级分 Ⅰ、Ⅱ、Ⅲ 的酶活力测定

管号	对照	粗级分 Ⅰ			热级分 Ⅱ			醇级分 Ⅲ			葡萄糖	
	1	2	3	4	5	6	7	8	9	10	11	12
酶液（ml）	0.0	0.05	0.20	0.50	0.05	0.20	0.50	0.05	0.20	0.50	—	—
H_2O（ml）	0.6	0.55	0.40	0.10	0.05	0.20	0.10	0.55	0.40	0.10	1.0	0.8
乙酸缓冲液												
（0.2mol/L pH 4.9）	0.2	0.2	0.2	0.2	0.2	0.2	0.2	0.2	0.2	0.2	—	—
葡萄糖 2mmol/L	—	—	—	—	—	—	—	—	—	—	—	0.2
蔗糖 0.2mol/L	0.2	0.2	0.2	0.2	0.2	0.2	0.2	0.2	0.2	0.2	—	—
加入蔗糖，立即摇匀开始计时，室温准确反应 10min 后，立即加碱性铜试剂中止反应												
碱性铜试剂	1.0	1.0	1.0	1.0	1.0	1.0	1.0	1.0	1.0	1.0	1.0	1.0
用保鲜膜封口，扎眼，沸水浴加热 8min，立即用自来水冷却												
磷钼酸试剂	1.0	1.0	1.0	1.0	1.0	1.0	1.0	1.0	1.0	1.0	1.0	1.0
H_2O	5.0	5.0	5.0	5.0	5.0	5.0	5.0	5.0	5.0	5.0	5.0	5.0
A_{650}												
$E'=\mu$mol/min·ml												
平均 E'												
μmol/min·ml												
Units/ml												
原始组分												

稀释后酶液的活力（按还原糖计算）：

$$E'=\frac{A_{650}\times 0.2\times 2}{A'_{650}\times 10\times B}\left(\frac{\mu mol}{min\times ml}\right)$$

式中，A_{650} 为第 2~10 管所测 A_{650}；A'_{650} 为第 12 管所测 A_{650}；0.2 为第 12 管葡萄糖取样量；2 为标准葡萄糖浓度 2mmol/L = 2μmol/ml；10 为反应 10min；B 为每管加入酶液毫

升数；原始酶液的酶活力 $E=$（平均 $E'/2$）×稀释倍数（Units /ml 原始组分）。

计算各级分的比活力，纯化倍数及回收率，并将数据列于表 9-4。

表 9-4 酶的纯化

级分	记录体积 (ml)	校正体积 (ml)	蛋白质 (mg/ml)	总蛋白 (mg)	Units/ml	总 Units	比活 Units/mg	纯化 倍数	回收率 %
I								1.0	100
II									
III									
IV									

注：一个酶活力单位 Units，是在给定的实验条件下，每分钟能催化 $1\mu mol$ 蔗糖水解所需的酶量，而水解 $1\mu mol$ 蔗糖则生成 $2\mu mol$ 还原糖，计算时请注意

为了测定和计算表 9-4 纯化表中的各项数据，对各个级分都必须取样，每取一次样，对于下一级分来说会损失一部分量，因而要对下一个级分的体积进行校正，以使回收率的计算不致受到不利的影响。

对假定的各级分记录体积进行校正计算的方法和结果，见表 9-5。

表 9-5 对假定的各级分记录体积进行校正计算的方法和结果

级分	记录体积(ml)	核正体积计算	取样体积(ml)	校正后体积(ml)
I	15	15	1.5	15.00
II	13.5	13.5×(15/13.5)	1.5	15.00
III	5	5×(15/13.5)×(13.5/12)	1.5	6.25
IV	6	6×(15/13.5)×(13.5/12)×(5/3.5)	—	10.71

四、反应时间对产物形成的影响

【实验目的】

掌握酶动力学性质分析的一般实验方法。

【实验原理】

酶的动力学性质分析，是酶学研究的重要方面。下面将通过一系列实验，研究 pH、温度和不同的抑制剂对蔗糖酶活性的影响，测定蔗糖酶的最适 pH、最适温度、蔗糖酶催化反应的活化能，测定米氏常数 K_m、最大反应速度 V_{max} 和各种抑制剂常数 K_i。

本实验是以蔗糖为底物，测定蔗糖酶与底物反应的时间进程曲线，即在酶反应的最适条件下，每间隔一定的时间测定产物的生成量，然后以酶反应时间为横坐标，产物生成量为纵坐标，画出酶反应的时间进程曲线，由该曲线可以看出，曲线的起始部分在某一段时间范围内呈直线，其斜率代表酶反应的初速度。随着反应时间的延长，曲线斜率不断减小，说明反应速度逐渐降低，这可能是因为底物浓度降低和产物浓度增高而使逆反应加强等原因所致，因此测定准确的酶活力，必须在进程曲线的初速度时间范围内进行，测定这一曲线和初速度的时间范围，是酶动力学性质分析中的组成部分和实验基础。

【实验步骤】

（1）准备 12 支试管，按表 9-6 进行测定。用反应时间为 0 的第一管作空白对照，此试管

要先加碱性铜试剂后加酶。第 10 支试管是校正蔗糖的酸水解。用第 11 管作为对照,测定第 12 管葡萄糖标准的光吸收值,用以计算第 2~9 各测定管所生成还原糖的"μmol"数。

(2) 表 9-6 中底物蔗糖的量为每管 $0.25\mu mol$,全部反应后可产生 $0.5\mu mol$ 的还原糖,所有的蔗糖和酶浓度应使底物在 20min 内基本反应完。

表 9-6　反应时间对产物浓度的影响

管数	1	2	3	4	5	6	7	8	9	10	11	12
2.5mmol/L 蔗糖	0.1	0.1	0.1	0.1	0.1	0.1	0.1	0.1	0.1	0.1	—	—
乙酸缓冲液	0.2	0.2	0.2	0.2	0.2	0.2	0.2	0.2	0.2	0.2		
H_2O	0.4	0.4	0.4	0.4	0.4	0.4	0.4	0.4	0.4	0.7	1.0	0.8
葡萄糖 2mmol/L	—											0.2
碱性铜试剂	1.0											
					由加酶开始计时							
蔗糖酶(1:5)	0.3	0.3	0.3	0.3	0.3	0.3	0.3	0.3	0.3			
反应时间(min)	0	1	3	4	8	12	20	30	40			
				反应到时后立即向"2~12"管加入 1ml 碱性铜试剂中止反应								
碱性铜试剂	—	1.0	1.0	1.0	1.0	1.0	1.0	1.0	1.0	1.0	1.0	1.0
				盖薄膜,扎孔,沸水浴上煮 8min 后速冷								
磷钼酸试剂	1.0	1.0	1.0	1.0	1.0	1.0	1.0	1.0	1.0	1.0	1.0	1.0
H_2O	5.0	5.0	5.0	5.0	5.0	5.0	5.0	5.0	5.0	5.0	5.0	5.0
测定 A_{650}												
生成还原糖的 μmol 数												

(3) 画出生成的还原糖的 μmol 数(即产物浓度 $\mu mol/ml$)与反应时间的关系曲线,即反应的时间进程曲线,求出反应的初速度。

五、pH 对蔗糖酶活动性的影响

【实验目的】

掌握最适 pH 测定方法,了解 pH 对酶活性的影响。

【实验原理】

酶的生物学特性之一是它对酸碱度的敏感性,这表现在酶的活性和稳定性易受环境 pH 的影响。

pH 对酶的活性的影响极为显著,通常各种酶只在一定的 pH 范围内才表现出活性,同一种酶在不同的 pH 下所表现的活性不同,其表现活性最高时的 pH 称为酶的最适 pH。各种酶在特定条件下都有它各自的最适 pH。在进行酶学研究时一般都要制作一条 pH 与酶活性的关系曲线,即保持其他条件恒定,在不同 pH 条件下测定酶促反应速度,以 pH 为横坐标,反应速度为纵坐标作图。由此曲线,不仅可以了解反应速度随 pH 变化的情况,而且可以求得酶的最适 pH。

酶溶液 pH 之所以会影响酶的活性,很可能是因为它改变了酶活性部位有关基团的解离状态,而酶只有处于一种特殊的解离形式时才具有活性,例如:

$$EH^{2+} + \underset{pK_{a_1}}{\overset{H^+}{\rightleftharpoons}} EH(\text{有活性}) \underset{pK_{a_2}}{\overset{H^+}{\rightleftharpoons}} E^-$$

酶的活性部位有关基团的解离形式如果发生变化,都将使酶转入"无活性"状态。在最适 pH 时,酶分子上活性基团的解离状态最适合于酶与底物的作用。此外,缓冲系统的离子性质和离子强度也会对酶的催化反应产生影响。

蔗糖酶有两组离子化活性基团,它们均影响酶水解蔗糖的能力。其解离常数分别是 $pK_a=7$ 和 $pK_a=3$。

【实验步骤】

按表 9-7 配制 12 种缓冲溶液(公用)。

(1) 将两种缓冲试剂混合后总体积均为 10ml,其溶液 pH 以酸度计测量值为准。

表 9-7 缓冲溶液的配制

溶液 pH	缓冲试剂	体积(ml)	缓冲试剂	体积(ml)
2.5	0.2mol/L 磷酸氢二钠	2.00	0.2mol/L 柠檬酸	8.00
3.0	0.2mol/L 磷酸氢二钠	3.65	0.2mol/L 柠檬酸	6.35
3.5	0.2mol/L 磷酸氢二钠	4.85	0.2mol/L 柠檬酸	5.15
3.5	0.2mol/L 乙酸钠	0.60	0.2mol/L 乙酸	9.40
4.0	0.2mol/L 乙酸钠	1.80	0.2mol/L 乙酸	8.20
4.5	0.2mol/L 乙酸钠	4.30	0.2mol/L 乙酸	5.70
5.0	0.2mol/L 乙酸钠	7.00	0.2mol/L 乙酸	3.00
5.5	0.2mol/L 乙酸钠	8.80	0.2mol/L 乙酸	1.20
6.0	0.2mol/L 乙酸钠	9.50	0.2mol/L 乙酸	0.50
6.0	0.2mol/L 磷酸氢二钠	1.23	0.2mol/L 磷酸二氢钠	8.77
6.5	0.2mol/L 磷酸氢二钠	3.15	0.2mol/L 磷酸二氢钠	6.85
7.0	0.2mol/L 磷酸氢二钠	6.10	0.2mol/L 磷酸二氢钠	3.90

(2) 准备两组各 12 支试管,第一组 12 支试管每支都加入 0.2ml 表 9-7 中相应的缓冲液,然后加入一定量的蔗糖酶[此时的蔗糖酶只能用 H_2O 稀释,酶的稀释倍数和加入量要选择适当,以便在当时的实验条件下能得到 0.6~1.0 的光吸收值(A_{650})]。另一组 12 支试管也是每支都加入 0.2ml 上表中相应的缓冲液,但不再加酶而加入等量的去离子水,分别作为测定时的空白对照管。所有的试管都用水补足到 0.8ml。

(3) 所有的试管按一定时间间隔加入 0.2ml 蔗糖(0.2mol/L)开始反应,反应 10min 后分别加入 1.0ml 碱性铜试剂,用保鲜膜包住试管口并刺一小孔,在沸水浴中煮 8min,取出速冷,分别加入 1.0ml 磷钼酸试剂,反应完毕后加入 5.0ml 水,摇匀测定 A_{650}。

(4) 本实验再准备两支试管,一支用水作空白对照;另一支作葡萄糖标准管。

(5) 画出不同 pH 下蔗糖酶活性($\mu mol/min$)与 pH 的关系曲线,注意画出 pH 相同,而离子不同的两点,观察不同离子对酶活性的影响。

六、温度对酶活性的影响和反应活化能的测定

【实验目的】

掌握酶反应活化能与酶促反应速度之间的关系,了解温度对酶促反应的影响。

【实验原理】

对温度的敏感性是酶的又一个重要特性。温度对酶的作用具有双重影响,一方面温度

升高会加速酶反应速度;另一方面又会加速酶蛋白的变性速度,因此,在较低的温度范围内,酶反应速度随温度升高而增大,但是超过一定温度后,反应速度反而下降。酶反应速度达到最大时的温度称为酶反应的最适温度。如果保持其他反应条件恒定,在一系列不同的温度下测定酶活力,即可得到温度-酶活性曲线,并得到酶反应的最适温度。最适温度不是一个恒定的数值,它与反应条件有关。例如,反应时间延长,最适温度将降低。大多数酶在60℃以上变性失活,个别的酶可以耐100℃左右的高温。

【实验步骤】

本实验要测定 0~100℃,之间 16 个不同温度下蔗糖酶催化和酸催化的反应速度。这 16 个温度是冰水浴的 0℃,室温(约 20℃),沸水浴的 100℃ 和 13 个水浴温度:10℃、30℃、40℃、50℃、55℃、60℃、65℃、70℃、75℃、80℃、85℃、90℃、95℃。

每个温度准备 2 支试管,一支加酶,测酶催化,1 支不加,以乙酸缓冲液作为酸,测酸催化。

(1) 确定酶的稀释倍数,试管中加入 0.2ml 0.2mol/L pH 4.9 的乙酸缓冲液,0.2ml 稀释的酶,加水至 0.8ml 加入 0.2ml 0.2mol/L 的蔗糖开始计时,在室温下反应 10min,仍用费林试剂法进行测定,须得到 0.2~0.3A 的吸光度,准备一个水的空白对照管(0.8ml 去离子水加 0.2ml 0.2mol/L 的蔗糖),用于测定所有的样品管。

(2) 测定上列各个温度下的反应速度,每次用 2 支试管,均加入 0.2ml 乙酸缓冲液,一支加 0.2ml 酶,另一支不加酶,均用水调至 0.8ml,放入水浴温度下使反应物平衡 30s,加入 0.2mol/L 蔗糖 0.2ml,准确反应 10min,立即加入 1.0ml 碱性铜试剂中止反应,按规定进行操作,测定各管 A_{650} 值,记录每个水浴的准确温度。

(3) 酶催化的各管 A_{650} 值均进行酸催化的校正。画出酶催化和酸催化的反应速度对温度的关系曲线。

七、米氏常数 K_m 和最大反应速度 V_{max} 的测定

【实验目的】

掌握测定米氏常数(K_m)的原理和方法。

【实验原理】

根据 Michaelis-Menten 方程:

$$V = \frac{V_{max}[S]}{K_m + [S]}$$

可以得到 Lineweaver-Burk 双倒数值线方程:

$$\frac{1}{V} = \frac{K_m}{V_{max}} \times \frac{1}{[S]} + \frac{1}{V_{max}}$$

在 $1/V$ 纵轴上的截距是 $1/V_{max}$,在 $1/[S]$ 横轴上的截距是 $-1/K_m$。

测定 K_m 和 V_{max},特别是测定 K_m,是酶学研究的基本内容之一。K_m 是酶的一个基本的特性常数,它包含着酶与底物结合和解离的性质,特别是同一种酶能够作用于几种不同的底物时,米氏常数 K_m 往往可以反映出酶与各种底物的亲和力强弱。K_m 值越大,说明酶与底物的亲和力越弱;反之,K_m 值越小,酶与底物的亲和力越强。

双倒数作图法(图 9-1)应用最广泛,其优点是:①可以精确地测定 K_m 和 V_{max};②根据

是否偏离线性很容易看出反应是否违反 Michaelis-Menten 动力学；③可以较容易地分析各种抑制剂的影响。此作法的缺点是实验点不均匀，V 较小时误差很大。为此，建议采用一种新的 Eisenthal 直线作图法（图 9-2），即将 Michaelis-Menten 方程改变为：

$$V_{\max}=V+\frac{V}{[S]}K_{m}$$

作图时，在纵轴和横轴上截取每对实验值：$V_1 \sim [S]_1$；$V_2 \sim [S]_2$；$V_3 \sim [S]_3$；连接诸二截点，得多条直线相交于一点，由此点即可得 K_m 和 $V_{\max}$。

此作图法的优点是：①不用作双倒数计算；②很容易识别出那些不正确的测定结果。

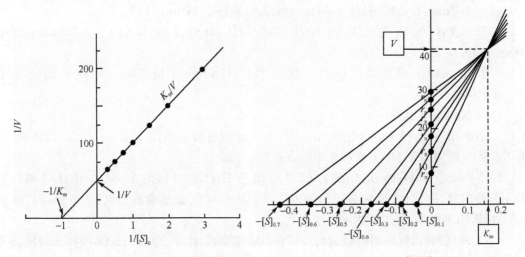

图 9-1　Linewaver-Burk 双倒数作图法　　图 9-2　Eisenthal 直线作图法

【试剂和器材】

（1）1mol 乙酸：取 5.8ml 冰乙酸（17mol）加 H_2O 稀释至 100ml。

（2）0.5mol NaOH：秤 2g NaOH 溶于 100ml H_2O。

（3）0.5mol HCl：取 4.2ml 浓 HCl（12mol）加入 H_2O 中，稀释到 100ml（注意必须是酸缓慢倒入水中，决不可反之）。

（4）0.02mol pH 7.3 Tris-HCl 缓冲液：先配 0.1mol Tris Buffer 储液：秤 1.21g Tris（三羟甲基氨基甲烷分子量 121.1）加 70ml H_2O 溶解，再滴加 4mol HCl 约 21ml，调 pH=7.3，再加 H_2O 至 100ml。取此储液 50ml，加 H_2O 至 250ml。

（5）4mol HCl：取 166.7ml 浓 HCl（12mol），加 H_2O 至 500ml。

（6）0.02mol/L pH 7.3 Tris -HCl 缓冲液（含 0.2mol/L 浓度 NaCl）：秤 0.584g NaCl（分子量 58.4）用 0.02mol/L pH 7.3 的 Tris -HCl 缓冲溶液溶解，并定容到 50ml。

（7）0.2mol/L Sucrose：秤 3.423g Sucrose（分子量 342.3）加 H_2O 溶解，定容到 50ml，分装在 10 个小试管中冰冻保存。

（8）0.2mol/L pH 4.9 乙酸缓冲液：秤 2.461g 无水乙酸钠（分子量 82.03）溶于 150ml H_2O，加约 40～50ml 0.2mol 乙酸，调 pH=4.9，存于 4℃冰箱，瓶口用薄膜封口。

（9）0.5mol/L Sucrose：秤 8.558g Sucrose，加 H_2O 溶解，定容到 50ml，分装于小试管中，冰冻保存。

（10）5mmol/L Sucrose：取 0.5mol/L Sucrose，冲稀 100 倍。

(11) 4mmol/L glucose：取 40ml 10mmol/L glucose，加 H_2O 稀释至 100ml，或秤 0.072g glucose（分子量 180.2），加 H_2O 溶解定容至 100ml。

(12) 4mmol/L Fructose：秤 0.072g Fructose（分子量 180.2）加 H_2O 溶解，定容至 100ml。

(13) 4mmol/L Sucrose：秤 0.137g Sucrose，加 H_2O 溶解定容到 100ml，现用现配。

(14) 0.2mol/L 柠檬酸 $C_6H_8O_7 \cdot H_2O$（分子量 210.14）：秤 4.203g 溶于 100ml H_2O。

(15) 0.2mol/L 乙酸：取 1.18ml 冰乙酸（17mol）或 3.33ml 36％ 乙酸（6mol）加 H_2O 至 100ml。

(16) 0.2mol/L 乙酸钠：秤 1.641g 无水乙酸钠溶于 100ml H_2O。

(17) 0.2mol/L 磷酸二氢钠 $NaH_2PO_4 \cdot 2H_2O$（分子量 156.01）：秤 3.120g 溶于 100ml H_2O。

(18) 0.2mol/L 磷酸氢二钠 $Na_2HPO_4 \cdot 12H_2O$（分子量 358.14）：秤 7.163g 溶于 100ml H_2O。

(19) Nelson's 试剂

1) Nelson's A：秤 25.0g 无水 Na_2CO_3，25.0g 酒石酸钾钠，20.0g $NaHCO_3$，200.0g 无水 Na_2SO_4，缓慢溶于 H_2O，稀释至 1000ml。

2) Nelson's B：秤 15.0g $CuSO_4 \cdot 5H_2O$ 溶于 H_2O，加 2 滴浓 H_2SO_4，用 H_2O 稀释至 100ml，使用时，取 50ml Nelson's A，加入 2ml Nelson's B，此溶液易出结晶，可保存在高于 20℃处，若出现结晶，可用温热水浴溶化之。

(20) 砷试剂（偶氮砷钼酸盐试剂）：秤 50.0g 钼酸铵，溶于 900ml H_2O，搅拌下缓慢加入 42ml 浓 H_2SO_4，再秤 6.0g 砷酸钠或砷酸氢二钠，溶于 50ml H_2O，混合这两份溶液，加 H_2O 至 1000ml，37℃保温 24~48h，室温暗处存于棕色塑料瓶。

(21) 0.1mol/L 磷酸钠缓冲液：秤 15.6g $NaH_2PO_4 \cdot 2H_2O$ 溶于 800ml H_2O，用 10％ NaOH 调 pH＝7.0，加 H_2O 至 1000ml，配 G-O 试剂用。

【实验步骤】

(1) 本实验和下一个实验均采用 Nelson's 法分析反应产物还原糖，Nelson's 法的试剂配制见本实验最后的"试剂配制方法"。因为使用了剧毒药品，操作必须十分仔细小心！为了掌握 Nelson's 法测定的范围，可先作一条标准曲线。按表 9-8 进行实验操作。

表 9-8　Nelson's 法测定葡萄糖的标准曲线

	1	2	3	4	5	6	7	8	9	10
葡萄糖（4mmol/L）	—	0.02	0.05	0.10	0.15	0.20	0.25	0.30	—	—
果糖（4mmol/L）	—	—	—	—	—	—	—	—	0.20	—
蔗糖（4mmol/L）	—	—	—	—	—	—	—	—	—	0.20
H_2O	1.0	0.98	0.95	0.90	0.85	0.80	0.75	0.70	0.80	0.80

续表

	1	2	3	4	5	6	7	8	9	10
Nelson's 试剂	1.0									
				盖薄膜,扎孔,沸水浴中煮 20min 后速冷						
砷试剂	1.0									
				充分混合,除气泡,放置 5min						
H_2O	7.0									
				旋涡混合器上充分混合						
每管中糖的 μmol 数										

用第 1 管作空白对照,测定其余各管 510nm 的吸光度 A_{510}。用 A_{510} 值对还原糖的 μmol 数作图。

(2) 按表 9-9 测定不同底物浓度对催化速度的影响。

表 9-9　底物浓度对酶催化反应速度的影响(K_m 和 V_{max} 测定表)

管数	1	2	3	4	5	6	7	8	9	10	11	12
0.5mol/L 蔗糖	—	0.02	0.03	0.04	0.06	0.08	0.10	0.20	0.10	0.20	—	—
H_2O	0.6	0.58	0.57	0.56	0.54	0.52	0.50	0.40	0.50	0.40	1.0	0.8
乙酸缓冲液	0.2	0.2	0.2	0.2	0.2	0.2	0.2	0.2	0.2	0.2	—	—
Nelson's 试剂	—	—	—	—	—	—	—	—	1.0	1.0	—	—
*蔗糖酶	0.2	0.2	0.2	0.2	0.2	0.2	0.2	0.2	0.2	0.2	—	—
葡萄糖 4mmol/L	—	—	—	—	—	—	—	—	—	—	—	0.2
				由加酶开始准确计时,反应 10min								
Nelson's 试剂	1.0	1.0	1.0	1.0	1.0	1.0	1.0	1.0	—	—	1.0	1.0
				盖薄膜,扎孔,沸水浴中煮 20min 后速冷								
砷试剂	1.0	1.0	1.0	1.0	1.0	1.0	1.0	1.0	1.0	1.0	1.0	1.0
				充分混合,除气泡,放置 5min								
H_2O	7.0	7.0	7.0	7.0	7.0	7.0	7.0	7.0	7.0	7.0	7.0	7.0
				旋涡混合器上充分混合								
A_{510}												
校正值												
校正后 A_{510}												
$[S]$												
$1/[S]$												
V												
$1/V$												

*酶的稀释倍数需仔细试测,使第 2 管的 A_{510} 值达到 0.2～0.3

为使 K_m 测准,必须先加蔗糖,精确移液,准确计时,每隔 30s 或 1min 加酶一次,加酶后要摇动一下试管,每支试管都要保证准确反应 10min,然后加 1.0ml Nelson's 试剂,立即用保鲜膜盖住管口,绕上橡皮筋,用针刺一小孔,几根试管用一根橡皮筋套住放入沸水浴,煮

20min 后取出放入冷水中速冷。加砷试剂时移液管身不要接触试管壁。最后加 7.0ml H_2O 以后,要充分摇匀,必要时可用一小块保鲜膜盖住管口,反复倒转试管,混匀。用塑料比色杯测定时,空白对照管溶液必须充分摇匀,彻底除去气泡,测 A_{510} 值时要检查参比杯内壁上是否有气泡,若有,须倒回原试管,再摇动除去残余气泡。

实验中不允许用嘴吸砷试剂。实验完毕后要注意洗手。

(3) 第 9、10 两管是先加中止反应的 Nelson's 试剂,后加酶,以保证加酶后不再产生任何还原糖,用以校正蔗糖试剂本身的水解和酸水解。用第 9、10 两管的数据画一直线,求出其他各管的校正数据,对所测各管的 A_{510} 值进行校正,然后计算每管的 $[S]$,$1/[S]$,V 和 $1/V$。

(4) 画出反应速度 V 与底物浓度 $[S]$ 的关系图(米氏曲线)和 $1/V \sim 1/[S]$ 双倒数关系图(不要直接用 A_{510} 值作图),计算 K_m 和 V_{max},并与文献值进行比较。

催化反应速度的计算:

$$V = \frac{A_{510(校正)} \times 0.2 \times 4}{A'_{510} \times 10 \times 2}$$

式中,V 为每毫升反应液,每分钟消耗掉的蔗糖底物的 μmol 数;A'_{510} 为第 12 管的吸光度值,以第 11 管为参比;0.2×4 为 $4\mu mol/ml$ 葡萄糖取 0.2ml;10 为反应 10min;2 为每 μmol 蔗糖水解成 $2\mu mol$ 还原糖。

实验二十二　蛋白质印迹分析

【实验目的】

了解蛋白质印迹法的基本原理及其操作和应用。

【实验原理】

蛋白质印迹法又称为免疫印迹法,这是一种可以检测固定在固相载体上蛋白质的免疫化学技术方法。待测蛋白既可以是粗提物也可以经过一定的分离和纯化,另外这项技术的应用需要利用待测蛋白的单克隆或多克隆抗体进行识别。

可溶性抗原也就是待测蛋白首先要根据其性质,如分子量、分子大小、电荷以及其等电点等采用不同的电泳方法进行分离;通过电流将凝胶中的蛋白质转移到聚偏二氟乙烯膜上;利用抗体(一抗)与抗原发生特异性结合的原理,以抗体作为探针钓取目的蛋白。值得注意的是在加入一抗前应首先加入非特异性蛋白,如牛血清白蛋白对膜进行"封阻"而防止抗体与膜的非特异性结合。

经电泳分离后的蛋白往往需再利用电泳方法将蛋白质转移到固相载体上,我们把这个过程称为电泳印迹。常用的两种电转移方法分别为:

1. 半干法　凝胶和固相载体被夹在用缓冲溶液浸湿的滤纸之间,通电时间为 10～30min。

2. 湿法　凝胶和固相载体夹心浸放在转移缓冲液中,转移时间从 45min 延长到过夜进行。

由于湿法的使用弹性更大并且没有明显浪费更多的时间和原料,因此我们在这里只描述湿法的基本操作过程。

对于目的蛋白的识别需要采用能够识别一抗的第二抗体。该抗体往往是购买的成品,已经被结合或标记了特定的试剂,如辣根过氧化物酶。这种标记是利用辣根过氧化物酶所催化的一个比色反应,该反应的产物有特定的颜色且固定在固相载体上,容易鉴别。因此可通过对二抗的识别而识别一抗,进而判断出目标蛋白所在的位置。其他的识别系统包括碱性磷酸酶系统和125I标记系统(图 9-3)。

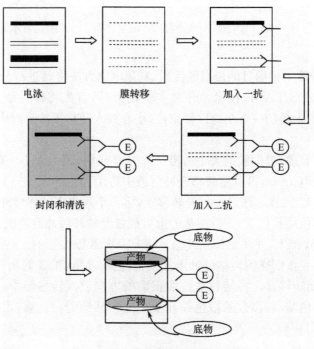

图 9-3　蛋白质印迹法基本操作过程

【试剂和器材】

1. 实验器材　SDS/PAGE 实验相关材料;电转移装置;供电设备;PVDF 膜(Millipore Immobion-P ♯IPVH 00010);Whatman 3MM 纸;其他工具:镊子、海绵垫、剪子、手套、小塑料或玻璃容器、浅盘。

2. 实验试剂

(1) 10×转移缓冲溶液(1L):30.3g Trizma base(0.25mol),144 g 甘氨酸(1.92mol),加蒸馏水至 1L,此时 pH 约为 8.3,不必调整。

(2) 1×转移缓冲溶液(2L):在 1.4L 蒸馏水中加入 400ml 甲醇及 200ml 10×转移缓冲溶液。

(3) TBS 缓冲溶液:将 1.22g Tris (10mmol)和 8.78g NaCl(150mmol)加入到 1L 蒸馏水中,用 HCl 调节 pH 至 7.5。

(4) TTBS buffer:在 1L TBS 缓冲溶液中加入 0.5ml Tween 20(0.05%)。

(5) 一抗:兔抗待测蛋白抗休(多克隆抗体)。

(6) 二抗:辣根过氧化物酶标记羊抗兔。

(7) 3% 封阻缓冲溶液(0.5L):牛血清白蛋白 15mg 加入 TBS 缓冲溶液并定容至 0.5L,过滤,在 4℃ 保存以防止细菌污染。

(8) 0.5%封阻缓冲溶液(0.5L):牛血清白蛋白 2.5mg 加入 TTBS 缓冲溶液并定容至 0.5L,过滤,在 4℃ 保存以防止细菌污染。

（9）显影试剂：1ml 氯萘溶液（30mg/ml 甲醇配置），加入 10ml 甲醇，加入 TBS 缓冲溶液至 50ml，加入 30μl 30% H_2O_2。

（10）染色液：1g 氨基黑 18B（0.1%），250ml 异丙醇（25%）及 100ml 乙酸（10%）用蒸馏水定容至 1L。

（11）脱色液：将 350ml 异丙醇（35%）和 20ml 乙酸（2%）用蒸馏水定容至 1L。

【实验步骤】

1. 蛋白质的分离　根据目的蛋白的性质，利用电泳方法将其进行分离。为提高电转移的效率，通常采用 SDS/PAGE 技术。分离实验结束后，首先将样品墙的上边缘用小刀去除，然后在胶板的右上角切一个小口以便定位，小心放入转移缓冲溶液中待用。

2. 电转移

（1）准备 PVDF 膜：根据胶的大小剪出一片 PVDF 膜，膜的大小应略微小于胶的大小。将膜置于甲醇中浸泡 1min，再移至转移缓冲溶液中待用。

（2）制作胶膜夹心：在一浅盘中打开转移盒，将一个预先用转移缓冲溶液浸泡过的海绵垫放在转移盒的黑色筛孔板上，在海绵垫的上方放置经转移缓冲溶液浸湿的 3MM 纸，小心地将胶板放在 3MM 纸上，并注意排除气泡。将 PVDF 膜放在胶的上方同时注意排除气泡，再在膜的上方放上一张同样用转移缓冲溶液浸湿过的 3MM 纸并赶出气泡，放置另一张浸泡过的海绵垫，关闭转移盒。将转移盒按照正确的方向放入转移槽中，转移盒的黑色筛孔板贴近转移槽的黑色端，转移盒的白色筛孔板贴近转移槽的白色端，填满转移缓冲溶液同时防止出现气泡（图 9-4）。

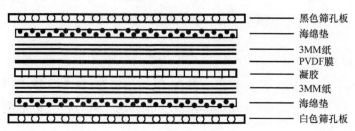

黑色筛孔板
海绵垫
3MM纸
PVDF膜
凝胶
3MM纸
海绵垫
白色筛孔板

图 9-4　夹心放置顺序

（3）电转移：连接电源，在 4℃ 条件下维持恒压 100V，1h。

3. 免疫检测

（1）膜染色：断开电源，将转移盒从转移槽中移出，将转移盒的各个部分分开。用镊子将 PVDF 膜小心放入一个干净的容器中，用 TBS 缓冲溶液进行短暂清洗，从膜上剪下一条宽约 5mm 的膜放入另一个干净的容器中。将这条膜在染色液中浸泡 1min，然后在脱色液中脱色 30min，确定蛋白质已经转移到 PVDF 膜上。

（2）膜的封闭和清洗：对于没有进行染色的膜，首先倒出 TBS 缓冲溶液，加入 3% 封闭缓冲溶液，轻轻摇动至少 1h。倒掉 3% 封闭缓冲溶液，并用 TBS 缓冲溶液清洗 3 次，每次 5min。

（3）一抗：倒掉 TBS 缓冲溶液，加入 10ml 0.5% 封闭缓冲溶液及适量的一抗，轻轻摇动 1h 以上。从容器中倒出一抗及封闭缓冲溶液，用 TTBS 缓冲溶液清洗两次，每次 10min。

（4）二抗：倒出 TTBS 缓冲溶液，加入 5ml 0.5% 封闭缓冲溶液及适量的二抗。轻轻摇动 30min，倒出二抗及封闭缓冲溶液，用 TTBS 缓冲溶液清洗两次，每次 10min。

（5）检测：倒掉 TTBS 缓冲溶液，并加入显影剂，轻轻摇动 PVDF 膜，观察显影情况，当能够清晰地看到显色带时，用蒸馏水在 30min 内分三次清洗 PVDF 膜以终止显色反应的继续进行。

4. 实验结果 检查膜上显色结果，蓝紫色带所对应的即是目标蛋白的位置。

【讨论与思考】

（1）蛋白质印迹法的特点是什么？

（2）请解释什么是 BSA？并说明它在本实验中的作用。

（3）请说明二抗在蛋白质印迹法中的生物学功能。

（4）如何保存抗体？

实验二十三 蛋白质的聚丙烯酰胺凝胶电泳

【实验目的】

掌握 SDS-聚丙烯酰胺电泳法的原理，学会用此种方法测定蛋白质的分子量。

【实验原理】

最广泛使用的不连续缓冲系统最早是由 Ornstein（1964）和 Davis（1964）设计的，样品和浓缩胶中含 Tris-HCl（pH 6.8），上下槽缓冲液含 Tris-甘氨酸（pH 8.3），分离胶中含 Tris-HCl（pH 8.8）。系统中所有组分都含有 0.1% 的 SDS（Laemmli，1970）。样品和浓缩胶中的氯离子形成移动界面的先导边界而甘氨酸分子则组成尾随边界，在移动界面的两边界之间是电导较低而电位滴度较陡的区域，它推动样品中的蛋白质前移并在分离胶前沿积聚。此处 pH 较高，有利于甘氨酸的离子化，所形成的甘氨酸离子穿过堆集的蛋白质并紧随氯离子之后，沿分离胶泳动。从移动界面中解脱后，SDS-蛋白质复合物成一电位和 pH 均匀的区带泳动穿过分离胶，并被筛分而依各自的大小得到分离。

SDS 与蛋白质结合后引起蛋白质构象的改变。SDS-蛋白质复合物的流体力学和光学性质表明，它们在水溶液中的形状，近似于雪茄烟形状的长椭圆棒，不同蛋白质的 SDS 复合物的短轴长度都一样（约为 18Å，即 1.8nm），而长轴则随蛋白质分子量成正比地变化。这样的 SDS-蛋白质复合物，在凝胶电泳中的迁移率，不再受蛋白质原有电荷和形状的影响，而只是椭圆棒的长度也就是蛋白质分子量的函数。

由于 SDS 和巯基乙醇的作用，蛋白质完全变性和解聚，解离成亚基或单个肽链，因此测定的结果只是亚基或单条肽链的分子量。

SDS 聚丙烯酰胺凝胶的有效分离范围取决于用于灌胶的聚丙烯酰胺的浓度和交联度。在没有交联剂的情况下聚合的丙烯酰胺形成毫无价值的黏稠溶液，而经双丙烯酰胺交联后凝胶的刚性和抗张强度都有所增加，并形成 SDS 蛋白质复合物必须通过的小孔。这些小孔的孔径随"双丙烯酰胺-丙烯酰胺"比率的增加而变小，比率接近 1∶20 时孔径达到最小值。SDS 聚丙烯酰胺凝胶大多按"双丙烯酰胺-丙烯酰胺"为 1∶29 配制，试验表明它能分离大小相差只有 3% 的蛋白质。

凝胶的筛分特性取决于它的孔径，而孔径又是灌胶时所用丙烯酰胺和双丙烯酰胺绝对浓度的函数。用 5%～15% 的丙烯酰胺所灌制凝胶的线性分离范围如表 9-10。

表 9-10　SDS 聚丙烯酰胺凝胶的有效分离范围

*丙烯酰胺浓度(%)	线性分离范围(kD)
15	12～43
10	16～68
7.5	36～94
5.0	57～212

* 双丙烯酰胺：丙烯酰胺摩尔比为 1：29

【试剂和器材】

1. SDS 聚丙烯酰胺凝胶的配制

(1) 试剂：①丙烯酰胺和 N,N'-亚甲双丙烯酰胺。以温热(利于溶解双丙烯酰胺)的去离子水配制含有 29%(W/V)丙烯酰胺和 1%(W/V)N，N'-亚甲双丙烯酰胺的储存液，丙烯酰胺和双丙烯酰胺在储存过程中缓慢转变为丙烯酸和双丙烯酸，这一脱氨基反应是光催化或碱催化的，故应核实溶液的 pH 不超过 7.0。这一溶液置棕色瓶中储存于室温，每隔几个月须重新配制。小心丙烯酰胺和双丙烯酰胺具有很强的神经毒性并容易吸附于皮肤。②十二烷基硫酸钠(SDS)。SDS 可用去离子水配成 10%(W/V)储存液保存于室温。③用于制备分离胶和积层胶的 Tris 缓冲液。④TEMED(N,N,N',N'-四甲基乙二胺)。TEMED 通过催化过硫酸铵形成自由基而加速丙烯酰胺与双丙烯酰胺的聚合。⑤过硫酸铵。过硫酸铵提供驱动丙烯酰胺和双丙烯酰胺聚合所必需的自由基。须新鲜配制。⑥Tris-甘氨酸电泳缓冲液。

(2) 装置：使用不连续缓冲系统要求在垂直板凝胶上进行 SDS 聚丙烯酰胺电泳。

2. SDS 聚丙烯酰胺凝胶的灌制

(1) 根据厂家说明书安装玻璃板。

(2) 确定所需凝胶溶液体积，按表 9-11 给出的数值在一小烧杯中按所需丙烯酰胺浓度配制一定体积的分离胶溶液。一旦加入 TEMED，马上开始聚合，故应立即快速旋动混合物并进入下步操作。

表 9-11　配制 Tris-甘氨酸 SDS 聚丙烯酰胺凝胶电泳分离胶溶液

溶液成分	总体积 5ml	总体积 10ml	总体积 15ml	总体积 20ml	总体积 25ml	总体积 30ml
6%						
水	2.6ml	5.3ml	7.9ml	10.6ml	13.2ml	15.9ml
30%丙烯酰胺	1.0ml	2.0ml	3.0ml	4.0ml	5.0ml	6.0ml
1.5mol Tris (pH 8.8)	1.3ml	2.5ml	3.8ml	5.0ml	6.3ml	7.5ml
10% SDS	0.05ml	0.1ml	0.15ml	0.2ml	0.25ml	0.3ml
10%过硫酸铵	0.05ml	0.1ml	0.15ml	0.2ml	0.25ml	0.3ml
TEMED	0.004ml	0.008ml	0.012ml	0.016ml	0.02ml	0.024ml
8%						
水	2.3ml	4.6ml	6.9ml	9.3ml	11.5ml	13.9ml

续表

溶液成分	总体积 5ml	总体积 10ml	总体积 15ml	总体积 20ml	总体积 25ml	总体积 30ml
30%丙烯酰胺	1.3ml	2.7ml	4.0ml	5.3ml	6.7ml	8.0ml
1.5mol Tris (pH 8.8)	1.3ml	2.5ml	3.8ml	5.0ml	6.3ml	7.5ml
10% SDS	0.05ml	0.1ml	0.15ml	0.2ml	0.25ml	0.3ml
10%过硫酸铵	0.05ml	0.1ml	0.15ml	0.2ml	0.25ml	0.3ml
TEMED	0.003ml	0.006ml	0.009ml	0.012ml	0.015ml	0.018ml
10%						
水	1.9ml	4.0ml	5.9ml	7.9ml	9.9ml	11.9ml
30%丙烯酰胺	1.7ml	3.3ml	5.0ml	6.7ml	8.3ml	10.0ml
1.5mol Tris (pH 8.8)	1.3ml	2.5ml	3.8ml	5.0ml	6.3ml	7.5ml
10% SDS	0.05ml	0.1ml	0.15ml	0.2ml	0.25ml	0.3ml
10%过硫酸铵	0.05ml	0.1ml	0.15ml	0.2ml	0.25ml	0.3ml
TEMED	0.002ml	0.004ml	0.006ml	0.008ml	0.01ml	0.012ml
12%						
水	1.6ml	3.3ml	4.9ml	6.6ml	8.2ml	9.9ml
30%丙烯酰胺	2.0ml	4.0ml	6.0ml	8.0ml	10.0ml	12.0ml
1.5mol Tris(pH 8.8)	1.3ml	2.5ml	3.8ml	5.0ml	6.3ml	7.5ml
10% SDS	0.05ml	0.1ml	0.15ml	0.2ml	0.25ml	0.3ml
10%过硫酸铵	0.05ml	0.1ml	0.15ml	0.2ml	0.25ml	0.3ml
TEMED	0.002ml	0.004ml	0.006ml	0.008ml	0.01ml	0.012ml
15%						
水	1.1ml	2.3ml	3.4ml	4.6ml	5.7ml	6.9ml
30%丙烯酰胺	2.5ml	5.0ml	7.5ml	10.0ml	12.5ml	15.0ml
1.5mol Tris (pH 8.8)	1.3ml	2.5ml	3.8ml	5.0ml	6.3ml	7.5ml
10% SDS	0.05ml	0.1ml	0.15ml	0.2ml	0.25ml	0.3ml
10%过硫酸铵	0.05ml	0.1ml	0.15ml	0.2ml	0.25ml	0.3ml
TEMED	0.002ml	0.004ml	0.006ml	0.008ml	0.01ml	0.012ml

(3) 迅速在两玻璃板的间隙中灌注丙烯酰胺溶液,留出灌注浓缩胶所需空间(梳子的齿长再加 0.5cm)。再在胶液面上小心注入一层水(约 2~3mm 高),以阻止氧气进入凝胶溶液。

(4) 分离胶聚合完全后(约 30min),倾出覆盖水层,再用滤纸吸净残留水。

(5) 制备浓缩胶:按表 9-12 给出的数据,在另一小烧杯中制备一定体积及一定浓度的丙烯酰胺溶液,一旦加入 TEMED,马上开始聚合,故应立即快速旋动混合物并进入下步操作。

表 9-12　配制 Tris-甘氨酸 SDS 聚丙烯酰胺凝胶电泳 5%浓缩胶溶液

溶液成分	总体积 3ml	总体积 4ml	总体积 5ml	总体积 6ml	总体积 8ml
水	2.1ml	2.7ml	3.4ml	4.1ml	5.5ml
30%丙烯酰胺	0.5ml	0.67ml	0.83ml	1.0ml	1.3ml
1mol Tris(pH 6.8)	0.38ml	0.5ml	0.63ml	0.75ml	1.0ml
10% SDS	0.03ml	0.04ml	0.05ml	0.06ml	0.08ml
10%过硫酸铵	0.03ml	0.04ml	0.05ml	0.06ml	0.08ml
TEMED	0.003ml	0.004ml	0.005ml	0.006ml	0.008ml

（6）聚合的分离胶上直接灌注浓缩胶,立即在浓缩胶溶液中插入干净的梳子。小心避免混入气泡,再加入浓缩胶溶液以充满梳子之间的空隙,将凝胶垂直放置于室温下。

（7）在等待浓缩胶聚合时,可对样品进行处理,在样品中按 1:1 体积比加入样品处理液,在 100℃加热 3min 以使蛋白质变性。

样品处理液配方:50mmol Tris-HCl(pH 6.8),100mmol DTT(or 5% 巯基乙醇),2% SDS,0.1%溴酚蓝,10%甘油。

（8）浓缩胶聚合完全后(30min),小心移出梳子。把凝胶固定于电泳装置上,上下槽各加入 Tris-甘氨酸电极缓冲液。必须设法排出凝胶底部两玻璃板之间的气泡。

Tris-甘氨酸电极缓冲液:25mmol Tris,250mmol 甘氨酸 (pH 8.3),0.1% SDS。

（9）按预定顺序加样,加样量通常为 10~25μl(1.5mm 厚的胶)。

（10）将电泳装置与电源相接,凝胶上所加电压为 8V/cm。当染料前沿进入分离胶后,把电压提高到 15V/cm,继续电泳直至溴酚蓝到达分离胶底部上方约 1cm,然后关闭电源。

（11）从电泳装置上卸下玻璃板,用刮勺撬开玻璃板。紧靠最左边一孔(第一槽)凝胶下部切去一角以标注凝胶的方位。

3. 用考马斯亮蓝对 SDS 聚丙烯酰胺凝胶进行染色　经 SDS 聚丙烯酰胺凝胶电泳分离的蛋白质样品可用考马斯亮蓝 R250 染色。

染色液:0.1%考马斯亮蓝 R250,40%甲醇,10%冰乙酸。染色 1~2h 或过夜。脱色液:10% 甲醇,10% 冰乙酸。脱色需 3~10h,其间更换多次脱色液至背景清楚。

此方法检测灵敏度为 0.2~1.0g。脱色后,可将凝胶浸于水中,长期封装在塑料袋内而不降低染色强度。为永久性记录,可对凝胶进行拍照,或将凝胶干燥成胶片。

4. 测量并计算分子量　蛋白质的分子量与它的电泳迁移有一定关系式,经 37 种蛋白的测定得到以下的关系式:

$$Mw = K(10 - bm) \tag{1}$$

$$\lg Mw = \lg K - bm = K_1 - bm \tag{2}$$

其中,Mw 是蛋白质分子量;K 和 K_1 为常数;b 为斜率;m 是电泳迁移率,实际使用的是相对迁移率 mR。

如果用几种标准蛋白质分子量的对数作纵坐标,用各自的相对迁移率作横坐标,即可画出一条斜率为负的标准曲线。相对迁移率为:

$$mR = \frac{d_{pr}}{d_{BPB}}$$

其中,d_{pr}、d_{BPB} 分别为样品和 BPB(溴酚蓝)以分离胶表面为起点迁移的距离。

　　欲求未知蛋白的分子量,只需求出它的相对迁移率。然后,从标准曲线上就可求出此未知蛋白的分子量。取出脱色后的凝胶平放在两块透明投影胶片中间,赶尽气泡,在复印机上复印。在复印的凝胶图上用直尺分别量出各条蛋白带迁移的距离 d_{pr} 和 d_{BPB}(以蛋白带的上沿或中心为准),计算相对迁移率,根据方程式:

$$\lg Mw = K_1 - bmR$$

　　用各标准蛋白分子量的对数(纵坐标)和相对迁移率 mR(横坐标)画出标准曲线,由标准曲线再求出其他各条待测和未知蛋白带的分子量,如有可能计算其误差。

小结

　　探索性实验是指针对某项与分子医学有关的未知或未全知的问题(即研究目标或问题),采用科学的思维方法,进行大胆设计、探索研究的一种开放式教学实验。实验实施的基本程序与科研过程是一致的。通过探索性实验,可初步掌握分子医学科学研究的基本程序和方法,培养学生的自学能力、科学的创造性思维能力及综合素质。

第十章 生物芯片实验

生物芯片(biochip)是指采用光导原位合成或微量点样等方法,将大量生物大分子比如核酸片段、多肽分子甚至组织切片、细胞等生物样品有序地固化于支持物(如玻片、硅片、聚丙烯酰胺凝胶、尼龙膜等载体)的表面,组成密集二维分子排列,然后与已标记的待测生物样品中靶分子杂交,通过特定的仪器比如激光共聚焦扫描或电荷偶联摄影像机(CCD)对杂交信号的强度进行快速、并行、高效地检测分析,从而判断样品中靶分子的数量。由于常用玻片/硅片作为固相支持物,且在制备过程模拟计算机芯片的制备技术,所以称之为生物芯片技术。根据芯片上固定的探针不同,生物芯片包括基因芯片、蛋白质芯片、细胞芯片、组织芯片,另外根据原理的不同,还有元件型微阵列芯片、通道型微阵列芯片、生物传感芯片等新型生物芯片。如果芯片上固定的是肽或蛋白,则称为肽芯片或蛋白芯片;如果芯片上固定的分子是寡核苷酸探针或 DNA,就是 DNA 芯片。由于基因芯片(Gene chip)这一专有名词已经被业界的领头羊 Affymetrix 公司注册专利,因而其他厂家的同类产品通常称为 DNA 微阵列(DNA Microarray)。这类产品是目前最重要的一种,有寡核苷酸芯片、cDNA 芯片和 Genomic 芯片之分,包括两种模式:一是将靶 DNA 固定于支持物上,适合于大量不同靶 DNA 的分析;二是将大量探针分子固定于支持物上,适合于对同一靶 DNA 进行不同探针序列的分析。

生物芯片技术是 20 世纪 90 年代中期以来影响最深远的重大科技进展之一,是融微电子学、生物学、物理学、化学、计算机科学为一体的高度交叉的新技术,具有重大的基础研究价值,又具有明显的产业化前景。由于用该技术可以将极其大量的探针同时固定于支持物上,所以一次可以对大量的生物分子进行检测分析,从而解决了传统核酸印迹杂交(Southern Blotting 和 Northern Blotting 等)技术复杂、自动化程度低、检测目的分子数量少、低通量(low through put)等不足。而且,通过设计不同的探针阵列、使用特定的分析方法可使该技术具有多种不同的应用价值,如基因表达谱测定、突变检测、多态性分析、基因组文库作图及杂交测序(sequencing by hybridization,SBH)等,为"后基因组计划"时期基因功能的研究及现代医学科学及医学诊断学的发展提供了强有力的工具,将会使新基因的发现、基因诊断、药物筛选、给药个性化等方面取得重大突破,为整个人类社会带来深刻广泛的变革。该技术被评为 1998 年度世界十大科技进展之一。

第一节 生物芯片实验原理

按照预定位置固定在固相载体上很小面积内的千万个核酸分子所组成的微点阵阵列。在一定条件下,载体上的核酸分子可以与来自样品的序列互补的核酸片段杂交。如果把样品中的核酸片段进行标记,在专用的芯片阅读仪上就可以检测到杂交信号。

基因芯片技术主要包括四个主要步骤:芯片制备、样品制备、杂交反应、信号检测和结果分析。

芯片制备:目前制备芯片主要以玻璃片或硅片为载体,采用原位合成和微矩阵的方法将寡核苷酸片段或 cDNA 作为探针按顺序排列在载体上。芯片的制备除了用到微加工工艺外，还需要使用机器人技术。以便能快速、准确地将探针放置到芯片上的指定位置。

样品制备：生物样品往往是复杂的生物分子混合体，除少数特殊样品外，一般不能直接与芯片反应，有时样品的量很小。所以，必须将样品进行提取、扩增，获取其中的蛋白质或 DNA、RNA，然后用荧光标记，以提高检测的灵敏度和使用者的安全性。

杂交反应：杂交反应是荧光标记的样品与芯片上的探针进行的反应产生一系列信息的过程。选择合适的反应条件能使生物分子间反应处于最佳状况中，减少生物分子之间的错配率。

信号检测和结果分析：杂交反应后的芯片上各个反应点的荧光位置、荧光强弱经过芯片扫描仪和相关软件可以分析图像，将荧光转换成数据，即可以获得有关生物信息。

目前，基因芯片主要由寡核苷酸芯片和 cDNA 芯片两大类组成。以下分别介绍这两类芯片的基本原理和特点。

一、寡核苷酸芯片（oligonucleotides chip）

寡核苷酸芯片是指做在固相载体上的寡核苷酸微阵列。其制备方法以直接在基片上进行原位合成为主、有时也可以预先合成，再按照制备 cDNA 芯片的方法固定在基片上。原位合成（in situ synthesis）是目前制造高密度寡核苷酸芯片最为成功的方法，有几种不同的工艺，其中最著名的是美国 Affymetrix 公司（http://www.affymetrix.com）的专利技术——光引导化学合成法（light-directed chemical synthesis process）。产品名为 GeneChip。

Affymetrix 公司已公开的光引导化学合成主要过程如下：首先根据杂交目的确定寡核苷酸探针的长度和序列。再由计算机设计出合成寡核苷酸时用到的所有光掩膜（masks）。最后做探针合成。光导原位合成技术的优点是可以用很少的步骤合成极其大量的探针阵列，探针阵列密度可高达到每平方厘米一百万个。而这种方法的主要缺点：一是需要预先设计、制造一系列掩模，造价较高；二是每步产率较低，因此合成探针的长度受到了限制。

寡核苷酸芯片的杂交和检测分析：样品处理和杂交检测方法与 cDNA 芯片是一致的。由于寡核苷酸阵列多需要区分单碱基突变，因此严格控制杂交液盐离子浓度、杂交温度和冲洗时间是杂交实验成功的关键。

二、cDNA 芯片（cDNA chip）

cDNA 芯片是指在玻璃片、硅片、聚丙烯膜、硝酸纤维素膜、尼龙膜等固相载体上固定的成千上万个 cDNA 分子组成 cDNA 微阵列。制作 cDNA 芯片最常用的固相载体是显微镜载玻片，载玻片在使用前需要进行表面处理，目的是抑制玻璃片表面对核酸分子的非特异性吸附作用。常用的表面处理方法有氨基化法、醛基化法和多聚赖氨酸包被法。

cDNA 芯片的制备：制备 cDNA 芯片多用合成后点样法（spotting after synthesis），简称点样法。合成后点样法使用的专用设备称为点样仪（Arrayer），目前有多家国外公司（如 Bopdiscovery，Biorobotics，Vartesian Technologies，Genetic Microsystems，Genomicssolutions 等）生产点样仪。点样仪的主要部件是由计算机系统控制的电脑机械手。点样时电脑机械手利用点样针头（Pin）从 96 或 384 橄孔板上蘸取 cDNA 样品，按照设计好的位置点在载玻片表面。针头的数目、机械手的移动时间、针头清洗和干燥时间、样品总数和载玻片数目共同决定了点样所需时间；针头的直径和形状、样品溶液的黏滞程度以及固相载体的表面特性决定了芯片上液滴的量和扩散面积。

除点样法以外，cDNA 芯片也可以用电子定位法（electronic addressing）制备。美国 Nanogen 公司最早使用这项技术，他们对空白片上的特定位点进行电活化，使相应活化点的表面带有电荷，成为"微电极"，能够吸附 cDNA 分子。带有微电极的片子与样品溶液共同孵育，溶液中的 cDNA 分子被吸附的微电极上，并与片子表面发生化学结合从而固定。用这种工艺制备的芯片的优点是：微电极的电吸附作用可以提高与靶核酸的杂交效率。缺点是：制备复杂，成本较高。这种带有微电极的芯片也称为主动式芯片。许多公司出售商品化的 cDNA 芯片，可以根据需要从公司定制。

三、cDNA 芯片的使用方法——样品制备和杂文

样品制备包括分离和标记两个方面，有些样品还经过核酸扩增放大这一步骤。样品制备的一般过程是：提取待检样品中的 mRNA，逆转录成 cDNA，同时标记上荧光（荧光标记为最常用的方法，优点是无放射性且有多种颜色可供使用）。研究者可以根据需要选用其他标记方法，例如同位素标记法、化学发光法或酶标法；如果目的是研究两种来源的组织细胞基因的差异表达，则分别提取两种组织细胞的 mRNA，逆转录成 cDNA，分别标记两种不同颜色的荧光（如 Cy3 和 Cy5），等量混合后与芯片进行杂交反应（图 10-1）。

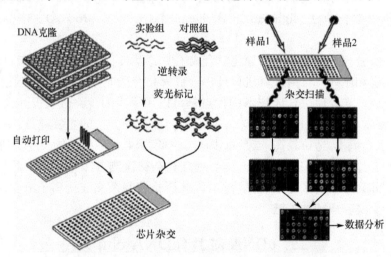

图 10-1　杂交信号检测和分析

杂交反应可以在专用的杂交仪（hybridization station）或杂交盒（hybridization chamber）内进行。杂交仪能够容纳多张芯片，有利于杂交过程的自动化和杂交条件的标准化。单个反应可以在杂交盒里进行，斯坦福大学 Patrick O. Brown 教授领导的实验室将制作杂交盒的详细说明提供在互联网，同时还提供了 cDNA 芯片设备、样品处理与杂交的完整的实验手册和有关软件的下载，网址是：http://cmgm. stanford. edu/pbrowri/index. html。

通常检测芯片上的杂交信号需要高灵敏度的检测系统——阅读仪（reader），阅读仪的成像原理分为激光共焦扫描和 CCD 成像两种。前者分辨率和灵敏度较高，但是扫描速度较慢且价格昂贵。后者的特点与之相反。有多种读取和分析杂交信号的应用软件以及能够与网络公共数据库连接进行数据分析的应用软件、在 NHGRI 的网站可以下载用于图像分

析的软件,还可以找到能够与 Genbank、Unigene 等数据库联机工作的软件包(表 10-1)。

表 10-1　基因芯片的主要类型及其简要特点

主要类型	片基	探针固定方式	探针密度	显色及检测方式
寡核苷酸芯片	钢性片基如玻片、半导体硅片等	原位合成(in situ synthesis)	高	荧光,激光共聚焦扫描、定量分析;生物传感器等
cDNA 芯片	玻片、薄膜片基如 NC、Nylon 膜等	预先合成后点样(off-chip synthesis)	低	荧光

第二节　生物芯片实验方法

样品制备:样品主要来源为 RNA 以及通过 PCR 方法获得。

一、总 RNA 的制备

1. 组织(或细胞)研磨粉碎　将超低温保存的组织(或细胞)材料迅速转移至盛有液氮的研钵中,用杵子不断研磨至粉状。秤取 1.5g 粉状样品,放入盛有液氮的研钵中,并加入 50ml 溶液 D,用杵子不断研磨至细粉状。

2. 组织匀浆

(1) 将研好的细粉末倒入匀浆管中,在组织匀浆粉碎机上匀浆。

(2) 将匀浆液分装在离心管中,冰浴 20min。

(3) 11 000r/min 离心 5min,将上清转移入另一离心管。

3. 分离和沉淀

(1) 分别加入 1/10 体积 3mol/L NaAc(pH 4.5)和等体积 5∶1 酸性酚氯仿溶液,冰浴 20min,4℃,11 000r/min,离心 20min。

(2) 吸取上清至一个 50ml 离心管,加入等体积异丙醇,混匀后−20℃放 1h。

(3) 4℃,11 000r/min,离心 20min,弃上清。

(4) 每管加入 3ml 的溶液 D,溶解沉淀,再用等体积的酚氯仿各抽提一次。

(5) 加等体积的异丙醇,−20℃沉淀 2h。4℃,10 000r/min 离心 20min,弃上清。

(6) 加入 10ml 冰预冷的 75%乙醇,洗涤沉淀 2 次,晾干沉淀。

4. 溶解和比色

(1) 按照 0.5ml/g 组织的比例加入 MilliQ 水 200ml,彻底溶解沉淀。

(2) 取适量的样品用 10mol/ml 的 Tris 稀释一定倍数,测分光光度值。一般来说 ratio(260 与 280 的比值加 320 系数)值,在 1.80~2.00 之间比较好。

(3) 配 1.0% 的胶,取 500ng 样品走电泳鉴定。

二、mRNA 的分离与纯化

(1) 秤取一定量的 oligo(dT)-纤维素,悬浮于 1×上样缓冲液中。

(2) 将悬浮液装入填有经 DEPC 处理并高压灭菌的玻璃棉的 1ml 玻璃注射器中,柱床体积 0.5~1ml,用 10ml DEPC 处理的水冲洗。柱床体积为 1ml 的 oligo(dT)-纤维最大载样量为 10mg 总 RNA,如总 RNA 的量较少,则应减少柱床体积。

（3）用 5 倍体积的 0.1mol/L 的 NaOH 洗柱,然后再用 5 倍体积的 ddH$_2$O 冲洗柱子。

（4）用 10 倍体积的洗脱缓冲液平衡柱子。

（5）用 10 倍体积的上样缓冲液平衡柱子,备用。

（6）用 ddH$_2$O 溶解 RNA 样品,68℃水浴 3min 后迅速插入冰浴中,加等体积的 2×上样缓冲液,上样,然后收集流出液。

（7）当全部溶液快流干时,将流出液置于 68℃水浴 3min 后,迅速冷至室温后重新上样,并收集流出液。

（8）用大量的 1×上样缓冲液洗柱,直至 OD_{260} 值很低或为零。

（9）待上样缓冲液快流干时,加洗脱缓冲液洗柱,用 1.5ml 离心管分管收集,每管约 400μl,共收集 6 管,通常 mRNA 洗脱峰集中在第 2 管中,第 3 管次之,第 4 管后就很少,而第 1 管中几乎没有 RNA 洗脱下来。

（10）用分光光度计测 OD_{260} 值,合并 mRNA 的洗脱组分。加入 1/10 3mol/L NaAc (pH 5.2)和 3 倍体积无水乙醇,混合后−80℃保存备用。

（11）用时取出,4℃,12 000r/min 离心 20min,弃上清,70%乙醇洗涤 2 次,沉淀中温烘干,备用。

三、PCR 方法获得样品

一个 100μl 的 PCR 反应所提供的 DNA 足可以点 1000 张芯片。扩增的实验参数取决于所用的模板和引物的类型,然而限定 PCR 的模板、引物、dNTP、镁离子、标准缓冲液和酶是十分重要的。一般附加剂如甘油或明胶因改变表面张力或竞争玻片表面的附着位点而影响点片过程,应避免使用。

点样 DNA 的制备:为了纯化 PCR 产物以制备点样 DNA,一般用异丙醇沉淀 PCR 产物,然后在 3×SSC 中以大约 100 ng/μl 的浓度重新悬浮 DNA。沉淀既能在 PCR 孔板中又能在 V 型底 96 孔组织培养板中进行。首先在每孔中加入 10μl 乙酸铵(3mol,pH 5.2);再加 110μl 异丙醇;置孔板于−20℃,1h(如果时间不允许,这一步可省略);4℃下,3500r/min 离心沉淀 1h;在孔板下放 2~3 层纸巾以防破碎。在一个离心机转头接头上可以叠放 4 块 V 底孔板一起旋转,在每块孔板之间放一个纸垫,然后把孔板小心地捆在一起,以防滑落。沉淀后,吸出或颠倒孔板来弃去液体。用 100μl 70%乙醇(用 95%乙醇配制,因为 100%乙醇中可能含有荧光杂质)洗沉淀,再离心 30min,吸去或轻轻倒出液体,在体积适合 96 孔板的抽干机中浓缩干燥沉淀。在 10~15μl 3×SSC(pH 7.0)中重悬沉淀,4℃下至少放置 12h,小心封好孔板,以免蒸发。因为过多的盐及 DNA 的浓缩会影响点片。重新悬浮后,把溶液转移到软板中(Fisher3911Micro Test Ⅲ Fexible Assay Plates) 备用点片。封严孔板,储存于 4℃或−20℃直到使用。在点片前,将孔板轻轻地离心一下,以保证所有物质都集中于孔底。

PCR 产物纯化:纯化 100μl PCR 反应物,准备聚丙烯酰胺葡聚糖 S400 树脂(Sigma S400 HR)并以 2∶1 的比例用 ddH$_2$O 稀释。以 100μl 每等份分装到 96 孔滤板中。向板中加 400μl ddH$_2$O 洗 4 次,用真空排枪吸出液体,把这个滤板套入聚丙烯 96 孔板中,4℃,2000r/min 离心 5min,弃去所有残留液体。加 100μl 双蒸水(ddH$_2$O)如上方法离心。加 100μl PCR 产物混匀,倒入一个干净孔板中,在抽干机中干燥。最终用 3×SSC 重新溶解 PCR 纯化产物。

四、探针标记与纯化

1. 将如下试剂混合

$17\mu l$	$25\mu g$ 总 RNA 或 $1\sim5\mu g$ mRNA
$1\mu l$	RNasin 核酸酶抑制剂
$2\mu l$	oligo dT $(2\mu g/\mu l)$

加热到 70℃ 10min，冰浴 1min。

2. 将如下试剂混合

$8\mu l$	$5\times$RT buffer
$4\mu l$	DTT
$1\mu l$	dATP，dCTP，dGTP（各 25mmol）
$2\mu l$	dTTP（2.5mmol）
$2\mu l$	Cy3（对照组样本）1mmol 或 Cy3-dUTP（实验组样本）1mmol

3. 混合　将上述混合液与 RNA ＋ Oligo dT 液混合，振荡后冰浴，加入 1.5μl Super-script Ⅱ，逆转录酶，60℃孵育 60 min。

加入 1μl 的 Superscript Ⅱ 逆转录酶，孵育 30 min 后，冰浴 1 min 停止反应。

加入 1μl 的 0.5mol EDTA 和 2μl 的 2mol NaOH，65℃加热 10 min，水解除去 RNA。

加入 4μl 的 1mol HCl 和 4μl 1mol Tris pH 8。

加入 17μl 的 100mmol 乙酸钠至各反应管。

使用 Qiaquick PCR purification kit 纯化。

五、玻 片 制 备

作为载体必须是固体片状或者膜、表面带有活性基因，以便于连接并有效固定各种生物分子。目前制备芯片的固相材料有玻片、硅片、金属片、尼龙膜等。目前较为常用的支持材料是玻片，因为玻片适合多种合成方法，而且在制备芯片前对玻片的预处理也相对简单易行。

左旋多聚赖氨酸预处理方法：把准备的载玻片放在金属或玻璃架上，使玻片垂直固定，把架子放在一个合适型号的玻璃缸内。一定要使用玻片架，架子要放在低速离心机中，到此步结束时它们要被旋转干燥。最好避免把玻片从一种类型的架子上转移到另一种上。用 50g NaOH 溶解于 200ml ddH$_2$O，再加 300ml 95％的乙醇制备 500ml 碱性洗液，把玻片完全浸没在洗液中至少 2h，洗完用 ddH$_2$O 全面冲洗 5 次，摇 5min 冲洗。保持玻片浸没在 ddH$_2$O 中，一旦洗净玻片，它们暴露于空气中的时间越短越好，因为灰尘会影响修饰和点片的过程。准备修饰溶液（350ml），包含 35ml poly-L-lysine（0.1％ W/V 溶于水，Sigma P8920），35ml 灭菌过滤 PBS 和 280ml ddH$_2$O，把该溶液倒入一个干净的玻璃缸中快速把玻片从最后一次洗液中移到修饰溶液中。轻轻摇动溶液 1h，把修饰处理过的玻片插进一个装有干净 ddH$_2$O 的缸中，上下抽动 5 次，把这个玻片架转移到一个低速离心机中（在架下放纸巾吸液体），旋转使玻片干燥（5min，室温下，1000r/min）。用铝箔包裹干燥的玻片，防止灰尘。把包好的玻片架放进一个真空干燥炉中，45℃，10min，真空干燥。把玻片从铝箔中取出放进一个干净的塑料玻片架上，用封紧的玻片盒室温储存。这些玻片不能马上用于点片，必须被固化至少数周，使其表面充分疏水干燥，修饰处理后的玻片表面的疏水性对于保证 DNA 样点足够小以形成高密度阵列是十分重要的。

抽样质检，方法是取出一张玻片，在其表面放 $150\mu l$ H_2O，把玻片与水平呈 $45°$ 角，观察水滴在玻片表面滑落，如果留下明显的滑落轨迹，就说明该玻片已经可以使用。

六、点样及玻片后处理

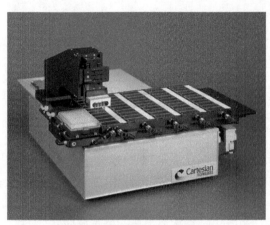

图 10-2 标准点片操作

在标准点片操作中，一大批载玻片被固定在一个平台上，溶于 $3\times SSC$ 的 DNA 样本放置于 96 或 384 孔板中，此板放在一个支持物上，机械手上有一束专用的弹性载样点片针，机械手将这些点片针伸入相邻的装有 DNA 样品的孔中，大约每根针吸装 $1\mu l$ DNA 样品溶液（图 10-2）。然后这些点样针在多个 Poly-lysine 处理过的玻片上特定位置点一小滴 DNA（$<0.5nl$），在每张玻片上点完 DNA 后，要清洗和烘干点样针，然后吸取下一批 DNA 样本，并在距上一次点片点很小距离的新位置重复此过程，从而形成高密度的点阵（阵列）。点间距取决于所点 DNA 液滴的大小，而液滴的大小又取决于点片针的特点和锐利程度以及 poly-L-lysine 表面的疏水程度。样点圆心间距约 $200\mu m$ 的距离来点片，也可以将此距离缩小到近 $100\mu m$。在 $200\mu m$ 的距离下，整个酵母基因组能点于一张 $1.8cm^2$ 的玻片上，而在 $100\mu m$ 的距离下，大约 75 000 个人的基因能点于一张标准的 $1cm\times 3cm$ 显微镜玻片上。

玻片的后处理：点样后微阵列用于杂交前需要四个步骤的处理：再次水合化和快速干燥、UV 交联、封闭、变性。

1. 再次水合化 点样过程一般不会将样点的 DNA 在该点均匀分布，为了使 DNA 在样点的各处均匀分布，需将在点样过程中很快干燥的各点再次水合化并快速干燥。将标准台式加热装置的金属板翻转过来，这样可以产生一个平整金属表面。将加热板升温至 $80℃$，在一个用塑料制成的玻片水合舱的水池中装入热水（约 $50\sim 60℃$），将每张玻片的点样面接近水面，让水蒸气水合各基因点，直至可以看到所有点出现折射光，立即将玻片放在加热板上，点样面朝上，直至干燥 5s。尽管每批水合所需时间不同，甚至同张玻片上各点所需时间变化很大，但用温控水浴装置进行水合，仍会得到一致性更好的结果。

2. UV 交联 玻片经再次水合化和快速干燥后，可用紫外线照射使 DNA 交联到玻片上。虽然不是关键的步骤，这一处理可增加各点上稳定固定、可杂交 DNA 的量，尤其是点样液中 DNA 浓度较低时。将玻片以点样面朝上放在交联仪的塑面上，将时间模式转换至总能量模式，照射能量为 60mJ。

3. 封闭 这是后处理中最关键的步骤。剩余自由赖氨酸经修饰后可以降低和标记探针 DNA 结合力。如果这些基团不被封闭，标记探针就会非特异地结合到玻片表面，并产生极高背景。用 succinic anhydride 进行酰化封闭。赖氨酸带电氨基对一个羧基碳原子进行亲核攻击，从而形成一个胺键并在分子链的另一端暴露一个自由羧基负电基团。除了将赖氨酸氨基基团转换成胺，这一新生物还有一个带负电的表面，从而可以进一步降低非特异结合 DNA。

因为液相中封闭试剂的稳定性有限,封闭过程应快速是重要的。使用一个玻璃缸,一个带柄的玻片槽,该槽应容易放进缸中。将玻片放入槽中,再将槽放入通风橱中,紧邻着玻璃缸。缸中盛有 350ml 溶液。将烧杯放在通风橱里的磁力搅拌器上。取 15ml Sodium Borate(1mol,pH 8.0)放在烧杯边上待用。秤 6g Succinic Anhydride 放入烧杯,迅速倒入 1,2-methyl pyrrolidinone 至 335ml,高速搅拌。Succinic Anhydride 溶解后,立即加入 Sodium Borate 搅拌至溶液混匀,将溶液倒入玻璃缸中,迅速将玻片槽浸入液面下,并上下晃动玻片 5 次。将玻片槽封口,轻柔摇晃玻片槽 15min。

4. 变性 在封闭反应进行时或在这之前,准备一个大烧杯或玻璃缸,装入一些沸水,体积应至少是封闭液的 2 倍。封闭反应即将结束前,停止加热,待水不再沸腾时,迅速将玻片放入水中,上下提拉晃动 3～5 次并让玻片坐浴 2min。将玻片立即放入装有 95% 乙醇的玻璃缸中。上下提拉玻片槽 3～5 次,将玻片放入离心机,甩干。经过以上处理的玻片就可以用于杂交。

七、杂交及杂交后处理

用台式离心机将探针样品高速离心 1min,以沉淀任何可能的杂质。用移液枪将样品吸加到阵列中央,注意不要碰到离心管中任何沉淀并避免形成气泡。封盖玻片(要足够大以覆盖整个阵列杂交区表面),注意不要形成气泡。在该玻片的另一区域滴加 5μl 3×SSC,以提供杂交舱内湿度,由此可以确保杂交过程中探针混合物不会蒸干。将玻片放入封口的杂交舱中,并浸入 65℃水浴,4～6h。

杂交后,小心擦干杂交舱并移出玻片,浸入盛有洗液 1(2×SSC,0.1%SDS)的玻片槽中,玻片点样面朝下,这样当盖玻片掉落时不会划伤阵列表面。剥落盖玻片后,将玻片在洗液中晃动 2～3 次后移入盛有洗液 2(1×SSC)的玻片槽中,小心操作,尽可能减少洗液 1 混入玻片槽 2 中,因为 SDS 会干扰玻片图像质量。轻柔摇晃玻片槽 2min,将玻片移入盛有洗液 3(0.2×SSC)2min,然后离心甩干玻片。所有洗液温度均应为室温。

具体实验步骤如下:

(1)将如下试剂混合:Cy5+Cy3 probe,30 μl;Poly d(A)(8mg/ml),1 μl;Yeast tRNA(4mg/ml),1 μl;Human COt-1 DNA(10mg/ml),1μl;20×SSC,6μl;50×Denhardt'液,1μl;用 microcon 30 filter 浓缩探针混合物,使终体积为 12μl 或略少。

(2)芯片先经含有 0.5mg/ml 鱼精 DNA 的杂交液在 42℃预杂交 6h。

(3)杂交探针在 95℃水浴中变性 5 min,14.000 g 离心 10min。

(4)探针加在基因芯片的点样区域上,用盖玻片封片,置于 42℃杂交 15～17h。

(5)用洗涤 2×SSC+0.2%SDS 冲洗玻片,去除盖玻片。

(6)准备两个染色缸,分别装有 2×SSC+0.2%SDS,0.1×SSC+0.2%SDS 放入 60℃水浴锅中。

(7)将玻片依次浸入以上两个染色缸中洗涤 10min。

(8)再将玻片浸入装有 0.1×SSC 的烧杯中洗涤 5min,晾干后扫描。

注意事项:每点的 DNA 数量=样本的浓度 × 每点的量。

斑点的容量少意味着用于杂交的探针的数量也很少,即使样本的浓度很高。必须努力减少这样的限制。一些因素必须考虑到,除了探针 DNA 的数量外,还有与目标分子相互补的探针 DNA 的比例,长短,目标分子的活性,就像用于检测信号方法的灵敏度影响着信号的强度。

杂交信号的浓度是与目标分子活性成比例的,与它的长度成反比,因此目标分子的特殊活性是十分重要的。每次实验的杂交时间也应该精确测量。

八、扫描及数据处理

杂交后应获取针对实验所用两种荧光染料的微阵列荧光图像,分别为红色及绿色,然后叠加图像获得芯片杂交综合图像数据(图 10-3,彩图 1)。

A.绿色荧光激发

B.红色荧光激发

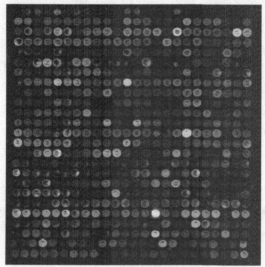
C.双色扫描结果叠加

图 10-3　荧光图像

使用的装置是激光扫描共聚焦扫描仪(图 10-4)。扫描仪有一个激光管或一组激光管,可以产生与所用荧光染料激发光谱相应的某一波长激光。激光穿过一标准物镜照亮玻片上的一个点,激发荧光被物镜聚集后又穿过一系列滤镜、一个校准透镜和一个极小孔眼(以降低噪音,这使得它成为一个共聚焦装置),并在一个光电倍增管中进行计量。激光束快速扫描玻片后获得微阵列的一幅光栅图像。用一对 galvanometer 将光束定位于固定玻片上的各个点,或用泛光照射源和 CCD 镜头,也可获得相似图像。

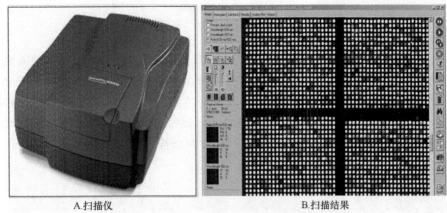

A.扫描仪　　　　　　　　　B.扫描结果

图 10-4　扫描仪及扫描结果

　　为了避免信号值过低带来误差，只有那些 Cy3 或 Cy5 大于 800 的点被选出进行后续分析，并根据软件提供的校正系数对整张芯片的荧光信号值进行校正。对于芯片上各点都采用 Cy5/Cy3 的比值作为 ratio 值，ratio 值大于 2.0 或者小于 0.5 的点被认为是有表达差异的基因，利用芯片上点的管家基因的信号强度值校正芯片之间的差异。使用各种统计软件进行聚类分析等。

　　安捷伦扫描仪及扫描结果，如图 10-5 所示。

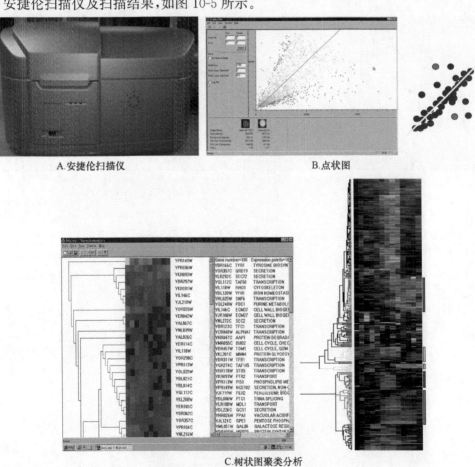

A.安捷伦扫描仪　　　　　　　　　B.点状图

C.树状图聚类分析

图 10-5　安捷伦扫描仪及扫描结果

小结

　　始于 20 世纪 80 年代中期的用于研制生物计算机的生物芯片、将健康细胞与电子集成电路结合起来的仿生芯片、一种缩微化的实验室 即芯片实验室以及利用生物分子相互间的特异识别作用进行生物信号处理的基因芯片、蛋白芯片、细胞芯片和组织芯片。狭义的"生物芯片":微阵列芯片主要指基因芯片、蛋白芯片、细胞芯片和组织芯片。这类微型生化反应和分析系统,其本质是对生物信号进行平行处理和分析;有时也特指基因芯片。

复习题

1. 基因芯片的工作原理是什么?
2. 基因芯片可能产生的假阳性、假阴性的原因有哪些? 如何解决?

第十一章 蛋白质组学实验

第一节 蛋白组学研究策略和内容

蛋白质组(proteome)一词,源于蛋白质(protein)与基因组(genome)两个词的杂合,蛋白质组的概念最先由 Marc Wilkins 提出,指由一个基因组,或一个细胞、组织表达的所有蛋白质,蛋白质组的概念与基因组的概念有许多差别,它随着组织、甚至环境状态的不同而改变。在转录时,一个基因可以多种 mRNA 形式剪接,并且同一蛋白可能以许多形式进行翻译后的修饰。故一个蛋白质组不是一个基因组的直接产物,蛋白质组中蛋白质的数目有时可以超过基因组的数目。

蛋白质组学(proteomics)是以细胞内全部蛋白质的存在及其活动方式为研究对象。可以说蛋白质组研究的开展不仅是生命科学研究进入后基因组时代的里程碑,也是后基因组时代生命科学研究的核心内容之一。

一、蛋白质组学研究的策略和范围

蛋白质组学有两种研究策略。一种可称为"竭泽法",即采用高通量的蛋白质组研究技术分析生物体内尽可能多乃至接近所有的蛋白质,这种观点从大规模、系统性的角度来看待蛋白质组学,也更符合蛋白质组学的本质。但是,由于蛋白质表达随空间和时间不断变化,要分析生物体内所有的蛋白质是一个难以实现的目标。另一种策略可称为"功能法",即研究不同时期细胞蛋白质组成的变化,如蛋白质在不同环境下的差异表达,以发现有差异的蛋白质种类为主要目标。这种观点更倾向于把蛋白质组学作为研究生命现象的手段和方法。

早期蛋白质组学的研究范围主要是指蛋白质的表达模式(expression profile),随着学科的发展,蛋白质组学的研究范围也在不断完善和扩充。蛋白质翻译后修饰研究已成为蛋白质组研究中的重要部分和巨大挑战。蛋白质-蛋白质相互作用的研究也已被纳入蛋白质组学的研究范畴。而蛋白质高级结构的解析即传统的结构生物学,虽也有人试图将其纳入蛋白质组学研究范围,但目前仍独树一帜。

二、蛋白质组学的研究内容

(一)蛋白质鉴定

可以利用一维电泳和二维电泳并结合 Western 等技术,利用蛋白质芯片和抗体芯片及免疫共沉淀等技术对蛋白质进行鉴定研究。

(二)翻译后修饰

很多 mRNA 表达产生的蛋白质要经历翻译后修饰,如磷酸化、糖基化、酶原激活等。翻译后修饰是蛋白质调节功能的重要方式,因此对蛋白质翻译后修饰的研究对阐明蛋白质的功能具有重要作用。

（三）蛋白质功能确定

如分析酶活性和确定酶底物,细胞因子的生物分析/配基-受体结合分析。可以利用基因敲除和反义技术分析基因表达产物-蛋白质的功能。另外对蛋白质表达出来后在细胞内的定位研究也在一定程度上有助于蛋白质功能的了解。Clontech 的荧光蛋白表达系统就是研究蛋白质在细胞内定位的一个很好的工具。

对人类而言,蛋白质组学的研究最终要服务于人类的健康,主要指促进分子医学的发展。如寻找药物的靶分子。很多药物本身就是蛋白质,而很多药物的靶分子也是蛋白质。药物也可以干预蛋白质-蛋白质相互作用。

三、蛋白质组学研究技术

蛋白质组学研究成功与否,很大程度上取决于其技术方法水平的高低。蛋白质研究技术远比基因技术复杂和困难。不仅氨基酸残基种类远多于核苷酸残基(20/4),而且蛋白质有着复杂的翻译后修饰,如磷酸化和糖基化等,给分离和分析蛋白质带来很多困难。此外,通过表达载体进行蛋白质的体外扩增和纯化也并非易事,从而难以制备大量的蛋白质。蛋白质组学的兴起对技术有了新的需求和挑战。蛋白质组的研究实质上是在细胞水平上对蛋白质进行大规模的平行分离和分析,往往要同时处理成千上万种蛋白质。

蛋白质样品中的不同类型的蛋白质可以通过二维电泳进行分离。二维电泳可以将不同种类的蛋白质按照等电点和分子量差异进行高分辨率的分离。成功的二维电泳可以将 2000～3000 种蛋白质进行分离。电泳后对胶进行高灵敏度的染色,如银染和荧光染色。如果是比较两种样品之间蛋白质表达的异同,可以在同样条件下分别制备二者的蛋白质样品,然后在同样条件下进行二维电泳,染色后比较两块胶。也可以将二者的蛋白质样品分别用不同的荧光染料标记,然后两种蛋白质样品在一块胶上进行二维电泳的分离,最后通过荧光扫描技术分析结果。

胶染色后可以利用凝胶图像分析系统成像,然后通过分析软件对蛋白质点进行定量分析,并且对感兴趣的蛋白质点进行定位。通过专门的蛋白质点切割系统,可以将蛋白质点所在的胶区域进行精确切割。接着对胶中蛋白质进行酶切消化,酶切后的消化物经脱盐/浓缩处理后就可以通过点样系统将蛋白质点样到特定的材料的表面(MALDI-TOF)。最后这些蛋白质就可以在质谱系统中进行分析,从而得到蛋白质的定性数据;这些数据可以用于构建数据库或和已有的数据库进行比较分析。实际上像人类的血浆、尿液、脑脊液、乳腺、心脏、膀胱癌和鳞状细胞癌及多种病原微生物的蛋白质样品的二维电泳数据库已经建立起来,研究者可以登录 www.expasy.ch 等网站进行查询,并和自己的同类研究进行对比分析。

四、蛋白质组生物信息学

蛋白质组数据库是蛋白质组研究水平的标志和基础。瑞士的 SWISS-PROT 拥有目前世界上最大,种类最多的蛋白质组数据库。丹麦、英国、美国等也都建立了各具特色的蛋白质组数据库。生物信息学的发展已给蛋白质组研究提供了更方便有效的计算机分析软件。特别值得注意的是蛋白质质谱鉴定软件和算法发展迅速,如 SWISS-PROT、Rockefeller 大学、UCSF 等都有自主的搜索软件和数据管理系统。最近发展的质谱数据直接搜寻基因组数据库使得质谱数据可直接进行基因注释、判断复杂的拼接方式。随着基因组学的迅速推进,会给蛋白质组研究提供更多更全的数据库。另外,对肽序列标记的从头测序软件也十分引人注目。

第二节 蛋白质组学研究技术

一、蛋白质组研究的核心——双向电泳(2-DE)

蛋白质组研究的发展以双向电泳技术作为核心。双向电泳由 Farrell 于 1975 年首次建立并成功地分离约 1000 个 E. coli 蛋白,并表明蛋白质谱不是稳定的,而是随环境而变化。双向电泳原理简明,第一向进行等电聚焦,蛋白质沿 pH 梯度分离,至各自的等电点;随后,再沿垂直的方向进行分子量的分离。目前,随着技术的飞速发展,已能分离出 10 000 个斑点(spot)。当双向电泳斑点的全面分析成为现实的时候,蛋白质组的分析变得可行(图 11-1)。

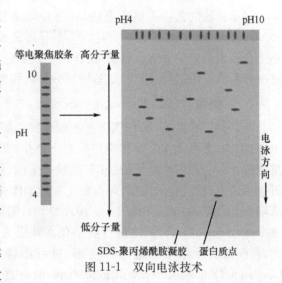

图 11-1 双向电泳技术

样品制备(sample preparetion)和溶解同样事关 2-DE 的成效,目标是尽可能扩大其溶解度和解聚,以提高分辨率。用化学法和机械裂解法破碎以尽可能溶解和解聚蛋白,两者联合有协同作用。对 IEF(isoelectric focusing)样品的预处理涉及溶解、变性和还原来完全破坏蛋白间的相互作用,并除去如核酸等非蛋白物质。理想的状态是人们一步完成蛋白的完全处理。近来,在"变性剂鸡尾酒"中,含 14～16 个碳的磺基甘氨酸三甲内盐(ASB14～16)的裂解液效果最好。而离液剂 2 mol/L 硫脲和表面活性剂 4%CHAPS 的混合液促使疏水蛋白从 IPG(immobilized pH gradients)胶上的转换。三丁基膦(Tributyl phosphine,TBP)取代 β-巯基乙醇或 DTT 完全溶解链间或链内的二硫键,增强了蛋白的溶解度,并导致转至第二向的增加。两者通过不同的方法来增加蛋白的溶解度,作为互补试剂会更有效。在保持样品的完整性的前提下,可利用核酸内切酶去除核酸(DNA)。除此之外,机械力被用来对蛋白分子解聚,如超声破碎等。另外,添加 PMSF 等蛋白酶抑制剂,可保持蛋白完整性。由于商品化的 IPG 胶条是干燥脱水的,可在其水化的过程中加样,覆盖整个 IPG 胶,避免在样品杯中的沉淀所致的样品丢失。

2-DE 面临的挑战是高分辨率和重复性。高分辨率确保蛋白最大程度的分离,高重复性允许进行凝胶间配比(match)。对 2-DE 而言,有 3 种方法分离蛋白:①ISO-DALT(isoelectric focus)以 O'Farrell's 技术为基础。第一向应用载体两性电解质(carrier ampholyte, CA),在管胶内建立 pH 梯度。随着聚焦时间的延长,pH 梯度不稳,易产生阴极漂移。②NEPHGE(non-equilibrium pH gradient electrophoresis)用于分离碱性蛋白(pH>7.0)。如果聚焦达到平衡状态,碱性蛋白会离开凝胶基质而丢失。因此,在等电区域的迁移须在平衡状态之前完成,但很难控制。③IPG-DALT 发展于 80 年代早期,由于固相 pH 梯度(Immobilized pH gradient，IPG)的出现解决了 pH 梯度不稳的问题。IPG 通过 immobiline 共价偶联于丙烯酰胺产生固定的 pH 梯度，克服了 IEF 的缺点，从而达到高度的重复性。目前可以精确制作线性、渐进性和 S 型曲线，范围或宽或窄的 pH 梯度。新的酸性 pH 3～5 或碱性 pH 6～11 的 IPG 凝胶梯度联合商品化的 pH 4～7 的梯度可对蛋白质形成蛋白质组重叠群(proteomic contigs)从而有效分离。

二、蛋白质组技术的支柱——鉴定技术(identification)

对于传统的蛋白质鉴定方法，如免疫印迹法、内肽的化学测序、已知或未知蛋白质的 comigration 分析，或者在一个有机体中有意义的基因的过表达，因为它们通常耗时、耗力，不适合高流通量的筛选。目前，所选用的技术包括对于蛋白质鉴定的图像分析、微量测序；进一步对肽片段进行鉴定的氨基酸组分分析和与质谱相关的技术。

(一) 图像分析技术(image analysis)

"满天星"式的 2-DE 图谱分析不能依靠本能的直觉，每一个图像上斑点的上调、下调及出现、消失，都可能在生理和病理状态下产生，必须依靠计算机为基础的数据处理，进行定量分析。在一系列高质量的 2-DE 凝胶产生(低背景染色，高度的重复性)的前提下，图像分析包括斑点检测、背景消减、斑点配比和数据库构建。首先，采集图像通常所用的系统是电荷耦合 CCD(charge coupled device)照相机；激光密度仪(laser densitometers)和 Phospho 或 Fluoro imagers，对图像进行数字化。并成为以像素(pixels)为基础的空间和网格。其次，在图像灰度水平上过滤和变形，进行图像加工，以进行斑点检测。利用 Laplacian、Gaussian、DOG(difference of gaussians)使有意义的区域与背景分离，精确限定斑点的强度、面积、周长和方向。图像分析检测的斑点须与肉眼观测的斑点一致。在这一原则下，多数系统以控制斑点的重心或最高峰来分析，边缘检测的软件可精确描述斑点外观，并进行边缘检测和邻近分析，以增加精确度。通过阈值分析、边缘检测、销蚀和扩大斑点检测的基本工具还可恢复共迁移的斑点边界。以 PC 机为基础的软件 Phoretix-2D 正挑战古老的 Unix 为基础的 2-D 分析软件包。第三，一旦 2-DE 图像上的斑点被检测，许多图像需要分析比较、增加、消减或均值化。由于在 2-DE 中出现 100% 的重复性是很困难的，由此凝胶间的蛋白质的配比对于图像分析系统是一个挑战。IPG 技术的出现已使斑点配比变得容易。因此，较大程度的相似性可通过斑点配比向量算法在长度和平行度观测。用来配比的著名软件系统包括 Quest、Lips、Hermes、Gemini 等，计算机方法如相似性、聚类分析、等级分类和主要因素分析已被采用，而神经网络、子波变换和实用分析在未来可被采用。配比通常由一个人操作，其手工设定大约 50 个突出的斑点作为"路标"，进行交叉配比之后，扩展至整个胶。在凝胶图像分析系统依据已知蛋白质的 pI 值产生 pI 网络，使得凝胶上其他蛋白的 pI 按此分配。所估计的精确度大大依赖于所建网格的结构及标本的类型。已知的未被修饰的大蛋白应该作为标志，变性的修饰的蛋白的 pI 估计约在 ±0.25 个单位。同理，已知蛋白的理论分子量可以从数据库中计算，利用产生的表观分子量的网格来估计蛋白的分子量。未被修饰的小蛋白的错误率大约 30%，而翻译后蛋白的出入更大。故需联合其他的技术完成鉴定。

(二) 微量测序(microsequencing)

蛋白质的微量测序已成为蛋白质分析和鉴定的基石，可以提供足够的信息。尽管氨基酸组分分析和肽质指纹谱(PMF)可鉴定由 2-DE 分离的蛋白,但最普通的 N-末端 Edman 降解仍然是进行鉴定的主要技术。目前已实现蛋白质微量测序的自动化。首先使经凝胶分离的蛋白质直接印迹在 PVDF 膜或玻璃纤维膜上,染色、切割,然后直接置于测序仪中,可用于 subpicomole 水平的蛋白质的鉴定。但有几点需注意:Edman 降解很缓慢,序列以每 40 min 1 个氨基酸的速率产生;与质谱相比,Edman 降解消耗大;试剂昂贵,每个氨基酸花费 3~4 \$。这都说明泛化的 Edman 降解蛋白质不适合分析成百上千的蛋白质。然而,如果在一个凝胶上仅有几个有意义的蛋白质,或者如果其他技术无法测定而克隆其基因是必需的,则需要进行泛化的 Edman 降解测序。

(三) 与质谱(mass spectrometry)相关的技术

质谱已成为连接蛋白质与基因的重要技术,开启了大规模自动化的蛋白质鉴定之门。用来分析蛋白质或多肽的质谱有两个主要的部分:①样品入机的离子源;②测量被介入离子的分子量的装置。首先是基质辅助激光解吸附电离飞行时间质谱(MALDI-TOF)为一脉冲式的离子化技术。它从固相标本中产生离子,并在飞行管中测其分子量。其次是电喷雾质谱(ESI-MS),是一连续离子化的方法,从液相中产生离子,联合四极质谱或在飞行时间检测器中测其分子量。近年来,质谱的装置和技术有了长足的进展。在 MALDI-TOF 中,最重要的进步是离子反射器(ion reflectron)和延迟提取(delayed ion extraction),可达相当精确的分子量。在 ESI-MS 中,纳米级电雾源(nano-electrospray source)的出现使得微升级的样品在 30~40 min 内分析成为可能。将反相液相色谱和串联质谱(tandem MS)联用,可在数十个 picomole 的水平检测;若利用毛细管色谱与串联质谱联用,则可在低 picomole 到高 femtomole 水平检测;当利用毛细管电泳与串联质谱连用时,可在小于 femtomole 的水平检测。甚至可在 attomole 水平进行目前多为酶解、液相色谱分离、串联质谱及计算机算法的联合应用鉴定蛋白质。下面以肽质指纹术和肽片段的测序来说明怎样通过质谱来鉴定蛋白质。

1. 肽质指纹术(peptide mass fingerprint,PMF) 是由 Henzel 等于 1993 年提出。用酶(最常用的是胰酶)对由 2-DE 分离的蛋白在胶上或在膜上于精氨酸或赖氨酸的 C-末端处进行断裂,断裂所产生的精确的分子量通过质谱来测量(MALDI-TOF-MS,或为 ESI-MS),这一技术能够完成的肽质量可精确到 0.1 个分子量单位。所有的肽质量最后与数据库中理论肽质量相配比(理论肽是由实验所用的酶来"断裂"蛋白所产生的)。配比的结果是按照数据库中肽片段与未知蛋白共有的肽片段数目作一排行榜,"冠军"肽片段可能代表一个未知蛋白。若冠亚军之间的肽片段存在较大差异,且这个蛋白可与实验所示的肽片段覆盖良好,则说明正确鉴定的可能性较大。

2. 肽片段(peptide fragment)**的部分测序** 肽质指纹术对其自身而言,不能揭示所衍生的肽片段或蛋白质。为进一步鉴定蛋白质,出现了一系列的质谱方法用来描述肽片段。用酶或化学方法从 N 或 C 末端按顺序除去氨基酸,形成梯形肽片段(ladder peptide)。首先以一种可控制的化学模式从 N 末端降解,可产生大小不同的一系列的梯形肽片段,所得一定数目的肽质量由 MALDI-TOF-MS 测量。另一种方法涉及羧基肽酶的应用,从 C 末端除去不同数目的氨基酸形成肽片段。化学法和酶法可产生相对较长的序列,其分子量精确至以区别赖氨酸和谷氨酰胺。或者,在质谱仪内应用源后衰变(post-source decay,PSD)和碰撞诱导解离(collision-induced dissociation,CID),目的是产生包含有仅异于一个氨基酸残基质量的一系列肽峰的质谱。因此,允许推断肽片段序列。肽片段 PSD 的分析在 MALDI 反应器上能产生部分序列信息。首先进行肽质指纹鉴定。之后,一个有意义的肽片段在质谱仪被选作"母离子",在飞行至离子反应器的过程中降解为"子离子"。在反应器中,用逐渐降低的电压可测量至检测器的不同大小的片段。但经常产生不完全的片段。现在用肽片段来测序的方法始于 70 年代末的 CID,可以一个三联四极质谱 ESI-MS 或 MALDI-TOF-MS 联合碰撞器内来完成。在 ESI-MS 中,由电雾源产生的肽离子在质谱仪的第一个四极质谱中测量,有意义的肽片段被送至第二个四极质谱中,惰性气体轰击使其成为碎片,所得产物在第三个四极质谱中测量。与 MALDI-PSD 相比,CID 稳定、强健、普遍,肽离子片段基本沿着酰胺键的主架被轰击产生梯形序列。连续的片段间差异决定此序列在那一点的氨基酸的质量。由此,序列可被推测。由 CID 图谱还可获得的几个序列的残基,叫做"肽序列标签"。这样,联合肽片段母离子的分子量和肽片段距 N、C 的距离将足以鉴定一个蛋白质。

3. 氨基酸组分分析 1977 年首次作为鉴定蛋白质的一种工具,是一种独特的"脚印"技术。利用蛋白质异质性的氨基酸组分特征,成为一种独立于序列的属性,不同于肽质量或序列标签。Latter 首次表明氨基酸组分的数据能用于从 2-DE 凝胶上鉴定蛋白质。通过放射标记的氨基酸来测定蛋白质的组分,或者将蛋白质印迹到 PVDF 膜上,在 155℃进行酸性水解 1 h,通过这一简单步骤的氨基酸的提取,每一样品的氨基酸在 40min 内自动衍生并由色谱分离,常规分析为 100 个蛋白质/周。依据代表两组分间数目差异的分数,对数据库中的蛋白质进行排榜,"冠军"蛋白质具有与未知蛋白质最相近的组分,考虑冠亚军蛋白质分数之间的差异,仅处于冠军的蛋白质的可信度大。Internet 上存在多个程序可用于氨基酸组分分析,如 AACompIdent、ASA、FINDER、AAC-PI、PROP-SEARCH 等,其中,在 PROP-SEARCH 中,组分、序列和氨基酸的位置被用来检索同源蛋白质。但仍存在一些缺点,如由于不足的酸性水解或者部分降解会产生氨基酸的变异。故应联合其他的蛋白质属性进行鉴定。

三、蛋白质组研究的百科全书数据库(database)

蛋白质组数据库(proteome database)被认为是蛋白质组知识的储存库,包含所有鉴定的蛋白质信息,如蛋白质的顺序、核苷酸顺序、2-D PAGE、3-D 结构、翻译后的修饰、基因组及代谢数据库等。例如,SWISS-2DPAGE 数据库包括人类、细菌、细胞等物种的信息。其中,E. coli SWISS-2DPAGE 数据库是 EXPASY 分子生物学服务器的一部分,通过 www 的 URL 网址 http://www. expasy. ch/ch2d/ch2d-top. html 可以查询。

当前的计算机和网络技术,让我们将所有的数据库连在一起,并允许我们从一个数据库中的一条信息遨游到其他的数据库,将一个研究对象的数据与其他各种蛋白质组中的相关数据或图谱相连。分析型软件工具被称为蛋白质组分析机器人、数据分析软件包。在既定的状态下,定量研究蛋白质的表达水平,或者计算机辅助数据库系统建立可将实验推进一步。因此,蛋白质组分析技术联合蛋白质数据库,计算机网络和其他软件包合在一起称为蛋白质组的机控百科全书(Cyber-encyclopaedia of the proteome)。

蛋白质组和基因组共同分析可以产生大量的数据。当评估每一个数据库的价值时,难免要考虑两个条件:①数据库是否在任一时刻保持最新;②何时能够相互连接,且以整体状态评估。

第三节　蛋白质组实验准备

一、双向电泳的样品的制备

样品制备是双向电泳中最关键的一步,将直接影响 2-DE 结果好坏。目前并没有一个通用的样品制备方法,尽管处理方法多种多样,但都遵循几个基本的原则:

(1) 尽可能地提高样品蛋白的溶解度,抽提最大量的总蛋白,减少蛋白质的损失。

(2) 减少对蛋白质的人为修饰。

(3) 破坏蛋白质与其他生物大分子的相互作用,并使蛋白质处于完全变性状态。

根据这一原则,样品制备需要 4 种主要的试剂:离液剂(chaotropes),主要包括尿素(Urea)和硫脲(thiourea);表面活性剂(sufactants),也称去垢剂,如 CHAPS 与 Zwittergent 系列等双性离子去垢剂;还原剂(reducing agents),最常用的是二硫苏糖醇(DTT)和磷酸三丁酯(TBP)等。当然,也可以选择性的加入 Tris-base,蛋白酶抑制剂以及核酸酶。

样品的来源不同,其裂解的缓冲液也各不相同。通过不同试剂的合理组合,以达到对样品蛋白的最大抽提。在对样品蛋白质提取的过程中,必须考虑到去除影响蛋白质可溶性和 2-DE 重复性的物质,比如核酸、脂、多糖等大分子以及盐类小分子。大分子的存在会阻塞凝胶孔径,盐浓度过高会降低等电聚焦的电压,甚至会损坏 IPG 胶条,这样都会造成 2-DE 的失败。样品制备的失败很难通过后续工作的完善或改进获得补偿。

核酸的去除可采用超声或核酸酶处理,超声处理应控制好条件,并防止产生泡沫;而加入的外源核酸酶则会出现在最终的 2D 胶上。脂类和多糖都可以通过超速离心除去。透析可以降低盐浓度,但时间太长;也可以采取凝胶过滤或沉淀/重悬法脱盐,但会造成蛋白质的部分损失。

因此,样品制备方法必须根据不同的样品、所处的状态以及实验目的和要求来进行选择。目前有很多方法适于 2-DE,如组织或细胞的总蛋白提取物、亚细胞组分或细胞器蛋白、免疫沉淀的蛋白及其他亚组分蛋白(如磷酸化蛋白、采用亲和纯化凝集素结合蛋白等)。

二、细 胞 样 品

细胞培养,加药与处理。胰酶消化贴壁细胞,PBS 漂洗 3 次(1500r/min,5min),弃上清,再次离心,去尽残液(非常重要!)。如要比较细胞膜蛋白组的差别,最好用细胞刮收获细胞。如用 10mmol Tris/ 250mmol Sucrose(pH 7.0)代替 PBS,可有效降低样品的盐浓度。加入 5 倍体积裂解液,混匀(或将 1×10^6 细胞悬于 $60 \sim 100 \mu l$ 裂解液中)。加 $50 \mu g/ml$ RNase 及 $200 \mu g/ml$ Dnase,在 4℃放置 15min。15 000r/min,4℃离心 60min(或 40 000r/min,4℃离心 30min)。收集上清。测定蛋白浓度(采用 BioRad RC/DC protein assay kit)。分装样品,冻存于 -70℃。

三、组 织 样 品

研钵研磨组织,研至粉末状。将适量粉末状组织转移至匀浆器,加入适量裂解液,进行匀浆。加 $50 \mu g/ml$ RNase 及 $200 \mu g/ml$ DNase,在 4℃放置 15min。15 000r/min,4℃离心 60min(或 40 000r/min,4℃离心 30min)。收集上清,测定蛋白浓度。分装样品,冻存于

-70℃。

注意事项：8mmol/L PMSF 必须在添加还原剂之前用，否则 PMSF 会失去活性。40mmol/L 浓度以下的 Tris 可使有些蛋白酶在高 pH 下失活。

细胞清洗：大多用 PBS，若 PBS 残留于细胞表面会造成胶上出现水平条纹，则可利用（10mmol/L Tris，250mmol/L sucrose pH 7.0）来解决此问题。

第四节 蛋白质组实验操作

双向电泳操作步骤

水化上样（被动上样）：从冰箱中取出 IPG 胶条，室温放置 10min。沿水化盘槽的边缘从左向右线性加入样品，槽两端各 1cm 左右不加样，中间的样品液一定要连贯。注意不要产生气泡，否则会影响胶条中蛋白质的分布。用镊子轻轻撕去 IPG 胶条上的保护层。注意碱性端较脆弱，应小心操作。将 IPG 胶条胶面朝下轻轻置于水化盘中样品溶液上。注意不要将样品溶液弄到胶条背面，因为这些溶液不会被胶条吸收；还使胶条下面的溶液产生气泡。如产生了气泡，用镊子轻轻地提起胶条的一端，上下移动胶条，直到气泡被赶走。放置 30～45min 大部分样品被胶条吸收，沿着胶条缓慢加入矿物油，每根胶条约 3ml（17cm IPG），防止胶条水化过程中液体蒸发。置等电聚焦仪于 -20℃水化 11～15h。

1. 第一向等电聚焦

（1）将纸电极置于聚焦盘的正负极上，加 ddH_2O 5～8μl 润湿。

（2）取出水化好的胶条，提起一端将矿物油沥干，胶面朝下，将其置于刚好润湿的滤纸片上杂交以去除表面上的不溶物。

（3）将 IPG 胶条胶面朝下置于聚焦盘中，胶条的正极（标有+）对应聚焦盘的正极，确保胶条与电极紧密接触。

（4）在每根胶条上覆盖 2～3ml 矿物油。

（5）对好正、负极，盖上盖子。设置等电聚焦程序。

（6）聚焦结束的胶条，立即进行平衡、第二向 SDS-PAGE 电泳。或将胶条置于样品水化盘中，-20℃冰箱保存，电泳前取出胶条，室温放置 10min，使其溶解。

2. 第二向 SDS-PAGE 电泳

（1）配制 12% 的丙烯酰胺凝胶。

（2）待凝胶凝固后，倒去分离胶表面的 MilliQ 水、乙醇或水饱和正丁醇，用 MilliQ 水冲洗。

（3）配制胶条平衡缓冲液Ⅰ。

（4）在桌上先放置干的厚滤纸，聚焦好的胶条胶面朝上放在干的厚滤纸上。将另一份厚滤纸用 MilliQ 水浸湿，挤去多余水分，然后直接置于胶条上，轻轻吸干胶条上的矿物油及多余样品，这样可以减少凝胶染色时出现的纵条纹。

（5）将胶条转移至样品水化盘中，加入 6ml（17cm IPG）平衡缓冲液Ⅰ，在水平摇床上缓慢摇晃 15min。

（6）配制胶条平衡缓冲液Ⅰ。

（7）第一次平衡结束后，取出胶条，将其竖在滤纸上沥去多余的液体，放入平衡缓冲液

Ⅱ中,继续在水平摇床上缓慢摇晃 15min。

(8) 用滤纸吸去 SDS-PAGE 胶上方玻璃板间多余的液体,将二向凝胶放在桌面上,凝胶的顶部面对自己。

(9) 将琼脂糖封胶液加热溶解。

(10) 在 100ml 量筒中加入 TGS 电泳缓冲液。

(11) 第二次平衡结束后,取出胶条,用滤纸吸去多余的平衡液(将胶条竖在滤纸上,以免损失蛋白或损坏凝胶表面)。

(12) 用镊子夹住胶条的一端使胶面完全浸末在 1×电泳缓冲液中漂洗数次。

(13) 将胶条背面朝向玻璃板,轻轻放在长玻板上,加入低熔点琼脂糖封胶液。

(14) 用适当厚度的胶片,轻轻地将胶条向下推,使之与聚丙烯酰胺凝胶胶面完全接触。注意不要在胶条下方产生气泡,应推动凝胶背面的支撑膜,不要碰到胶面。

(15) 放置 5min,使低熔点琼脂糖封胶液凝固。

(16) 打开二向电泳制冷仪,调温度为 15℃。

(17) 将凝胶转移至电泳槽中,加入电泳缓冲液,接通电源,起始时用的低电流 5～10mA/(gel·17cm),待样品在完全走出 IPG 胶条,浓缩成一条线后,再加大电流 20～30mA/(gel·17cm)待溴酚蓝指示剂达到底部边缘时即可停止电泳。

(18) 电泳结束后,轻轻撬开两层玻璃,取出凝胶,并切角以作记号(戴手套,防止污染胶面)。

(19) 进行染色。

3. SDS-PAGE 胶染色

(1) 各种蛋白染色方法的灵敏度比较(表 11-1)。

表 11-1　各种蛋白染色方法的灵敏度比较

染色方法	灵敏度	与质谱的兼容性
Silver	1～10ng	—
Silver (MS compatible)	10ng	+
Comassie G-250 or R-250	>30ng	+
Antibody (Western blot)	1ng	

(2) 考马斯亮蓝染色:CBB 染色液;0.5%考马斯亮蓝 G-250 或 R-250;40%甲醇;10%乙酸;将 CBB 溶于甲醇中并不停的搅拌 15min,加入乙酸与 ddH$_2$O;脱色液:30%甲醇,10%乙酸。

染色方法:①在摇床上染色 30min;②脱色至蛋白点或条带清晰可见;③ddH$_2$O 洗 3～5 次。

(3) 胶体考马斯亮蓝染色 Colloidal Coomassie Staining(Cambridge centre for porteomics)sensitivity = ～100ng

1) 固定。甲醇:乙酸:H$_2$O(45:1:54)至少 20min。

2) 染色 12～18h。染色液:17%(W/V)硫酸铵;34%甲醇;0.5%乙酸;0.1%(W/V)Coomassie G-250。

3) 脱色:用 H$_2$O 脱色至蛋白点和背景清晰。

4. 双向电泳蛋白点的切取和保存

(1) 用 PDQuest 软件或肉眼比对,找出感兴趣的蛋白点,并做好标记和记录。

（2）用 MilliQ 水冲洗胶 2 次。

（3）用色谱纯甲醇和 MilliQ 水冲洗 Ep 管。

（4）将枪头（200μl）下端剪去，使其内径略小于蛋白斑点的直径，用色谱纯甲醇和 MilliQ 水冲洗枪头。

（5）对准斑点中央小心将蛋白切割下来，放入 Ep 管，MilliQ 水漂洗 2 次，如胶块太大，将其切成 1mm×1mm 的胶片。

（6）将切好的点做好标记和记录，置−80℃ 保存或冻干后−20℃ 存放。

（7）注意事项：尽量避免皮肤和头发的角蛋白的污染，在操作过程中应戴一次性的 PE 手套（不用乳胶手套）和帽子。不要将胶长期存放于乙酸溶液中。Ep 管及染胶的容器必须用甲醇和水充分清洗，尤其应与进行 Western blotting 的容器分开，以避免 casein 或 BSA 的污染。

5. 考染 SDS-PAGE 条带酶解，提肽

（1）小胶考染 2～3 可以脱色（10％乙酸，10％乙醇）。

（2）照相保存图片。

（3）切胶前用 ddH$_2$O 洗胶 2～3 次，以除去残留的乙酸和乙醇。

（4）用塑料切胶片将胶切成 1mm^3 大小的胶粒，盛于 0.6ml EP 管中。

（5）脱色：加入 100μl（对于小胶的一条带）50％ACN/50％50mmol NH$_4$HCO$_3$（即 1/2 的 ACN 与 1/2 的 100 mmol NH$_4$HCO$_3$ 的混合液），漩涡混合仪上混旋 10～30min（根据脱色情况，可延长时间至 30～45min），去掉上清，重复 1～2 次，直到完全脱色（实在脱不掉，有时也不影响下游的酶解和质谱）。

（6）干胶：加 100μl ACN 混匀，室温下放置 5～10min，可见胶粒变白，吸去 ACN；重复 1～2 次，37℃10～20min，残留的 ACN 挥发尽。

（7）加酶：胰酶用 0.1％ 的乙酸配成 100ng/μl 的储存液。使用时，用 40mmol NH$_4$HCO$_3$/10％ACN 稀释成 12.5ng/μl 的使用液。每管加 12.5ng/μl 的胰酶 10～15μl（根据情况定量，酶液没过胶粒即可），将胶粒没过。4℃ 放 15min，取出，吸去多余的胰酶，加入 15μl 的 40mmol NH$_4$HCO$_3$/10％ACN（也可用 ddH$_2$O）覆盖，防止蒸发。

（8）酶解：37℃，酶解过夜（一般 16h，3～6h 即可）。

（9）提肽：将酶液转移到新的 0.6ml EP 管中，胶粒中加入 50～80μl 50％ACN/5％TFA，超声（放冰袋）10～15min，离心，上清合并；再加入 20～50μl 50％ACN/5％TFA，重复 1～2 次，上清合并。

（10）封上 parafilm 膜，扎孔，−80℃ 冷冻上清，进行冻干。

（11）冻干后的样品如不立即用，于−80℃ 保存。

（12）若做 MALDI-MS，溶于 1～3μl 样品准备液（50％ACN/0.1％甲酸），做靶鉴定。

（13）若做 LC-MS，溶于 15～25μl 样品准备液（50％ACN），质谱鉴定。

注：操作注意不要污染，要勤换手套。

第五节　数据库搜索（Databases search）

一般来说，利用质谱数据鉴定蛋白质主要有两种方法：肽质量指纹图谱（PMF）和肽序列标签分析（sequence tag analysis）。这两种方法较传统的 N 端测序或内部 Edman 测序法敏感数百倍,其检测低限为飞摩尔(fmol)水平(如银染的 2D 胶点或 1D 胶带)。然而,足够多的样品蛋白量可以增加识别的成功率,这是因为增大样品蛋白量可以克服一些污染物的干扰(如角蛋白,在样品中的存在非常常见)。数据库的检索是利用计算机程序算法将实验测得的肽质量数据与蛋白质序列数据库中的蛋白质的肽质量计算值进行相关性比较分析,从而得出可能蛋白质的概率并将相关性最好的结果排序,这是凝胶分离蛋白质鉴定的最常用手段。

这种检索途径有一个明显的限制,就是被鉴定的蛋白质必须在序列数据库(蛋白质数据库和核酸序列翻译数据库)中存在。PMF 检索鉴定蛋白质是依据实验中获得的蛋白质的多个肽段质量数据与同一蛋白质肽段质量理论计算值之间的相关性比较。因此,这一技术不适用于检索 EST 翻译序列,也不适用于鉴定蛋白质的混合物。而肽序列标签分析(sequence tag analysis)可适用于检索 EST 数据库。

对 PMF 数据,主要搜索 Swiss Prot (速度快但不全面)和 NCBI (速度虽慢但包含更多的信息)数据库。如果你认为你检测的蛋白质可能为新的蛋白质,可选择 NCBI 数据库,标准搜索选择 Swiss Prot 数据为好。如果需要,也可搜索 EST 数据库。

检索条件的设置与结果判断:

(1) 肽片段质量选择在 800~4000Da 范围。

(2) 氨基酸残基的修饰(modifications):半胱氨酸为脲甲基半胱氨酸(cardamidomethyl-Cys),蛋氨酸选择可变修饰-氧化。

(3) 最大允许的肽质量误差(mass tolerances),与仪器性能和数据质量有关,一般设为 ±0.1Da,最大为 ±0.5Da,质量误差愈小,搜索的特异性愈高。

(4) 不完全酶解位点数目(missed cleavages):每个肽允许有 2 个不完全裂解位点,一般选 1(如果蛋白充分变性且酶解完全)。

(5) 参考蛋白质表观分子量和等电点,表观 pI 误差范围为 ±0.5pH,表观 Mr 误差为范围为 ±20%。一般情况下不选此项,在判读结果时参考。

(6) 物种选择:限定物种。

(7) 离子选择:[M+H]+,单同位素

(8) 最少匹配肽片段规定为 4。

第六节　蛋白质组实验数据库及实验试剂配制

一、主要的公共数据库及网址

1. Mascot

http://www.matrixscience.com/home.html

2. MOWSE

http://www.seqnet.dl.ac.uk/Bioinformatics/Webapp/mowse

3. Peptide Search

http://www.mann.embl-heidelberg.de/Services/PeptideSearch

4. Protein Prospector

http://prospector.ucsf.edu

5. Prowl

http://prowl. rockefeller. edu

6. EXPASY 中国镜像站点(BI peptident)

http://www. pku. edu. cn

二、蛋白质的序列分析流程

1. 蛋白质序列的检索

(1) 从 NCBI 检索蛋白质序列

http://www. ncbi. nlm. nih. gov:80/entrez/query. fcgi? db＝Protein

(2) 利用 SRS 系统从 EMBL 检索蛋白质序列

http://srs. ebi. ac. uk

2. 蛋白质序列的基本性质分析

(1) 蛋白质序列的信号肽分析

http://genome. cbs. dtu. dk/services/SignalP-2. 0

http://genome. cbs. dtu. dk/services/SignalP

(2) 蛋白质序列的跨膜区分析

http://genome. cbs. dtu. dk/services/TMHMM-1. 0

http://www. ch. embnet. org/software/TMPRED form. html

(3) 蛋白质序列的亚细胞定位分析

http://predict. sanger. ac. uk/nnpsl/nnpsl mult. cgi

3. 蛋白质序列的同源性分析

(1) 基于 NCBI/Blast 软件的蛋白质序列同源性分析

http://www. ncbi. nlm. nih. gov/blast. cgi

(2) 基于 WU/Blast2 软件的蛋白质序列同源性分析

http://dove. embl-heidelberg. de/Blast2

(3) 基于 FASTA 软件进行蛋白质序列同源性分析

http://www2. ebi. ac. uk/fasta3

(4) 两条蛋白质序列之间的同源性分析

http://www. ncbi. nlm. nih. gov/gorf/bl2. html

(5) 蛋白质序列的批量联网同源性分析

4. 蛋白质序列的结构功能域分析

(1) 蛋白序列的 motif 和 Prosite 分析

http://www. isrec. isb-sib. ch/software/PFSCAN form. html

(2) 蛋白质的结构功能域分析

http://smart. embl-heidelberg. de

http://www. ebi. ac. uk/interpro/interproscan/ipsearch. html

5. 蛋白质家族分析及其进化树的构建(方案)

WEB RESOURCES FOR PROTEIN SCIENTISTS

http://www. faseb. org/protein/docs/WWWResources. html

举例：蛋白质数据库(Protein databank，PD)由美国自然科学基金会、能源部和国立卫生研究院共同投资建立,主要由 X-射线晶体衍射和核磁共振(NMR)测得的生物大分子三维结构所组成,用户可直接查询、调用和观察库中所收录的任何大分子三维结构。该数据库同时提供蛋白质序列及其三维空间晶体学原子坐标。其中受体-配体、抗原-抗体、底物-酶复合物等相互作用分子的共结晶图谱是基于同源比较的分子设计所需的最佳模型,因此 PDB 数据库为初步的蛋白质合理设计提供了重要的知识来源。由于 PDB 主要由生物大分子三维结构所组成,它具有以下几种功能:

(1) 能够查找目的蛋白质的结构。

(2) 可进行一级或高级结构的简单分析。

(3) 与互联网上的其他一些数据库,如 GDB、GenBank、SWISS-PROT、PIR 等链接,从而可查询蛋白质的其他信息。

(4) 可下载有关结构信息以供进一步使用。可通过关键词,PDB 标识符等进行查询。

在序列分析中,PDB 主要可应用于蛋白质结构预测和结构同源性比较。其中 NRL-3D 数据库则是 PDB 数据库中所有蛋白质序列的信息。该数据库允许进行基于结构的序列比较,网址为 http://www.rcsb.org/pdb/。

三、双向电泳常用溶液配方

1. 水化/上样缓冲液(rehydration/sample lysis buffer)

水化上样缓冲液(Ⅰ)1ml

urea	8mol	0.48g
CHAPS	4%	40mg
DTT	50~65mmol	7~9.8mg
or TBP	2mmol	10μl
40% Bio-Lyte	0.2%(w/v)	5μl
1%溴酚蓝	0.001%	1μl
MilliQ 水		650μl

水化上样缓冲液(Ⅱ) 1ml

urea	7mol	0.42g
thiurea	2mol	0.152g
CHAPS	4%	40mg
DTT	50~65mmol	7~9.8mg
or TBP	2mmol	10μl
40% Bio-Lyte	0.2%(w/v)	5μl
1%溴酚蓝	0.001%	1μl
MilliQ 水		650μl

水化上样缓冲液(Ⅰ)中的尿素浓度可以调高到 9 或者 9.8mol;用 7mol Urea 和 2mol Thoiurea 溶解蛋白的能力较单用尿素强。目前常用的去垢剂为 CHAPS,也可用 Triton X-100、NP-40 等代替。可以加蛋白质酶的抑制剂和(或)核酸酶。还原剂可用 DTT 或 TBP,分离碱性蛋白时最好用 TBP。溴酚蓝作为指示剂,可以监测上样和聚焦过程,如操作熟练,可以不加。

2. 溴酚蓝储液 见表 11-2。

表 11-2 溴酚蓝储液

Final concentration	Amount	
Bromophenol blue	1%	10mg
Tris-base	50mmol	6mg
MilliQ H$_2$O		to 1ml

3. 胶条平衡液储存液(SDS equlibration buffer) 50mmol Tris-Hcl pH 8.8，6mol U-rea，30% glycerol，2% SDS，bromophenol blue，200ml(表 11-3)。

表 11-3 胶条平衡液储存液

	Finalconcentration	Amount
1.5mol Tris-Hcl,pH 8.8	50mmol	6.7ml
Urea (Fw 60.06)	6mol	72.07g
Glycerol(87% V/V)	30%(V/V)	69ml
SDS(Fw 288.38)	2%(W/V)	4.0g
1%Bromophenol blue solution	0.002%(W/V)	400μl
		to 200ml

分装后储存于−20℃；溴酚蓝可以不加；用之前在加 DTT(20mg/ml)或者碘乙酰胺(25mg/ml)。

4. 10% (V/V)SDS 溶液

SDS(Fw 288.38)   10.0g

MilliQ H$_2$O   to 100 ml

用 0.45μm 的滤纸过滤室温保存(高纯试剂一般不用过滤)。

5. 聚丙烯酰胺单体储存液(monomer stock solution) 见表 11-4。

表 11-4 聚丙烯酰胺单体储存液

	Final concentration	Amount
Acrylamide	30%	150g
N,N′-methylenebisacrylamideor PDA	0.8%	4.0g 5.0g
MilliQ H$_2$O		to 500ml

用 0.45μm 的滤纸过滤(可不过滤)，4℃避光保存。

6. 4×分离胶溶液(4× Resolving gel buffer，1.5mol Tris-Hcl pH 8.8) 见表 11-5。

表 11-5 4×分离胶溶液

	Final concentration	Amount
Tris-base(Fw 121.1)	1.5mol	181.5g
MilliQ H$_2$O		750ml
HCl(Fw 36.46)		Adjust to pH 8.8
MilliQ H$_2$O		to 1000ml

用 0.45μm 的滤纸过滤,4℃保存。

7. 10%过硫酸铵 见表 11-6。

表 11-6 10%过硫酸铵

	Final concentration	Amount
Ammonium persulphate(APS)	10%	1g
MilliQ H₂O		to 10ml

当加入水时,新鲜的过硫酸铵会发出"咔嚓"声音。如果没有声音,则需要换新的药品。可少量(10ml)配制,分装后 4℃保存。

8. 电泳缓冲液(TGS electophoresis buffer) 25mmol Tris,192 mmol glycine,0.1% SDS(表 11-7)。

表 11-7 电泳缓冲液

	Final concentration	Amount	
Tris base	25mmol	15.1g	7.55g
Glycine	192mmol	72.1g	36.05g
SDS	0.1%(W/V)	5.0g	2.5g
MilliQ H₂O		to 5000ml	to 2500ml

该溶液的 pH 不需调整,可直接在大试剂瓶中配制溶液,室温保存。

9. 琼脂糖封胶液(agrose sealing solution) 见表 11-8。

表 11-8 琼脂糖封胶液

	Final concentration	Amount
TGS electophoresis buffer	—	50ml
Agrose (NA or M)	0.5%	0.25g
1% Bromophenol blue	0.002%(W/V)	100μl

可在锥形瓶配制,微波炉加热熔化。小份分装,室温保存。

小结

蛋白质组本质上指的是在大规模水平上研究蛋白质的特征,包括蛋白质的表达水平、翻译后的修饰。蛋白与蛋白相互作用等,由此获得蛋白质水平上的关于疾病发生,细胞代谢等过程的整体而全面的认识,这个概念最早是由 Marc Wilkins 在 1995 年提出的。

蛋白质组学的发展既是技术所推动的也是受技术限制的。蛋白质组学研究成功与否,很大程度上取决于其技术方法水平的高低。蛋白质研究技术远比基因技术复杂和困难。不仅种类远多于核苷酸残基,而且蛋白质有着复杂的翻译后修饰,如磷酸化和糖基化等,给分离和分析蛋白质带来很多困难。发展高通量、高灵敏度、高准确性的研究技术平台是现在乃至相当一段时间内蛋白质组学研究中的主要任务。

利用蛋白质的等电点和分子量通过双向凝胶电泳的方法将各种蛋白质区分开来是一种很有效的手段。它在蛋白质组分离技术中起到了关键作用。质谱技术是目前蛋白质组研究中发展最快,也最具活力和潜力的技术。它通过测定蛋白质的质量来判别蛋白质的种类。当前蛋白质组研究的核心技术就是双向凝胶电泳-质谱技术,即通过双向凝胶电泳将蛋白质分离,然后利用质谱对蛋白质逐一进行鉴定。对于蛋白质鉴定而言,高通量、高灵敏度和高精度是三个关键指标。一般的质谱技术难以将三者合一,而最近发展的质谱技术可以同时达到以上三个要求,实现对蛋白质准确和大规模的鉴定。

蛋白质组数据库是蛋白质组研究水平的标志和基础。生物信息学的发展已给蛋白质组研究提供了更方便有效的计算机分析;特别值得注意的是蛋白质质谱鉴定软件和算法发展迅速,如 Swiss Prot、Rockefeller 大学、UCSF 等都有自主的搜索软件和数据管理系统。

复习题

1. 什么是蛋白质组学?蛋白质组学与基因组学有哪些不同?
2. 蛋白质组学的研究技术有哪些?
3. 如何利用蛋白质质谱数据进行蛋白质的鉴定?

第三篇 实验数据库的使用及实验室管理

第十二章 生物医学文献数据库

第一节 中文文献数据库

一、中国生物医学文献数据库

中国生物医学文献数据库收录 1978 年以来 1600 多种中国生物医学期刊,以及汇编、会议论文的文献题录,年增长量约 40 万条。学科覆盖范围涉及基础医学、临床医学、预防医学、药学、中医学及中药学等生物医学的各个领域。

中国生物医学文献数据库注重数据的规范化处理和知识管理,全部题录均根据美国国立医学图书馆最新版《医学主题词表》、中国中医研究院中医药信息研究所《中国中医药学主题词表》,以及《中国图书馆分类法·医学专业分类表》进行主题标引和分类标引(图 12-1)。

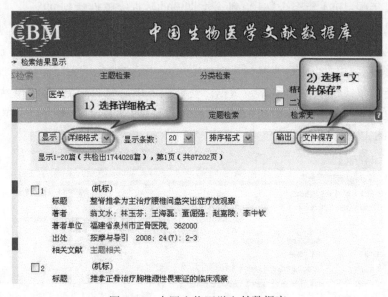

图 12-1 中国生物医学文献数据库

数据库特点:

1. 兼容性好 CbmWeb 与 PubMed 检索系统具有良好兼容性。

2. 词表辅助检索功能 检索系统具有多种词表辅助检索功能,建有主题词表、中英文主题词轮排表、分类表、期刊表、索引词表、作者表等多种词表,且有丰富的注释信息。

3. 检索入口多 除 30 多个检索入口外,更提供特色的主题词检索、分类检索、第一著者检索、文献类型、资助项目和参考文献等检索方式。尤其是主题和副主题词检索功能将有效提高查准率和查全率。

4. 检索功能完备 定题检索、限定检索、截词检索、通配符检索,各种逻辑组配检索功能会大大提高检索效率。

5. 全文获取 目前 CBM 已经实现了与维普全文数据库的链接功能,对于 1989 年以来的全文,可以直接链接维普全文数据库(http://www.juhe.com.cn)。

6. 联机帮助 提供丰富的联机帮助信息,通过文字、图像和 FLASH 展示 CbmWeb / CbmWin 的主要用法。

二、中国期刊全文数据库

1. 数据库简介 《中国期刊全文数据库(CJFD)》是目前世界上最大的连续动态更新的中国期刊全文数据库,积累全文文献 800 万篇,题录 1500 余万条,分九大专辑,126 个专题文献数据库。

(1) 知识来源:国内公开出版的 6100 种核心期刊与专业特色期刊的全文。

(2) 覆盖范围:理工 A(数学、力学、物理、天文、气象、地质、地理、海洋、生物、自然科学综合),理工 B(化学、化工、矿冶、金属、石油、天然气、煤炭、轻工、环境、材料),理工 C(机械、仪表、计量、电工、动力、建筑、水利工程、交通运输、武器、航空、航天、原子能技术、综合性工科大学学报),农业,医药卫生,文史哲,经济政治与法律,教育与社会科学,电子技术与信息科学。

(3) 收录年限:1994 年至今,6100 种全文期刊的数据完整性达到 98%。

(4) 产品形式:《中国期刊全文数据库(WEB 版)》、《中国学术期刊(光盘版)》(CAJ-CD)、《中国期刊专题全文数据库光盘版》。1994~2000 年的专题全文数据库已出版"合订本",每个专题库 1~2 张 DVD 光盘。

(5) 更新频率:CNKI 中心网站及数据库交换服务中心每日更新,各镜像站点通过互联网或卫星传送数据可实现每日更新,专辑光盘每月更新(文史哲专辑为双月更新),专题光盘年度更新(图 12-2)。

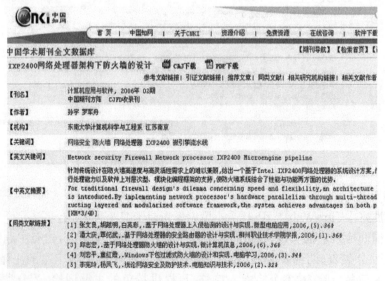

图 12-2　中国知网

2. 数据库特点

(1) 海量数据的高度整合,集题录、文摘、全文文献信息于一体,实现一站式文献信息检索(One-stop Access)。

(2) 参照国内外通行的知识分类体系组织知识内容,数据库具有知识分类导航功能。

(3) 设有包括全文检索在内的众多检索入口,用户可以通过某个检索入口进行初级检索,也可以运用布尔算符等灵活组织检索提问式进行高级检索。

(4) 具有引文连接功能,除了可以构建成相关的知识网络外,还可用于个人、机构、论文、期刊等方面的计量与评价。

(5) 全文信息完全的数字化,通过免费下载的最先进的浏览器,可实现期刊论文原始版面结构与样式不失真的显示与打印。

(6) 数据库内的每篇论文都获得清晰的电子出版授权。

(7) 多样化的产品形式,及时的数据更新,可满足不同类型、不同行业、不同规模用户个性化的信息需求。

(8) 遍布全国和海外的数据库交换服务中心,配上常年的用户培训与高效的技术支持。

3. 数据库的应用 CJFD除了可用于信息检索、信息咨询、原文传递等常规服务外,还可以用于以下一些专项服务:①引文服务,生成引文检索报告;②查新服务,生成查新检索报告;③期刊评价,生成期刊评价检索报告;④科研能力评价,生成科研能力评价检索报告;⑤项目背景分析,生成项目背景分析检索报告;⑥定题服务,生成CNKI快讯。

三、维普中文期刊数据库/中文科技期刊数据库

1. 数据库简介 《中文科技期刊数据库》全文版包含1989年以来的自然科学、工程技术、农业、医药卫生、经济、教育和图书情报等学科8000余种期刊刊载的500余万篇文献,并以每年100万篇的速度递增。

《中文科技期刊数据库》引文版是由重庆维普资讯有限公司在十几年的专业化数据库生产经验的基础上,开发的又一新产品。该库可查询论著引用与被引情况、机构发文量、国家重点实验室和部门开放实验室发文量、科技期刊被引情况等,是进行科技文献检索、文献计量研究和科学活动定量分析评价的有力工具。它以《中文科技期刊数据库》(文摘版)为依托,收录1990年以来公开出版的科技类期刊5000多种,其中包括《中文核心期刊要目总览》中的核心期刊1500余种。

经过10余年的发展,《中文科技期刊数据库》累计收录文献超过600万篇,现已成为国内数据容量最大和利用率最高的数据库之一,北京大学图书馆等权威机构也将《中文科技期刊数据库》作为《中文核心期刊要目总览》中核心期刊评价的重要依据。并从2001年起开始收录期刊原文,以光盘和网络方式为高等院校、公共图书馆、科研机构及社会各界提供文献信息服务(图12-3)。

2. 数据库内容

(1) 收录范围:收录1989~1999年出版期刊7000种,2000年后出版期刊12 000余种。学科范围覆盖理、工、农、医以及社会科学各专业。

(2) 数据容量:1989~1999年累积文献量400万篇。2000年以后每年出版文献90万~100万篇。

(3) 著录标准:《中国图书资料分类法》、《检索期刊条目著录规则》(GB3793—83)、《文

图 12-3　维普资讯

献主题标引规则》(GB3860—83)。

（4）全文服务：用户可以下载维普浏览器以后直接阅读全文，也可以下载到本机上使用。

3.《中文科技期刊数据库》提供两种检索方式　"分类检索"及"高级检索"。

（1）分类检索："分类检索"入口位于首页的正中央，可点击"分类检索"下列的任何一个类别即可进行。接着显示的所点击类别的下属子类；在点击其中一个子类以后，将显示出该子类包含的全部文献标题、作者、刊物名称和出版年供浏览；同时该页面的上方会出现一个"请输入检索词"的提示框，可让进一步缩小在该类下的文献搜索范围。系统默认在关键词和题名字段搜索您输入的检索词。如想通过点击标题得到更详细的信息，则必须注册、登录。

（2）高级检索："高级检索"位于首页的左侧，点击"高级检索"下列的各数据库或在其他页面导航条上点击"数据库检索"进入相应的检索界面，就可以进行功能更强、灵活度更大的检索。该界面布局紧凑、功能集中。分为检索区域、导航系统、概览区、细阅区和功能限定下载区域。窗口大小可根据具体使用情况通过鼠标拖动边框调节。

四、万方数据资源系统

（一）数据库简介

万方数据资源系统是建立在因特网上的大型中文科技、商务信息平台及庞大的数据库群，内容涉及自然科学和社会科学各个领域，汇聚了 12 大类 100 多个数据库，2300 万数据资源，提供多种的检索方式，让用户能快捷查询到所需资料。它为国内外企业、金融投资机构、咨询机构、信息服务部门以及有关政府部门提供信息与咨询服务，帮助了解产业、技术和市场动态，确定企业技术、管理创新和投资方向。万方数据资源系统分为五大子系统：学位论文全文子系统、会议论文全文子系统、数字化期刊子系统、科技信息子系统和商务信息子系统(图 12-4)。

图 12-4　万方数据资源系统

(二) 数据库内容

1. 中国学位论文全文子系统　该系统资源由国家法定学位论文收藏机构——中国科技信息研究所提供,并委托万方数据加工建库,收录了自 1977 年以来我国各学科领域博士、博士后及硕士研究所论文,涵盖自然科学、数理化、天文、地球、生物、医药、卫生、工业技术、航空、环境、社会科学、人文地理等各学科领域,充分展示了中国研究生教育的庞大阵容。

2. 会议论文子系统　该系统的数据库是国内收集学科最全面、数量最多的会议论文数据库,属国家重点数据库。收录了国家级学会、协会、研究会组织召开的全国性学术会议论文。每年涉及 600 余个重要的学术会议,每年增补论文 15 000 余篇。

3. 数字化期刊子系统　集纳了理、工、农、医、哲学、人文、社会科学、经济管理和科教文艺等 8 大类的 100 多个类目 5000 多种以中国数字化期刊为基础,整合了中国科技论文与引文数据库及其他相关数据库中的期刊条目部分内容,基本包括了我国文献计量单位中科技类核心源刊和社科类统计源期刊。它是建设核心期刊测评和论文统计分析的数据源基础。

4. 科技信息子系统　中国唯一完整科技信息群。它汇集科研机构、科技成果、科技名人、中外标准、政策法规等近百种数据库资源,信息总量达上千万条,每年数据更新几十万条以上,为广大教学科研单位、图书情报机构及企业研发部门提供最丰富、最权威的科技信息。

5. 商务信息子系统　《中国企业、公司及产品数据库(CECDB)》是其主要数据库,至今已收录 96 个行业 20 万家企业的详尽信息,成为中国最具权威性的企业综合信息库。目前,CECDB 的用户已经遍及北美、西欧、东南亚等 50 多个国家与地区,主要客户类型包括:公司企业、信息机构、驻华商社、大学图书馆等。

五、其他数据库

中国生物医学文献数据库(CBMdisc)收录了自 1978 年以来 1600 余种中国生物医学期

刊约 300 万篇文献,著录内容既包括简单的题录信息也包括引文在内的摘要数据。检索功能与时俱进,原文索取、定题服务、期刊定制、限定检索、副主题词扩展功能的增加;主题、分类、期刊、浏览查询功能的提出和新的主题分类词表的应用,充分体现了该系统以用户需求为发展,诚信用户服务方向的理念。中国生物医学文献数据库及其检索以其年代跨度大、数据标引规范、加工手段先进、检索界面友好,功能与流行数据库检索系统相兼容,而深受医学信息领域用户的肯定的和欢迎。

十年中,伴随着中国医学信息网络的建立和数字图书馆建设时代的来临,中国生物医学文献数据库及其检索系统坚持技术引路,积极开展前沿学科的研究,加强基础设施的建设,培养造新了医学信息专业人才,也为 CBMdisc 注入新的发展活力,提高了数据加工的效率,增强了技术水平和含量,率先实现了二次文献数据库与异构数据库系统基于中文期刊文献数字唯一标识符和 XML 规范的全文链接。文献计算机协助标引、联机标引以及文献相关性研究为开发新型数据库系统,实现从文献管理到知识管理的跃升奠定了坚实的基础(http://www. imicams. ac. cn/cbm/index. asp)。

中文生物医学期刊文献数据库(简称 CMCC)是由解放军医学图书馆数据库研究部开发的中文生物医学文献目录型数据库,面向医院、医学院校、医学研究所、医药工业、医药信息机构、图书馆和医学出版社提供长期稳定的最新医学文献信息检索服务。内容涵盖医药卫生各个领域,收刊全、更新快是该数据库的主要特点。CMCC 自 1994 年创建以来在中国内地和港澳拥有广泛的用户,是国家卫生部门认可的重要检索工具之一,同时也是信息资源共享、检索查新的必备工具。经过不断系统更新和数据扩容,目前已成为获取中国内地生物医学文献信息的重要信息来源,并得到广大用户的认可和支持,享誉甚佳。CMCC 数据库依托解放军医学图书馆丰富的馆藏资源,并可提供优质原文获取服务。

中国医学学术会议论文数据库 DATABASE ON CHINA MEDICAL ACADEMIC CONFERENCE PAPERS(CMAC) 多年来,解放军医学图书馆在中华医学会和各地分会的支持下,搜集了大量的医学学术会议论文集并建立了较好的收集渠道。为了不断满足用户的需求,增加医学信息量,建立了《中国医学学术会议论文数据库》,该数据库为目录型数据库,收录了中华医学会所属各专业分会及各省分会等组织 1994 年以来的全国医学学术会议论文集中的医学文献约 15 万余篇。该数据库与 CMCC 共享同一检索软件,分为单机版和网络版,数据库半年更新一次。

第二节 外文文献数据库

一、NCBI 分子数据库

1. 核酸序列

(1) Entrez 核酸:用 accession number,作者姓名,物种,基因/蛋白名字,以及很多其他的文本术语来搜索核酸序列记录(在 GenBank ＋ PDB 中)。如果要检索大量数据,也可使用 Batch Entrez(批量 Entrez)。

(2) RefSeq:NCBI 数据库的参考序列。校正的,非冗余集合,包括基因组 DNA contigs,已知基因的 mRNAs 和蛋白(在将来可包括整个的染色体)。accession numbers 用 NT_xxxxxx, NM_xxxxxx, NP_xxxxxx, 和 NC_xxxxxx 的形式来表示(图 12-5)。

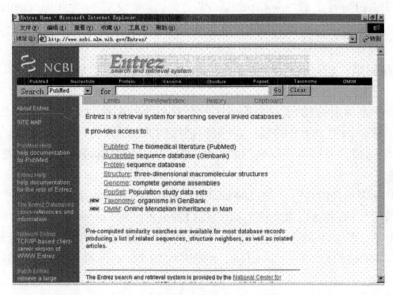

图 12-5 NCBI

（3）dbEST：表达序列标签数据库，短的、单次（测序）阅读的 cDNA 序列。也包括来自于差异显示和 RACE 实验的 cDNA 序列。

（4）dbGSS：基因组调查序列的数据库，短的、单次（测序）阅读的 cDNA 序列，exon trap 获得的序列，cosmid/BAC/YAC 末端，及其他。

（5）dbSTS：序列标签位点的数据库，短的在基因组上可以被唯一操作的序列，用于产生作图位点。

（6）dbSNP：单核苷酸多态性数据库，包括 SNPs，小范围的插入/缺失，多态重复单元，和微卫星变异。

2. 完整的基因 包括各种物种资源，人、小鼠、大鼠、酵母、线虫、疟原虫、细菌、病毒、viroids、质粒。

（1）UniGene：被整理成簇的 EST 和全长 mRNA 序列，每一个代表一种特定已知的或假设的人类基因，有定位图和表达信息以及同其他资源的交叉参考。序列数据可以以 cluster 形式在 Unigene 网页下载，完整的数据可以从 FTP 站点 repository/UniGene 目录下下载。

（2）BLAST：将你的序列同核酸库中的的序列比较，检索相似的序列。

3. 蛋白序列

（1）Entrez 蛋白：用 accession number，作者姓名，物种，基因/蛋白名字，以及很多其他的文本术语来搜索蛋白序列记录（在 GenPept ＋ Swiss Prot ＋ PIR ＋ RPF ＋ PDB 中）。如果要检索大量数据，也可使用 Batch Entrez（批量 Entrez）。

（2）RefSeq：NCBI 数据库的参考序列。Curated，非冗余集合，包括基因组 DNA contigs，已知基因的 mRNAs 和蛋白。accession numbers 用 NT_xxxxxx，NM_xxxxxx，NP_xxxxxx，和 NC_xxxxxx 的形式来表示。

（3）FTPGenPept：下载"genpept. fsa. Z"文件，这个文件包含了从 GenBank/EMBL/DDBJ 记录中翻译过来的 FASTA 格式的氨基酸序列，这些记录都有 1～2 个 CDS 特性的描述。

4. 完整基因组　包括各种物种资源，人、小鼠、大鼠、酵母、线虫、疟原虫、细菌、病毒、viroids、质粒。

（1）Entrez 基因组：提供了一个编码区的概要和各种物种的分类表（TaxTable）。编码区概要列出了在基因组中所有的蛋白，并提供链接到 FASTA 文件和 BLAST。分类表总结了蛋白 BLAST 分析的结果，建议他们的可能功能，并用颜色编码的图来显示物种同其他物种之间的关系。

（2）FTP 基因组蛋白：从 ftp 站点的 genbank/genomes 目录下下载各种物种的 FASTA 格式的氨基酸序列*. faa 和蛋白表文件*. ptt。蛋白表也可以在 Entrez 基因组中看到。

（3）PROW：Web 上的蛋白资源，关于大约 200 种人类的 CD 细胞表面分子的简短官方向导。互相检索，为每个 CD 抗原提供大约 20 中标准信息的分类（生化功能、配体等）。

（4）BLAST：将你的序列同蛋白库中的的序列比较，检索相似的序列。

5. 结构

（1）结构主页：关于 NCBI 结构小组的一般信息和他们的研究计划，另外也可以访问分子模型数据库（MMDB）和用来搜索和显示结构的相关工具。

（2）MMDB：分子模型数据库，一个关于三维生物分子结构的数据库，结构来自于 X-ray 晶体衍射和 NMR 色谱分析。MMDB 是来源于 Brookhaven 蛋白数据库（PDB）三维结构 的一部分，排除了那些理论模型。MMDB 重新组织和验证了这些信息，从而保证在化学结构和大分子三维结构之间的交叉参考。数据的说明书包括生物多聚体的空间结构，这个分子在化学上是如何组织的，以及联系两者的一套指针。利用这些将化学、序列和结构信息整合在一起，MMDB 计划成为基于结构的同源模型化和蛋白结构预测的资源服务。MMDB 的记录以 ASN. 1 格式存储，可以用 Cn3D、Rasmol 或 Kinemage 来显示。另外，数据库中类似的结构已经被用 VAST 确认，新的结构可以用 VASTsearch 来同数据库进行比较。

（3）Cn3D："See in 3-D"，一个用于 NCBI 数据库的结构和序列相似显示工具，它允许观察 3-D 结构和序列-结构或结构-结构同源比较。Cn3D 用起来就像你浏览器上的一个帮助工具。

（4）VAST：矢量同源比较搜索工具。一个在 NCBI 开发的计算算法，用于确定相似的蛋白三维结构。每一个结构的"结构邻居"都是预先计算好的，而且可以通过 MMDB 的结构概要页面的链接访问。这些邻居可以用来确认那些不能被序列比较识别的远的同源性。

（5）VAST 搜索：结构-结构相似搜索服务。比较一个新解出的蛋白结构和在 MMDB/PDB 数据库中的结构的三维坐标。VAST 搜索计算一系列可能会被交互浏览的结构邻居，用分子图形来观察重叠和同源相似。

6. 分类学

（1）NCBI 的分类数据库主页：关于分类计划的一般信息，包括分类资源和同 NCBI 分类学家合作的外部管理者的列表。

（2）分类浏览器：搜索 NCBI 的分类数据库，包括大于 70 000 个物种的名字和种系，这些物种都至少在遗传数据库中有一条核酸或蛋白序列。可以检索一个特定种或者更高分类（如属、科）的核酸、蛋白、结构记录。如果有新物种的序列数据被放到数据库中，这个物种就被加到（分类）数据库中。NCBI 的分类数据库的目的是为序列数据库建立一个一致的种系发生分类学。

二、PubMed 数据库

1. 数据库简介　PubMed 是美国国立医学图书馆（NLM）所属的国家生物技术信息中心（NCBI）开发的生物医学文献检索系统，位于美国国立卫生研究院（NIH）的检索平台上。该系统通过网络途径免费检索包括 MEDLINE 在内的自 1950 年以来全世界 70 多个国家 4300 多种主要生物医学文献的书目索引摘要数据库，并提供部分免费和付费全文链接服务（图 12-6）。

访问地址：http://www.ncbi.nllm.nih.gov/entrez/query.fcgi

注意：PubMed 数据库的检索不受 IP 地址限制，为网络免费医学数据库资源。

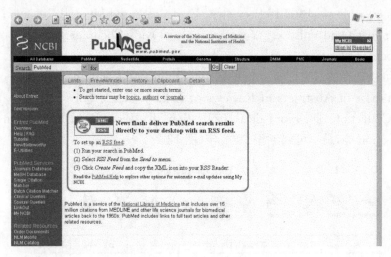

图 12-6　PubMed

2. 数据库内容　PubMed 是 NCBI Entrez 数个数据库查询系统下中的一个。PubMed 是提供免费的 MEDLINE、PREMEDLINE 与其他相关数据库接入服务，MEDLINE 是一个拥有 1 亿字条的巨大数据库。PubMed 也包含着与提供期刊全文的出版商网址的链接，来自第三方的生物学数据，序列中心的数据等等。PubMed 提供与综合分子生物学数据库的链接与接入服务，这个数据库归 NCBI 所有，其内容包括：DNA 与蛋白质序列，基因图数据、3D 蛋白构象，人类孟德尔遗传在线。

（1）页面介绍（更新很快，但其内容变化一般不大）：主页面左侧框的介绍（注：Cubby 和 tutorial 为新加入的）。MeSh Browser 你可以用它来分层流览 MesH 表。Single Citation Matcher 通过填表的形式输入期刊的信息可以找到某单篇的文献或整个期刊的内容。Batch Citution Matcher 用一种特定的形式输入期刊的信息一次搜索多篇文献。Clinical Queries 这一部分为临床医生设置，通过过滤的方式将搜索的文献固定在 4 个范围：治疗、诊断、病原学与预后。

（2）Old PubMed（使用以前的 PubMed 查询方式）：Related Resources。Order Documents 提供一种收费性质服务，可以使用户在当地得到文献的全文拷贝（费用与发送方式各不相同）。Grateful Med 是对另一个 NLM 基于网络的查询系统的链接。Grateful Med 也提供 MEDLINE 的接入，并且还有一些其他的数据库如 AIDSLINE、HISTLINE 等等。Consumer Health 提供与 MEDLINEplus 的链接，MEDLINEplus 是与消费者健康信息相关的国家医学图书馆的网络节点。Clinical Alerts 此部分的目的是加快 NIH 资助的临床研究成果的发布。

三、OVID 数据库

1. 数据库简介 OVID 数据库系统是由美国 OVID 公司开发，其期刊全文数据库（Journals@Ovid Full Text）收录了 1200 多种由 60 多个出版商出版的科学、科技及医学期刊，收录年限由 1993 年至今，其中临床医学 889 种，行为科学与社会科学 414 种，生命科学 327 种，护理学 88 种，物理科学与工程学 286 种，心理与精神医学 53 种。

ONLINE 版可供选择的数据库有 Lippincott's Clinical Choice；MEDLINE；EMBASE Drugs & Pharmacology；BIOSIS Previews；Evidence Based Medical Reviews；Clinical Evidence；Journals@Ovid Fulltext；Your Journals@Ovid；Cochrane Database of Systematic Reviews；Cochrane Central Register of Controlled Trials 等。

镜像版可供选择的数据库有：Medline、Best Evidence、Cochrane Database of Systematic Reviews、Database of Abstracts of Reviews of Effectiveness、Core Biomedical Collection、Biomedical Collection Ⅲ、Biomedical Collection Ⅱ、Biomedical Collection Ⅳ、Mental Health Collection 等，最早可回溯至 1993 年（图 12-7）。

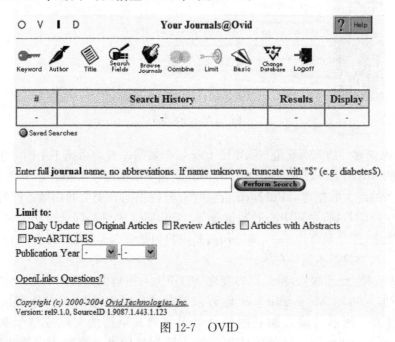

图 12-7 OVID

2. OVID 部分生物医学数据库介绍

（1）全科性医药学文献检索数据库：美国国家医学图书馆 NLM 于 1964 年建立了全国

性医学文献网络 MEDLARS,目前拥有多个数据库,其中最重要且发展最早的为 MEDLINE (MEDLARS ONLINE) 生物医学数据库。该数据库包含 3600 多种生命科学期刊文献资料,目前约有 1100 万笔纪录,且每个月以 20 000～15 000 笔纪录增加中,75％为英文文献,25％为非英文文献。自 1975 年以后,才将文献摘要收录。

(2) 循证医学数据库:Evidence-Based Medicine Reviews 这是一套医药界人士及医学相关研究人员研发的一套数据库,收录了医学研发中具有临床实证基础的资料。循证医学数据库乃汇整重要循证医学(或称实证医学)文献,提供临床医生、研究者使用,作为临床决策、研究之基础之用,可节省阅读大量医学文献报告的时间。

(3) 医药学文献数据库:Embase-drug&pharmacology 收录自 Elsevier Science Publishers 的资料,以题录方式出版,收录内容重点在于已上市的药品及未上市的药品可能产生的副作用、临床经验以及其药理学、药效学等文献。

(4) 生物医学文献数据库:BIOSIS Previews 是生命科学中最详尽的参考性数据库,它提供了其他医学数据库所没有的重要生物学资料。它收录生物学摘要 BA 的期刊文献,BA/RRM 的会议、评论、书刊、书之章节、专论等资料;以及 BioResearch Index 的期刊文献。

(5) OVID 医学电子全文期刊数据库:Journals@Ovid 收录 60 多个出版商所出版的超过 1000 种科技及医学期刊的全文。其中 Lippincott,Williams & Wilkins (LWW) 乃世界第二大医学出版社, 其临床医学及护理学尤其特出,共计收录 239 种医学相关之核心期刊(另有 7 本过刊,总数 246 种全文期刊);BMA & OUP 系列全文数据库共 76 种,BMA 即英国医学学会系列电子全文资料(BMA Journals fulltext),OUP 即牛津大学出版社医学电子全文数据库(OUP Journals fulltext)。

四、MEDLINE 数据库

MEDLINE 是 NLM 建立的一个书目型数据库,是世界上著名的生物医学文献数据库,是查找生物医学文献的重要来源。收录 1966 年至今 70 多个国家地区的 4800 种期刊上的文章及参考文献 1300 万篇,涉及 40 个语种。目前收录的文献以英文文献为主,多数文献有英文摘要。

内容范围:MEDLINE 数据库合并了美国《医学索引》、《牙科文献索引》、《国际护理索引》三种印刷型检索工具的内容,具体包括护理学、牙科学、兽医学、药学、卫生保健、营养卫生和卫生管理等。

MEDLINE 数据库有多种版本形式,光盘版如 SliverPlatter(银盘版)、网络版如 PubMed、Ovid 版等。

五、WSN 电子期刊

WSN 数据库是 WorldSciNet 的简称,系新加坡世界科技出版公司产品,该公司是一家国际级的出版机构,出版内容涵盖基础科学、工程技术、医学、生命科学、商业与管理等领域,同时还是多个学科诺贝尔奖得主之著作的主要出版机构。该公司出版的书刊以高学术水准见称,在出版的 84 种专业刊物中,60 种刊物被 SCI 和 SSCI 收录;出版的书籍被世界顶尖学府(包括麻省理工、哈佛、斯坦福、普林斯顿、耶鲁、剑桥、牛津、康奈尔和加州理工学院等)作为教材。

第三节　部分常用专业网站

一、37℃医学网

37℃医学网是一个专业性强、学术性强的大型医学、医疗、健康综合性网站。为广大临床医生、医学科研人员、医务管理者、医学院校师生、众多患者、广大网民提供各类国内外最新的医学动态信息、内容丰富的医学资料文献，以及医学继续教育服务及各类专题学术会议等全方位的医学信息服务(图12-8)。

网址：http://www.37c.com.cn

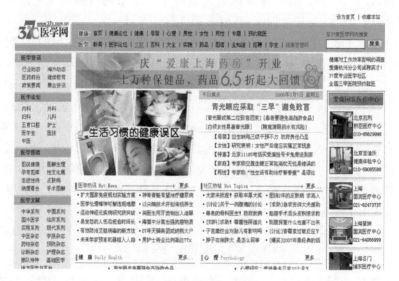

图12-8　37℃医学网

网站内容：

医药文献：收录了500余种医学专业期刊，近20万条医学文献，可按学科和关键词查阅并提供全文。

医学图库：拥有近40个学科，20 000余幅精美清晰的医学专业图片资料。

疾病大全：疾病大全是37℃医学网站鼎立制作推出的特色栏目。收集医学领域内近两千多种疾病，涵盖面广，分类详尽，专业性强。

药品大全：收集了国家确定的698种基本药物的详细说明和1699种中药制剂的目录，并提供我国药品分类管理的相关法规，非处方药的使用常识，减少不合理用药的发生。

医网导航：汇集近千条有关医学知识、疾病防治、保健养生的优秀网站，先进而全面的检索功能，可以保障您快速而准确地获取信息。

机构导览：分为中国医院、医学院校、医药公司、制药企业、器械公司、药店和医学杂志社七大类机构。每个单位包括下类内容：名称、地址、电话、邮编、概况和产品等。实用性强，查找方便。

二、中国医学生物信息网

中国医学生物信息网(CMBI)是由北京大学心血管研究所、北京大学人类疾病基因研究中心和北京大学医学部信息中心协作、赞助和开发的,综合性、非商业化、非盈利性医学生物信息网。

中国医学生物信息网建立的目的,在于结合我国实际情况,全面、系统、严格和有重点地搜集、整理国际医学和生物学的研究信息,加以分析、综合,为医学和生物学的教学、科研、医疗和生物高技术产业的开发提供信息服务(图 12-9)。

网址:www.cmbi.bjmu.edu.cn

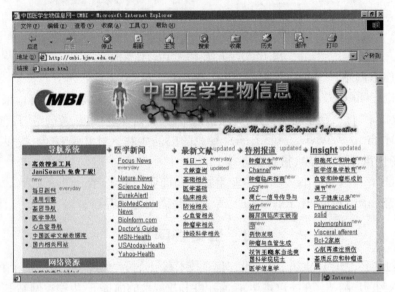

图 12-9 中国医学生物信息网

中国医学生物信息网的信息部分主要由医学新闻、最新文献、特别报道、Insight、专题网页、今日临床、数据库等八部分内容组成,每一页下又有若干细类。如专题网页里包括了近期热点如非典型性肺炎、干细胞、基因治疗等,内容丰富新颖;数据库里包括了心血管病、生物活性多肽等多个医学数据库。

中国医学生物信息网主页的左侧有多个网络工具的链接,如导航系统、网络资源及友情链接等,不仅为用户提供了许多通用和生物医学专用的搜索引擎,还提供了 MEDLINE、中国生物医学文献数据库(CBMdisc)等多个生物医学文献数据库的链接。

三、丁香园生物医药科技网

丁香园生物医药科技网(http://www.dxy.cn)成立于 2000 年 7 月 23 日,自创办以来一直致力于为广大医药生命科学专业人士提供专业交流平台。凭借着专业精神和深厚积累,专业交流不断深入和发展,丁香园已从最初每天只有数人查看的留言板逐步发展壮大成为国内规模最大、最受专业人士喜爱的医药行业网络传媒平台。

丁香园生物医药科技网目前汇聚超过 140 万医学、药学和生命科学的专业工作者,每月新增会员 3 万名,大部分集中在全国大中型城市、省会城市的三甲医院,超过 70%的会员拥有硕士或博士学位(图 12-10)。

图 12-10　丁香园生物医药科技网

丁香园旗下网站：

丁香园论坛(http://www.dxy.cn/bbs)：含 100 多个医药生物专业栏目，采取互动式交流，提供实验技术讨论、专业知识交流、文献检索服务、科研课题申报、考硕考博信息等服务。

丁香人才(http://www.jobmd.cn)：专业的医药生物人才招聘平台，提供医药行业人才招聘、职场快讯、求职指导、猎头服务等。

丁香通(http://tong.dxy.cn)：专业生物医药商业信息平台。

丁香博客(http://www.dxyer.cn)：专业就是做自己的品牌。

四、生物谷网站

生物谷创建于 2001 年，隶属于上海北岸信息技术有限公司。经过不断地发展，目前已成为国内第一的生物医药门户网站。在注重科学性、实用性和权威性的前提下，生物谷网站 BIOON.com 及时、全面、快速地把生物医药有关方面的信息和资料在网站中发布，内容包括生物学、医学、药学、实验、产业、培训、会议、企业采专题采访等。采用先进的科学分类方法，有方便的网上查询，还有独特的关键词搜索等等，这些都为用户提供了一种全新的、方便、快捷的专业信息服务(图 12-11)。

图 12-11　生物谷网站

生物谷(BIOON)旗下网站：

生物谷网站(www.BIOON.com)：生物医药相关信息和资料在线发布、搜索和企业服务。

中国生命科学论坛(www.BIOON.net)：科研人员学术社区。

生物谷博客(www. blog. BIOON. com)：免费综合媒体平台。

企业平台（www. show. BIOON. com)：企业产品信息发布、展示平台。

电子商务（www. BIOON e-commerce)：在线购买，即将开通。提供系列的服务，包括相关资料查询、信息提供、个人 VIP、生物医药产业调查、咨询、培训、企业 e-solutions 解决方案、生意通、商圈服务体系等。

人才招聘（www. job. BIOON. com)：提供专业人才招聘服务。

五、冷泉港实验室网站

美国冷泉港实验室(CSHL)被称为世界生命科学的圣地与分子生物学的摇篮，名列世界上影响最大的十大研究学院榜首，也是国际生命科学的会议中心与培训基地。CSHL 负责人沃森先生是 DNA 双螺旋结构图的发现者之一，诺贝尔奖得主，也是"国际人类基因组计划"的倡导者和实施者。CSHL 出版社的五种期刊具有很高的影响因子，是生物领域的研究人员不可或缺的研究参考资料(图 12-12)。

期刊内容：Genes & Development；Genome Research；Learning & Memory；Protein Science；RNA。

网址：http://www.cshl.edu

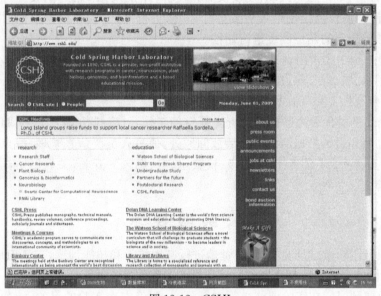

图 12-12　CSHL

随着互联网技术的不断发展，现在则是处在数字图书馆时代。越来越多的信息资源已不再单纯地表现为实体的纸质图书和报刊，而是更多表现为虚拟的电子信息资源，如电子期刊、电子图书、电子报纸、电子索引等。这些电子信息资源利用完全超越了传统纸质资源的阅读方式，个人的阅读行为和阅读习惯也随之发生了很大的变化，在海量信息面前，如何检索、获取、评价及有效利用这些信息成为当今信息需求者面临的新问题。因此，本章对当前国内外常用的生物医学数据库和综合性数据库进行了深入浅出的介绍。

附录一　实验室日常管理规定

一、实验室规则

（1）学生进入实验室必须穿工作服，关闭个人娱乐、通讯设备，按照安排的实验台就座。遵守实验课堂纪律，保持实验室内安静。

（2）实验开始前要认真听取教师讲解；实验操作必须严格操作规程并按教师的指导进行，合理安排实验时间，做到科学有序，有条不紊；需要改变实验操作程序或试剂用量时，必须征求教师同意后方可进行。

（3）在整个实验操作过程中要注意节约，不得浪费或随意增减试剂或样品的用量；试剂瓶的排列要整齐有序，用完后要立即放回原处，以防污染或打翻造成浪费。

（4）要爱护实验仪器设备，严格按照操作规程进行操作。精密仪器按照规定放在固定的位置，未经许可，不得随意搬动；发现仪器和设备有问题或出现故障，要立即停止使用，并及时报告指导教师；仪器使用结束后要擦净盖好，进行登记；损坏仪器要及时报告，填写损物登记并按学院规定的赔偿制度进行赔偿。

（5）实验过程中经常用到易燃、易爆、有毒和强腐蚀性等造成对人身伤害的化学试剂，并经常要使用水、电、燃气等，稍有不慎会造成损伤或发生事故，因此必须小心谨慎，加强安全防范意识，杜绝伤害和事故的发生。

（6）每个班的科代表协助教师负责实验室的工作，并安排值日人员；实验结束后，每个学生要把自己所用过的器皿清洗干净后放回原处，值日人员要认真整理、清点器材，打扫室内卫生、擦净实验台、试剂架、倒净垃圾、检查水、电、燃气的开关，关好门窗，经教师同意后方可离开实验室。

二、实验要求

（1）要积极主动做好每次实验，自觉地进行基本技术和技能训练，有意识地培养自己的动手能力、分析综合能力以及严谨的实事求是的工作作风。

（2）课前要预习。在实验课前必须进行预习，明确本次实验的目的，清楚实验原理，了解操作步骤以及实验中的注意事项等，做到对整个实验心中有数。

（3）认真观察，做好记录。实验中应认真观察实验现象和结果，完整、准确、如实地做好实验记录；每位学生必须有实验记录本，不准用碎纸做实验记录，更不准将原始的实验数据写在手上，这样容易把实验数据丢失，也不利于培养良好的工作习惯；在实验中发现问题要认真思考，查找原因，找到妥善解决的办法。

（4）认真书写实验报告。实验报告是每次实验情况的真实记录和总结，是学生独立工作能力和素质培养的重要环节，每个学生都要独立完成；报告要用自己的语言，实事求是地去写，要求字迹端正、书写整洁、内容简明扼要；实验报告主要包括实验日期，实验名称，实验目的，实验原理，主要操作步骤，结果与讨论等内容；实验报告写好后由科代表收齐，然后交给带教教师，教师将认真批改，并登记入册，作为本学期实验成绩的一部分。

三、实验室的安全防护

在实验室中经常用到一些毒性很强、腐蚀性很高、易燃、易爆的化学药品，使用玻璃、瓷质等易碎的器皿，在有水、电、燃气等设备的环境中操作，因此必须十分重视安全防护。

（1）开始实验前，必须了解室内的水闸、电闸的总开关及室内的安全防护设施，离开实验室务必将水、电闸门关闭。

（2）使用电热干燥箱、恒温水浴、离心机、电磁炉等电器设备时，要小心操作，严防触电，绝不可湿手或者在眼睛旁视的情况下，开启电闸或电器开关；凡是发现漏电的仪器未经检修一律不准使用，使用加热的电器如电炉、电磁炉或燃气时要做到火着人在，人走火灭。

（3）易燃试剂如乙醚、乙醇、甲醇、丙酮和氯仿等极易燃烧，它们与空气的混合物都有不同程度的爆炸性，因此在使用时要特别远离火源，加强空气流通。严禁在有火源的地方倾倒试剂，严禁把这些试剂放在烧杯等广口器皿内直接在火上加热，只能在水浴上使用回流、冷凝或蒸馏。在水浴上加热时切勿将容器密闭，以防容器爆炸。

（4）实验中使用的化学试剂中有许多具有剧毒、致癌、强腐蚀性，它们可通过皮肤、消化道和呼吸道等途径侵入人体，对人体造成伤害。因此在操作过程中必须特别注意：

1）实验操作过程中凡能产生烟雾或腐蚀性气体试剂应放在通风橱内，如实验室无此设备，则必须开窗通风。

2）若需要用吸量管量取试剂时，必须使用橡皮球或定量加液器吸取，严禁用嘴直接吸取。

3）使用剧毒药品时，应严格按照实验室规定的审批手续领取，使用时要严格操作，用后要妥善处理。

（5）实验的废液中有的含有强酸、强碱等腐蚀性试剂，有的含有毒物质，有的含有易燃、易爆性物质，若处理不当，会给人体造成严重的伤害。因此，实验废液的处理也是实验安全防护中必不可少的重要环节。强酸、强碱性废液不能直接倒入下水槽中，而应先将废液稀释后再倒入水槽，并用大量自来水冲洗，以防废液滞留而损坏下水道。含有氰化物的废液应先加入氢氧化钠调 pH＞7 后再加入次氯酸过夜，使氰根被氧化分解后方可倒入下水道流水冲走。

四、实验室意外事故的处理

（1）实验室一旦发生火灾，切不可惊慌失措，应保持冷静。首先应切断室内的一切电源、煤气，然后根据具体情况进行抢救和灭火。

1）可燃液体燃着时，应立即拿开着火区域内的一切可燃物品，关闭通风器以防火势扩大。若着火面积较小可用石棉布、湿布、沙土等覆盖，隔绝空气使之熄灭。但覆盖时要轻，以免碰翻盛装易燃液体的器皿，使更多的易燃液体流出而使火势扩大。

2）酒精及其他可溶于水的易燃液体着火时，可用水稀释灭火。

3）汽油、乙醚、甲苯等有机溶剂着火时，应该用石棉布或沙土灭火，不能用水灭火，否则反而会扩大燃烧面积。

4）电线着火时，不能用水及一氧化碳灭火器灭火，而应先切断电源，然后用四氧化碳灭火器灭火。

5）衣服被燃烧时，切忌带火奔跑，可用大衣等蘸水后包裹身体，或躺在地上滚动以灭火。

6）发生火灾时，应注意保护现场，较大的着火事故要及时报警。

（2）触电的处理：如果在实验中不慎触电，首先应立即切断电源。如果一时找不到电源，在没有切断电源的情况下，决不可用手去拉触电者。应迅速用木棒等绝缘物把电线与触电者分开，然后进行人工呼吸。待有了呼吸，即可移至空气流通、温度适中的房间里继续抢救。如果只是失去知觉而呼吸正常，则应该使其平卧呼吸新鲜空气，或用棉球蘸氨水少许放在患者鼻前，使吸入少量氨以促其苏醒。

（3）药品灼伤的处理：如果不慎被强酸、溴、氯等药品灼伤，应立即用自来水冲洗，然后再用 0.5mol/L 的碳酸氢钠洗涤后涂上少许油膏；如果灼伤眼睛，应立即用蒸馏水或洗眼液冲洗，再用 0.1mol/L 的碳酸氢钠溶液冲洗后再用饱和硼酸或 0.3mol/L 的乙酸洗涤，再涂上少许油膏，若伤及眼睛，应先用蒸馏水洗涤后再用 1% 硼酸溶液冲洗，并滴入 1～2 滴橄榄油滋润之。

（4）不慎将有害试剂吸入口中的临时处理：吸入强酸液体，应立即用清水或 0.1mol/L 的氢氧化钠溶液漱口，再服用氧化镁、镁乳等和牛奶的混合剂数次。每次约 200ml 或服用万用解毒剂（木炭粉 2 份，氧化镁 1 份，鞣酸 1 份混合而成）1 汤匙，切忌服用碳酸氢钠溶液，以免使其和酸作用产生大量的气体而造成对胃的刺激。吸入强碱溶液可立即用清水或 5% 的硼酸溶液漱口，再服用 0.8mol/L 的乙酸溶液适量。吸入氰化物，应立即用大量清水漱口，服用 3% 的过氧化氢溶液适量，静脉注射 1% 亚甲蓝 20ml，再吸入亚硝酸异戊酯，并注意呼吸情况，必要时做人工呼吸。吸入汞或汞类化合物，应立即服用牛奶或生鸡蛋，再服用催吐剂，尽量把吸入胃内的内容物吐出来。

（5）如被玻璃物品、瓷质物品或其他机械物品割伤，首先应查看伤口内有无玻璃、瓷质或金属碎片，待清除干净后用硼酸溶液冲洗干净，再涂以碘酒等进行消毒。必要时进行包扎，若伤口过大或过深而造成大量出血时，应做止血处理。

以上仅是对一般伤害的应急处理，重症患者应视其情况迅速送医院急诊处理。

五、常用的某些物质燃烧时应用的灭火剂

常用的某些物质燃烧时应用的灭火剂见附表 1。

附表 1　某些物质燃烧时应用的灭火剂

燃烧物质	应用灭火剂
苯胺	泡沫，二氧化碳
乙炔	水蒸气，二氧化碳
丙酮	泡沫，二氧化碳，四氯化碳
松节油	喷射水，泡沫
火漆	水
磷	砂，二氧化碳，泡沫，水
硝基化合物	泡沫
氯乙烷	泡沫，二氧化碳
钾，钠，钙，镁	砂
松香	水，泡沫

续表

燃烧物质	应用灭火剂
苯	泡沫,二氧化碳,四氯化碳
重油,润滑油,植物	喷射水,泡沫
油,石油	
蜡,石蜡,二氧化碳	喷射水,二氧化碳
漆	泡沫
煤油	泡沫,二氧化碳,四氯化碳
橡胶	水
纤维素	水
赛璐珞	水
醚类(高沸点,175℃)	水
醚类(低沸点,175℃)	泡沫,二氧化碳
醇类(沸点>175℃)	水
醇类(沸点<175℃)	泡沫,二氧化碳

六、玻璃仪器的洗涤及各种洗液的配制

实验中出现的所使用的玻璃器皿清洁与否,直接影响实验结果,往往由于器皿的不清洁或被污染而造成较大的实验误差,甚至相反的实验结果。因此,玻璃器皿的洗涤清洁工作是非常重要的。

(一)初用玻璃器皿的清洗

新购买的玻璃器皿表面常附着有游离的碱性物质,可先用肥皂水(或去污粉)洗刷,再用自来水洗净,然后浸泡在盐酸1%～2%溶液中过夜(不少于4h),再用自来水冲洗,最后用蒸馏水,冲洗2～3次,在100～130℃烘箱内烘干备用。

(二)使用过的玻璃器皿的清洗

1.一般玻璃器皿 如试管、烧杯、锥形瓶等(包括量筒)。先用自来水洗刷至无污物,再选用大小合适的毛刷蘸取去污粉,将器皿内外,特别是内壁,用自来水冲洗干净后再用蒸馏水洗2～3次,烘干或倒置在清洁处,干后备用。凡洗净的玻璃器皿,不应在器壁上带有水珠,否则表示尚未洗干净,应再按上述方法重新洗涤。若发现内壁有难以去掉的污迹,应分别使用下述的各种洗涤剂予以清除,再重新冲洗。

2.量器 如吸管、滴定管、量瓶等,使用后应立即浸泡于凉水中,勿使物质干涸。工作完毕后用流水冲洗,以除去附着的试剂、蛋白质等物质,晾干后浸泡在铬酸洗液中4～6h(或过夜),再用自来水充分冲洗,最后用蒸馏水冲洗2～4次,风干备用。

3.其他 具有传染性样品的容器,如分子克隆、病毒沾污过的容器,常规先进行高压灭菌或其他形式的消毒,再进行清洗。盛过各种毒品,特别是剧毒药品和放射性物质的容器,必须经过专门处理,确知没有残余毒物时方可进行清洗,否则使用一次性容器。

(三)洗涤液的种类和配制方法

1.铬酸洗液(重铬酸钾-硫酸洗液,简称洗液或清洁液) 广泛用于玻璃器皿的洗涤,常用的配制方法有以下 4 种：

（1）取 100ml 硫酸置于烧杯内，小心加热，然后慢慢地加入 5g 重铬酸钾，边加边搅拌，冷却后储存于带玻璃塞的细口瓶内。

（2）秤取 5g 重铬酸钾粉末置于 250ml 烧杯中，加水 5ml，尽量使其溶解，慢慢加入 100ml 浓硫酸，边加边搅拌，冷却后储存备用。

（3）秤取 80g 重铬酸钾，溶于 1000ml 自来水中，慢慢地加入浓硫酸 1000ml，边加边搅拌。

（4）秤取 200g 重铬酸钾，溶于 500ml 中，慢慢加入浓硫酸 500ml，边加边搅拌。

2. 浓盐酸　可洗去水垢或某些无机盐沉淀。

3. 5%草酸溶液　可洗去高锰酸钾的痕迹。

4. 5%～10%磷酸三钠溶液　可洗涤油污物。

5. 5%～10%乙二胺四乙酸二钠（EDTA）溶液　加热煮沸可洗去玻璃器皿内壁的白色沉淀物。

6. 30%硝酸溶液　洗涤 CO_2 测定仪器及微量滴管。

7. 尿素洗涤液　为蛋白质的良好溶剂，适用于盛蛋白质制剂及血样的溶液。

8. 酒精与浓硝酸混合液　最适合于洗涤滴定管，在滴定管中加入 3ml 酒精，然后沿管壁慢慢加入 4ml 浓硝酸（相对密度 1.4），盖住滴定管管口，利用所产生的氧化氮洗净滴定管。

上述洗涤液可多次使用，但使用前必须将待洗的玻璃器皿先用水冲洗多次，除去肥皂液、去污粉或各种废液。若容器上有凡士林或羊毛脂时，应先用软纸擦去，然后再用乙醇或乙醚擦净，否则会使洗涤液迅速失效。例如，肥皂水、有机溶剂（乙醇、甲醛等）及少量油污物均会使重铬酸钾-硫酸液变绿，降低洗涤能力。

（四）细胞培养玻璃器皿的洗涤处理

按上述方法对玻璃器皿进行初洗，晾干。将玻璃器皿浸泡入洗液中，24～48h，注意玻璃器皿内应全部充满洗液，操作时小心勿将洗液溅到衣服及身体各部。取出，沥去多余的洗液。自来水充分冲洗。排列 6 桶水，前 3 桶水为去离子水，后 3 桶水为去离子双蒸水。将玻璃器皿依次洗过 6 桶水，玻璃器皿在每桶水中过 6～8 次。倒置，60℃烘干。

附录二 常用缓冲液的配制

1. 常用缓冲液

(1) 磷酸氢二钠-柠檬酸缓冲溶液(pH 2.6～7.6):0.1mol/L 柠檬酸溶液为柠檬酸·H_2O 21.01g/L;0.2mol/L 磷酸氢二钠溶液为 Na_2HPO_4·$2H_2O$ 35.61g/L(附表2)。

附表2 磷酸氢二钠-柠檬酸缓冲溶液

pH	0.1mol/L 柠檬酸溶液(ml)	0.2mol/L Na_2HPO_4 溶液(ml)	pH	0.1mol/L 柠檬酸溶液(ml)	0.2mol/L Na_2HPO_4 溶液(ml)
2.6	89.10	10.90	5.2	46.40	53.60
2.8	84.15	15.85	5.4	44.25	55.75
3.0	79.45	20.55	5.6	42.00	58.00
3.2	75.30	24.70	5.8	39.55	60.45
3.4	71.50	28.50	6.0	36.85	63.15
3.6	67.80	32.20	6.2	33.90	66.10
3.8	64.50	35.50	6.4	30.90	69.25
4.0	61.45	38.55	6.6	27.25	72.75
4.2	58.60	41.40	6.8	22.75	77.25
4.4	55.90	44.10	7.0	17.65	82.35
4.6	53.25	46.75	7.2	13.05	86.95
4.8	50.70	49.30	7.4	9.15	90.85
5.0	48.50	51.50	7.6	6.35	93.65

(2) 柠檬酸-柠檬酸三钠缓冲溶液(pH 3.0～6.2):0.1mol/L 柠檬酸溶液为柠檬酸·H_2O 21.01g/L;0.1mol/L 柠檬酸三钠溶液为柠檬酸三钠·$2H_2O$ 29.4g/L(附表3)。

附表3 柠檬酸-柠檬酸三钠缓冲溶液

pH	0.1mol/L 柠檬酸溶液(ml)	0.1mol/L 柠檬酸三钠(ml)	pH	0.1mol/L 柠檬酸溶液(ml)	0.1mol/L 柠檬酸三钠(ml)
3.0	82.0	18.0	4.8	40.0	60.0
3.2	77.5	22.5	5.0	35.0	65.0
3.4	73.0	27.0	5.2	30.5	69.5
3.6	68.5	31.5	5.4	25.5	74.5
3.8	63.5	36.5	5.6	21.0	79.0
4.0	59.0	41.0	5.8	16.0	84.0
4.2	54.0	46.0	6.0	11.5	88.5
4.4	49.5	50.5	6.2	8.0	92.0
4.6	44.5	55.5			

（3）乙酸-乙酸钠缓冲溶液（pH 3.7～5.8）（18℃）：0.2mol/L 乙酸钠溶液为乙酸钠·3H₂O 27.22g/L；0.2mol/L 乙酸溶液为冰乙酸 11.7ml/L（附表 4）。

附表 4　乙酸-乙酸钠缓冲溶液

pH	0.2mol/L 乙酸钠(ml)	0.2mol/L 乙酸(ml)	pH	0.2mol/L 乙酸钠(ml)	0.2mol/L 乙酸(ml)
3.7	10.0	90.0	4.8	59.0	41.0
3.8	12.0	88.0	5.0	70.0	30.0
4.0	18.0	82.0	5.2	79.0	21.0
4.2	26.5	73.5	5.4	86.0	14.0
4.4	37.0	63.0	5.6	91.0	9.0
4.6	49.0	51.0	5.8	94.0	6.0

（4）磷酸氢二钠-磷酸二氢钠缓冲溶液（pH 5.8～8.0）（25℃）：0.2mol/L 磷酸氢二钠溶液为 71.64g/L；0.2mol/L 磷酸二氢钠溶液为 31.21g/L（附表 5）。

附表 5　磷酸氢二钠-磷酸二氢钠缓冲溶液

pH	0.2mol/L Na₂HPO₄ 溶液(ml)	0.2mol/L NaH₂PO₄ 溶液(ml)	pH	0.2mol/L Na₂HPO₄ 溶液(ml)	0.2mol/L NaH₂PO₄ 溶液(ml)
5.8	8.0	92.0	7.0	61.0	39.0
6.0	12.3	87.7	7.2	72.0	28.0
6.2	18.5	81.5	7.4	81.0	19.0
6.4	26.5	73.5	7.6	87.0	13.0
6.6	37.5	62.5	7.8	91.5	8.5
6.8	49.0	51.0	8.0	94.7	5.3

（5）巴比妥-盐酸缓冲溶液（pH 6.8～9.6）（18℃）：100ml 0.04mol/L 巴比妥溶液（8.25g/L）＋X ml 0.2mol/L HCl 溶液混合（附表 6）。

附表 6　巴比妥-盐酸缓冲溶液

pH	0.2mol/L HCl 溶液(ml)	pH	0.2mol/L HCl 溶液(ml)	pH	0.2mol/L HCl 溶液(ml)
6.8	18.4	7.8	11.47	8.8	2.52
7.0	17.8	8.0	9.39	9.0	1.65
7.2	16.7	8.2	7.21	9.2	1.13
7.4	15.3	8.4	5.21	9.4	0.70
7.6	13.4	8.6	3.82	9.6	0.35

(6) 硼砂-硼酸缓冲溶液(pH 7.4～9.0)：0.05mol/L 硼砂溶液为 19.07g/L；0.2mol/L 硼酸溶液为 12.37g/L(附表 7)。

附表 7 硼砂-硼酸缓冲溶液

pH	0.05mol/L 硼砂(ml)	0.2mol/L 硼酸(ml)	pH	0.05mol/L 硼砂(ml)	0.2mol/L 硼砂(ml)
7.4	1.0	9.0	8.2	3.5	6.5
7.6	1.5	8.5	8.4	4.5	5.5
7.8	2.0	8.0	8.7	6.0	4.0
8.0	3.0	7.0	9.0	8.0	2.0

(7) 硼砂-盐酸缓冲溶液(pH 8.1～9.0)(25℃)：0.025mol/L 硼砂溶液为 9.536g/L；0.025 mol/L 硼砂 Xml＋0.1 mol/L 盐酸 Yml，再加蒸馏水稀释到 100ml(附表 8)。

附表 8 硼砂-盐酸缓冲溶液

pH	0.025mol/L 硼砂 X(ml)	0.1mol/L 盐酸 Y(ml)	pH	0.025mol/L 硼砂 X(ml)	0.1mol/L 盐酸 Y(ml)
8.1	50.0	19.7	8.6	50.0	13.5
8.2	50.0	18.8	8.7	50.0	11.6
8.3	50.0	17.7	8.8	50.0	9.4
8.4	50.0	16.6	8.9	50.0	7.1
8.5	50.0	15.2	9.0	50.0	4.6

(8) Tris-HCl 缓冲溶液(pH 7.2～8.8)(25℃)：0.1mol/L Tris 溶液为 12.114g/L；0.1mol/L Tris Xml＋0.1mol/L HCl Yml，再加蒸馏水稀释到 100ml(附表 9)。

附表 9 Tris-HCl 缓冲溶液

pH	0.1mol/L Tris X(ml)	0.1mol/L HCl Y(ml)	pH	0.1mol/L Tris X(ml)	0.1mol/L HCl Y(ml)
7.2	50.0	44.7	8.2	50.0	22.9
7.4	50.0	42.0	8.4	50.0	17.2
7.6	50.0	38.5	8.6	50.0	12.7
7.8	50.0	34.5	8.8	50.0	8.5
8.0	50.0	29.2			

(9) 碳酸钠-碳酸氢钠缓冲溶液(pH 9.2～10.8)(Ca^{2+}、Mg^{2+} 存在时不得使用)：0.1mol/L Na_2CO_3 溶液为 28.62g/L；0.1mol/L Na_2HCO_3 溶液为 8.40g/L(附表 10)。

附表 10 碳酸钠-碳酸氢钠缓冲溶液

pH		0.1mol/L Na_2CO_3(ml)	0.1mol/L Na_2HCO_3(ml)
20℃	37℃		
9.2	8.8	10	90
9.3	9.1	20	80
9.4	9.4	30	70

pH		0.1mol/L Na₂CO₃(ml)	0.1mol/L Na₂HCO₃(ml)
20℃	37℃	$0.1mol/L\ Na_2CO_3(ml)$	$0.1mol/L\ Na_2HCO_3(ml)$
9.8	9.5	40	60
9.9	9.7	50	50
10.1	9.9	60	40
10.3	10.1	70	30
10.5	10.3	80	20
10.8	10.6	90	10

(10) 邻苯二甲酸氢钾-氢氧化钠缓冲溶液(pH 4.1~5.9)(25℃):50ml 0.1mol/L 邻苯二甲酸氢钾溶液(20.42g/L)+X ml 0.1mol/L NaOH 溶液,加水稀释至 100ml(附表 11)。

附表 11　邻苯二甲酸氢钾-氢氧化钠缓冲溶液

pH	0.1mol/L NaOH 溶液(ml)	水(ml)	pH	0.1mol/L NaOH 溶液(ml)	水(ml)
4.1	1.2	48.8	5.1	25.5	24.5
4.2	3.0	47.0	5.2	28.8	21.2
4.3	4.7	45.3	5.3	31.6	18.4
4.4	6.6	43.4	5.4	34.1	15.9
4.5	8.7	41.3	5.5	36.6	13.4
4.6	11.1	38.9	5.6	38.8	11.2
4.7	13.6	36.4	5.7	40.6	9.4
4.8	16.5	33.5	5.8	42.3	7.7
4.9	19.6	30.6	5.9	43.7	6.3
5.0	22.6	27.4			

2. 常用电泳缓冲液(附表 12)

附表 12　常用电泳缓冲液

缓冲液	使用液	浓储存液(每升)
Tris-乙酸(TAE)	1×:0.04mol/L Tris-乙酸	50×:242g Tris 碱
	0.001mol/L EDTA	57.1ml 冰乙酸
		100ml 0.5mol/L EDTA(pH 8.0)
Tris-磷酸(TPE)	1×:0.09mol/L Tris-磷酸	10×:10g Tris 碱
	0.002mol/L EDTA	15.5ml 85%磷酸(1.679g/ml)
		40ml 0.5mol/L EDTA(pH 8.0)
Tris-硼酸(TBE)	0.5×:0.045mol/L Tris-硼酸	5×:54g Tris 碱
	0.001mol/L EDTA	27.5 硼酸
		20ml 0.5mol/L EDTA(pH 8.0)
碱性缓冲液	1×:50mmol/L NaOH	1×:5ml 10mol/L NaOH
	1mmol/L EDTA	2ml 0.5mmol/L EDTA(pH 8.0)
Tris-甘氨酸	1×:25mmol/L Tris	5×:15.1g Tris
	250mmol/L 甘氨酸	94g 甘氨酸(电泳级)(pH 8.3)

说明:

(1) TBE 溶液长时间存放后会形成沉淀物,为避免这一问题,可在室温下用玻璃瓶保存 5×溶液,出现沉淀后则予以废弃。

以上都以 1×TBE 作为使用液(即 1∶5 稀释浓储液)进行琼脂糖凝胶电泳。但 0.5× 的使用液已具备足够的缓冲容量。目前几乎所有的琼脂糖胶电泳都以 1∶10 稀释的储存液作为使用液。

(2) Tris-甘氨酸缓冲液用 SDS 聚丙烯酰胺凝胶电泳。

3. 凝胶加样缓冲液(附表 13)。

附表 13 凝胶加样缓冲液

缓冲液类型	6×缓冲液	储存温度
I	0.25%溴酚蓝 0.25%二甲苯青 FF 40%(W/V)蔗糖水溶液	4℃
II	0.25 溴酚蓝 0.25%二甲苯青 FF 15%聚蔗糖(Ficoll-400)	室温
III	0.25%溴酚蓝 0.25%二甲苯青 FF 30%甘油水溶液	4℃
IV	0.25%溴酚蓝 40%(W/V)蔗糖水溶液 18%聚蔗糖(Ficoll-400)	4℃
V	0.15%溴甲酚绿 0.25%二甲苯青 FF	4℃

4. 磷酸盐缓冲溶液(PBS) 在 800ml 蒸馏水中溶解 8g NaCl、0.2g KCl、1.44g Na_2HPO_4 和 0.24g KH_2PO_4,用 HCl 调节溶液的 pH 至 7.4 加水定容至 1L,在 $15lbf/in^2$ ($1.034×10^5$ Pa)高压下蒸汽灭菌 20min。保存于室温。

5. 2×BES 缓冲盐溶液 用总体积 90ml 的蒸馏水溶解 1.07g 盐溶液 BES[N,N-双(2-羟乙基)-2-氨基乙磺酸]、1.6g NaCl 和 0.027g Na_2HPO_4,室温下用 HCl 调节该溶液的 pH 至 6.96、然后加入蒸馏水定容至 100ml,用 $0.22\mu m$ 滤器过滤除菌,分装成小份,保存于-20℃。

6. 2×HEPES 缓冲盐溶液 用总量为 90ml 的蒸馏水溶解 1.6g NaCl、0.074g KCl、0.027g $Na_2PO_4·2H_2O$、0.2g 葡聚糖和 1g HEPES,用 0.5mol/L NaOH 调节 pH 至 7.05,再用蒸馏水定容至 100ml。用 $0.22\mu m$ 滤器过滤除菌,分装成 5ml 小份,储存于-20℃。

7. 20×SSC NaCl 175.3g,柠檬酸钠 88.2g,H_2O 800ml;用 10mol/L NaOH 溶液调节 pH 至 7.0 后,定容至 1000ml。

8. 20×SSPE NaCl 175.3g,$Na_2HPO_4·H_2O$ 27.6g,EDTA 7.4g,H_2O 800ml;用 NaOH 溶液调节 pH 至 7.4 后,定容至 1000ml。

9. Tris 缓冲盐溶液(TBS)(25mmol/L Tris) 在 800ml 蒸馏水中溶解 8g NaCl、0.2g KCl 和 3g Tris 碱,加入 0.015g 酚并用 HCl 调至 pH 7.4,用蒸馏水定容至 1L,分装后在 $151bf/in^2$($1.034×10^5$ Pa)高压下蒸汽灭菌 20min,于室温保存。

10. TNT 10mmol/L Tris-HCl 溶液(pH 8.0);150mmol/L NaCl 溶液;0.05% Tween 20。